化妆品微生物学

陈 臣 主编

俞 苓 李晓虹 副主编

U0387984

化学工业出版社

·北京·

内 容 简 介

《化妆品微生物学》以化妆品研发、生产、储存和使用过程中涉及的微生物的特点、性质及防治为主要内容，重点介绍了与化妆品相关的微生物以及微生物与化妆品安全及质量的关系，主要内容包括 7 章。第 1 章绪论介绍化妆品微生物学的发展现状，并对未来发展进行了展望，第 2 章重点介绍化妆品中涉及的微生物学基础知识，第 3 章系统分析了化妆品中微生物污染的途径及控制方法，第 4 章重点对化妆品工厂微生物污染控制及有效性验证进行概述，第 5 章介绍了化妆品微生物的检验方法，第 6 章重点介绍了化妆品中的防腐剂及防腐体系的建立与评价，最后一章对微生物相关技术在化妆品中的应用进行展望。

本书可供化妆品研发与管理人员参考，也可作为精细化工、生物工程、轻化工程、化妆品相关专业的教材。

图书在版编目（CIP）数据

化妆品微生物学/陈臣主编 . —北京：化学工业出版社，
2021.1（2024.3 重印）
ISBN 978-7-122-38091-3

Ⅰ.①化… Ⅱ.①陈… Ⅲ.①化妆品-微生物学-高等
学校-教材 Ⅳ.①TQ658

中国版本图书馆 CIP 数据核字（2020）第 244611 号

责任编辑：袁海燕　　　　　　　　　文字编辑：药欣荣　陈小滔
责任校对：王鹏飞　　　　　　　　　装帧设计：关　飞

出版发行：化学工业出版社（北京市东城区青年湖南街 13 号　邮政编码 100011）
印　　装：北京七彩京通数码快印有限公司
787mm×1092mm　1/16　印张 14　字数 339 千字　2024 年 3 月北京第 1 版第 3 次印刷

购书咨询：010-64518888　　　　　　售后服务：010-64518899
网　　址：http://www.cip.com.cn
凡购买本书，如有缺损质量问题，本社销售中心负责调换。

定　　价：58.00 元

序

"爱美之心，人皆有之"，人类对美化自身的化妆品，自古以来就有不断的追求。目前化妆品行业正在迎来新的发展机遇，同时也面临着更高要求的新挑战。由微生物引起的化妆品安全与质量控制问题备受关注，微生物在化妆品中的有益应用也越来越广泛。化妆品微生物学正在逐渐成为化妆品行业发展的重要理论基础和技术支撑。

《化妆品微生物学》的主要编写成员来自上海应用技术大学，编写组成员在整合上海应用技术大学化妆品微生物学系列课程的内容和相关的实践经验基础之上，编写了这本符合时代发展需求的教材。

本书以化妆品研发、生产、储存和使用过程中涉及的微生物特点、性质及防控为主要内容，重点介绍了与化妆品相关的微生物、微生物与化妆品安全质量以及新产品开发的关系，由浅入深，由基础到应用，循序渐进，有助于化妆品与微生物知识的系统融合，培养学生相应的创新能力和实践能力，为将来从事化妆品行业涉及的微生物检测、新产品开发等工作提供参考。同时本书也可作为企业研发和品控人员的参考书，适应化妆品行业快速发展的需要。

在此，我非常乐意向读者推荐本书，相信它的出版会对我国化妆品行业的发展作出重要贡献。

中国工程院院士
2020 年 9 月 9 日

随着社会的发展和科技的进步，人们的生活水平不断提高，越来越多的人开始追求时尚追求美，从而带动了化妆品市场规模的持续扩大。根据 Euromonitor 数据统计，2019 年，全球美容及个护市场规模达 5148 亿美元，而我国化妆品市场已成为全球第二大消费市场。我国化妆品行业共有生产企业 3300 余家，生产的化妆品有清洁类、护肤类、发用类、美容类、特殊类等近万个品种，年均复合增长率为 7.72%，高居全球首位。

化妆品的使用源于人们对美的需求，因此消费者对于化妆品的质量和使用安全性要求愈发严格。此外，化妆品天然成分的种类和含量不断增加，为微生物生长提供了适宜的条件，尽管可以添加防腐剂，但人们对化妆品中含有的防腐剂也越来越敏感。目前，各国都加大了对化妆品微生物检查和控制的力度，但不同国家所采用和执行的标准不同，特别是防腐挑战实验；另外，随着化妆品市场的发展，微生物在化妆品中的有益应用越来越广泛。因此，化妆品微生物学成为化妆品行业发展的重要支撑。

化妆品微生物学是研究化妆品中微生物的特点、性质、生理特性、生长规律及在化妆品中如何合理利用微生物，同时防止微生物污染化妆品的一门科学。它是进行化妆品研发、微生物检测，保证化妆品质量的重要依据。化妆品微生物学与普通微生物学有所区别，它更侧重于研究与化妆品相关的微生物、微生物与化妆品安全及质量的关系，因而采用常规的微生物学书籍进行参考并不适合。而目前针对化妆品微生物的专业书籍比较少，国外有 Geis Philip A 博士编著的 *Cosmetic Microbiology：A Practical Approach*，国内有中国轻工业出版社 2002 年出版的《化妆品微生物学》，但随着化妆品行业的快速发展，很多知识和信息都亟须更新。

基于此，我们参考了国内外近年来在化妆品微生物学的经验与资料，结合自身特点，编写了本书，并形成自己的独到之处：（1）前面章节内容重点在于微生物基本知识，将化妆品中常见微生物，如金黄色葡萄球菌、铜绿假单胞菌融入基础知识中，后面章节重点结合在化妆品生产、检测和研发中的相关知识，由浅入深，由基础到应用，循序渐进；（2）由化妆品生产和检验资深专家参与编写本教材，使得相关内容更有可参考性和可操作性；（3）针对不同国家所采用和执行的化妆品微生物标准不同，本书进行了系统的比较和分析；（4）鉴于近年来微生物技术如发酵工程、基因工程等在化妆品中的应用越来越广泛，我们在最后一章对微生物在化妆品中的应用进行了总结与展望。

本教材编写组成员长期工作在化妆品教学、生产和检测第一线，在化妆品微生物学教学和科研领域积累了丰富的经验。上海应用技术大学陈臣负责第 1 章、第 2 章、第 7 章的编写工作，上海应用技术大学的俞苓负责第 3 章、第 4 章的编写工作，上海应用技术大学的邵丽参与了内容的修改；上海海关动植物与食品检验检疫技术中心的李晓虹负责第 5 章、第 6 章的编写工作，上海海关动植物与食品检验检疫技术中心的刘夏、王传现、吴美琪、陈万金、杨则彬、刘司琪参与了初稿的撰写。初稿完成后，陈臣完成了对全书章节的统稿、插图编排和文字编排工作。本教材适合于高等院校精细化工、生物工程、化妆品等专业的师生学习，也可供从事化妆品行业的工程技术人员、检验人员和管理人员作为参考用书。

由于作者水平所限，若有不足之处，欢迎读者批评指正。

陈　臣

2020 年 8 月

目录

第3章 化妆品中微生物污染的途径及控制方法 / 71

第4章 化妆品工厂微生物污染控制及有效性验证 / 90

第5章　化妆品微生物的检验方法 / 121

第1章

绪 论

1.1 化妆品与化妆品微生物学

根据最新的《化妆品监督管理条例》规定，化妆品是指以涂擦、喷洒或者其他类似方法，施用于皮肤、毛发、指甲、口唇等人体表面，以清洁、保护、美化、修饰为目的的日用化学工业产品。化妆品作为一种特殊的商品，消费与一般商品不同[1]，具有强烈的品牌效应，从中国化妆品市场的发展过程也可以看出，消费者更注重化妆品生产企业的形象，更注重品牌效应及产品的质量[2]。化妆品的质量是其进入流通环节、获得消费者认可的基础。化妆品的质量特性体现在安全性、稳定性、使用性和功效性四个方面。

（1）高度的安全性

由于施用于体表且使用频次高，因此，安全性是化妆品首先必须确保的一项特性，即不得对施用部位产生刺激或致敏，无经口毒性，无异物混入，不得致皮肤破损等，保证使用者不受到损害。

（2）相对的稳定性

化妆品的稳定性是指在储存和使用过程中，即使是炎热或寒冷的环境，化妆品仍能保持原有的性质特点，无变质、无变色、无变臭、无形态变化、无微生物污染等。由于化妆品由多种成分混合而成，多为热力学不稳定的多相体系，所以稳定性只能相对保持，一般要求保持2～3年的时间。化妆品保持一定的稳定性是化妆品使用性和功效性的基础。

（3）良好的使用性

使用性主要是指消费者的使用感，消费者倾向于以使用感受来评判化妆品的质量，体现在使用感、使用便易程度等方面。例如，化妆品使用中产生的稠稀、浓淡、黏度、弹性、潮湿度、润滑度、与皮肤的融合度，还有香味、颜色、外观、形态、大小、质量、是否便于携带等。

（4）一定的功效性

化妆品的功效性是指使用的特定效果，如清洁、保湿、美白、防晒、祛斑、色彩效果等。功效性是化妆品的必备特性，是消费者使用化妆品所追求的最终目的。功能性不可随意夸大，具有越来越明确的功能性是化妆品不断发展的一个重要趋势[3]。

化妆品的使用源于人们对美的需求，因此消费者对于化妆品的质量和使用安全性要求愈发严格。此外，化妆品天然成分的种类和含量不断增加，为微生物生长提供了适宜的条件。从化妆品的产品设计、开发，直到生产出可销售的合格产品的全过程，都贯穿着对其安全性、稳定性的要求，而化妆品微生物学在其中也起着举足轻重的作用。化妆品的微生物污染不仅影响产品的功能和稳定性，而且更重要的是影响使用时的安全性。化妆品因微生物繁殖会发生腐败变质，通常表现为产品发臭，产生气体，出现丝状菌以及变色、沉淀、分离等物理变化。尽管可以添加防腐剂，但人们对化妆品中含有的防腐剂认知有限，甚至认为防腐剂的添加是有害的。各国都加大了对化妆品微生物检查和控制的力度，但不同国家所采用和执行的标准不同，特别是防腐挑战实验；另外，随着化妆品市场的发展，科研人员开发了微生物在化妆品的有益应用。因此，化妆品微生物研究已经成为化妆品行业发展的重要支撑。

化妆品微生物学是研究与化妆品相关微生物的特点、性质、生长规律，以及在化妆品中如何合理利用微生物，同时防止微生物污染化妆品的一门应用性科学。它是进行化妆品研发、微生物检测，保证产品质量的重要依据。

根据污染的来源，可将化妆品中微生物的污染分为一次污染和二次污染。化妆品生产过程中的微生物污染属一次污染；消费者在使用过程中造成的微生物污染属二次污染。在化妆品中不得检出的病原菌主要有粪大肠菌群、铜绿假单胞菌（绿脓杆菌）、金黄色葡萄球菌。不管何种类型的微生物，只要有水、碳源和氮源、矿物质和微量的金属、氧、合适的温度和pH值等都可以生长和繁殖。而大多数化妆品体系都具备微生物生长和繁殖的条件。在生产过程中，各种因素都可引入微生物，由于考虑制品的安全性，防腐剂的使用受到一定的限制，因此要防止一次污染是比较困难的。使制品检查不出一次性污染菌是制造者的责任，因此加强生产过程中的卫生管理是非常重要的[4]。人类生活环境中存在大量的微生物，如空气中有 $8 \times 10^2 \sim 35 \times 10^2$ 个/m³，人的头皮上有 1.4×10^7 个/cm²，手和脸上存在有许多细菌，当用手伸到瓶口取化妆品时，由于沾在手上的化妆品量过多，又送回瓶中一部分，长期敞口放置等，都会引起微生物污染。二次污染是很难避免的，只能从加强制品的防腐能力和减少污染菌的入侵着手，如选用高效广谱防腐剂、选用封闭性好的包装容器等。

我国卫生监督部门根据我国化妆品生产的发展和消费者对化妆品的质量要求，陆续制定了一系列法规，如《化妆品监督管理条例》、《化妆品卫生标准》（GB 7916—87）、《化妆品安全技术规范》（2015年版）等，这就为我国化妆品的生产和销售提供了可靠的卫生标准。

微生物除了会给化妆品带来质量问题，也会为化妆品的研发和生产提供重要的活性原料。近年来，在快速增长的化妆品工业领域中，生物技术和生物制剂在化妆品研究开发以及化妆品的安全性、功效性评价等多个环节中得到广泛应用，不仅使化妆品品种明显增多，还促进了产品内在质量的提高，推动了化妆品工业以前所未有的速度向前发展。越来越多的生物制剂，如透明质酸（HA）、超氧化物歧化酶（SOD）、表皮生长因子（EGF）等，作为功效添加剂都成功地应用于化妆品。

由此可见，化妆品微生物学的研究在化妆品的产品研发、质量保证和安全性方面具有重要的意义。

1.2 微生物的概念和特点

微生物（microorganism，microbe）一般是指绝大多数凭肉眼看不见或看不清楚，必须借助显微镜才能看见或看清楚，以及少数能直接通过肉眼看见的单细胞、多细胞和无细胞结构的微小生物的总称。它们都是一些个体微小（一般<0.1μm）、构造简单的低等微生物。由于划分微生物的标准仅按其形态大小分，故其成员十分庞杂，粗分起来，可包括属于原核类的细菌（真细菌和古生菌）、放线菌、蓝细菌（旧称"蓝绿藻"或"蓝藻"）、支原体、立克次氏体和衣原体；属于真核类的真菌（酵母菌、霉菌和蕈菌）、原生动物和显微藻类；以及属于非细胞类的病毒和亚病毒（类病毒、拟病毒和朊病毒）[5]。

微生物与动植物一样具有生物最基本的特征——新陈代谢、生长发育、衰老死亡、有生命周期。除此之外，还有其自身的特点：个体小，比表面积大；吸收多，转化快；生长旺，繁殖快；适应性强，易变异；种类多，分布广。

（1）个体小，比表面积大

微生物的个体极其微小，必须借助光学显微镜或电子显微镜才能观测。其测量和表示单位要求，细菌等须用微米作单位，病毒等必须用纳米作单位。如杆形细菌的宽度只有 0.5~2μm，长度也只有 1μm 至几微米，3000 个头尾衔接的杆菌的长度仅为一粒籼米的长度，而 60~80 个肩并肩排列的杆菌长度仅为一根头发的直径。至于细菌的重量就更微乎其微，每克细菌的个数可达 10^{10} 个，这样微生物就有一个非常大的比表面积值（表面积/体积），若以人体的比表面积值为1，则与人体等重的大肠埃希菌（俗称大肠杆菌）的比表面积值为人的 30 万倍。不言而喻，微生物这种小体积、大比表面积的特性，特别有利于它们与周围环境进行物质交换和能量、信息交换。

微生物结构简单，大多数是单细胞个体，少数是简单的多细胞个体。病毒等是没有细胞结构的大分子生物。个体小、比表面积大是所有微生物的基本特征[6]。

（2）吸收多，转化快

有资料表明，大肠埃希菌（*Escherichia coli*，*E.coli*）在 1h 内可分解其自重 1000~10000 倍的乳糖；产朊假丝酵母（*Candida utilis*）合成蛋白质的能力比大豆强 100 倍，比食用牛（公牛）强 10 万倍；一些微生物的呼吸速率也比高等动植物的组织强数十至数百倍。

这个特性为微生物的高速生长繁殖和合成大量代谢产物提供了充分的物质基础，从而使微生物能在自然界和人类实践中更好地发挥其超小型"活的化工厂"的作用。

（3）生长旺，繁殖快

微生物具有极高的生长和繁殖速度。一种至今被人们研究得最透彻的生物 *E.coli*，在合适的生长条件下，细胞分裂 1 次仅需 12.5~20min。若按平均 20min 分裂 1 次计，则 1h 可分裂 3 次，每昼夜可分裂 72 次，这时，原初的一个细菌已产生了 4722366500 万亿个后代，总质量约可达 4722t。据报道，当前全球的细菌总数约为 5×10^{30} 个。事实上，由于营养、空间和代谢产物等条件的限制，微生物的几何级数分裂速度充其量只能维持数小时而已。因而在液体培养过程中，细菌细胞的浓度一般仅达 $10^{8} \sim 10^{9}$ 个/mL。

微生物的这一特性在发酵工业中具有重要的实践意义，主要体现为生产效率高、发酵周期短。例如，用作发面剂的酿酒酵母（*Saccharomyces cerevisiae*），其繁殖速率虽为 2h 分裂 1 次（是上述 *E.coli* 的 1/6），但在单罐发酵时，仍可 12h "收获" 1 次，每年可 "收获" 数百次，这是其他任何农作物所不可能达到的 "复种指数"。它对缓解当前全球面临的人口剧增与粮食匮乏也有重大的现实意义。有人统计，一头 500kg 的食用公牛，每昼夜只能从食物中 "浓缩" 0.5kg 蛋白质，同等质量的大豆，在合适的栽培条件下，24h 可生产 50kg 蛋白质；而同样质量的酵母菌，只要以糖蜜（糖厂下脚料）和氨水作主要养料，在 24h 内却可真正合成 50000kg 的优良蛋白质。据计算，一个年产 105t 酵母菌的工厂，如以酵母菌的蛋白质含量为 45% 计，则相当于在 562500 亩（1 亩＝1/15 公顷）农田上所生产的大豆蛋白质的量，此外，微生物发酵还有不受气候和季节影响等优点。

微生物生长旺、繁殖快的特性对生物学基本理论的研究也有极大的优越性，它使科学研究周期大为缩短、空间减少、经费降低、效率提高。当然，若是一些危害人、畜和农作物的病原微生物或会使物品腐败变质的有害微生物，它们的这一特性就会给人类带来极大的损失或危害，因而必须认真对待[5]。

（4）适应性强，易变异

微生物有极其灵活的适应性，这是高等动植物不可比拟的。为了适应多变的环境条件，微生物在长期进化中产生了许多灵活的代谢调控机制，并有很多种诱导酶（占细胞蛋白质含量的 10%）。一些极端微生物都有相应特殊结构的蛋白质、酶和其他物质，使之适应极端恶劣环境。例如，海洋深处的某些硫细菌可在 100℃ 以上的高温下正常生长，一些嗜盐细菌能在 32% 的盐水中正常活动。此外，微生物为了保护自己形成了一些特殊细胞结构。例如，在菌体外附着的荚膜可免受干燥和寄主吞噬细胞的吞噬，细菌的休眠体芽孢、蓝细菌的静息孢子、放线菌分生孢子和真菌孢子均比其营养细胞有较强的抗不良环境能力。微生物的个体一般都是单细胞、简单多细胞或非细胞生物，其表面积与体积的比值大，使之与外界接触面大而深受环境条件影响，一旦环境条件激烈变化，多数微生物死亡，少数个体发生变异（基因突变）而存活下来，但由于微生物繁殖快、数量多，即使变异频率十分低（一般为 $10^{-10} \sim 10^{-5}$），也容易产生大量变异后代。此种变异涉及细胞的形态构造、代谢途径、生理类型以及代谢产物的质或量等性状的变化。人类利用微生物容易变异的特点实施诱变育种，再进行突变株的筛选，即可在短时间内获得优良菌种，提高产品质量和产量。微生物易发生变异的特性还常导致菌种衰退以及对抗生素的耐药性。

（5）种类多，分布广

微生物在自然界是一个十分庞杂的生物类群。据统计，已发现的微生物种类多达 10 万种以上。据估计，人类已发现的微生物种类仅占自然界中微生物总数的 10%，而人类仅开发利用了已发现微生物种类的 1%，更大量的微生物资源还有待人类发掘。微生物在自然界的分布极为广泛。由于微生物体积小而质量轻，可以随风飘荡，以致达到 "无孔不入" 的地步。地球上不论在动植物体内外，还是土壤、空气、沙漠、温泉、河流、深海、冰川、盐湖、高山、油井、地层下都有大量与其相适应的各类微生物聚居。利用微生物分布广的特点可以从各种场所分离筛选生产菌种，开发菌种资源。如从土壤中筛选生产抗生素的放线菌，从果园土壤中筛选生产乙醇的酵母菌等。

微生物的这些特点使其在工业生产中起着愈加显著的作用。有的直接利用菌体及其内含物，有的利用酶及其代谢产物。微生物已被广泛用于生产食品、药物、化工原料、生物制品、饲料、农药等，也有的被用于纺织、制革、石油发酵、细菌冶金、石油开采。近年来也有的利用微生物生产塑料、树脂等高分子化合物。随着基因工程、固定化酶、固定化细胞等先进技术的应用，进一步发掘了微生物在工农业生产中的巨大潜力[7]。

1.3　化妆品微生物学的发展历程

化妆品微生物学是化妆品学与微生物学两个学科相互结合、相互交叉所开辟的崭新的学科领域，对化妆品工业产生了深远的影响。

1.3.1　微生物学的发展简史

人类在长期的生产实践中利用微生物，认识微生物，研究微生物，改造微生物，使微生物学的研究工作日益得到深入和发展。微生物学的发展过程一般可分为以下五个时期[3]。

(1) 感性认识时期（史前期）

在人类首次见到微生物个体之前，虽然还未知自然界有微生物存在，但是在长期的生产实践和日常生活中已利用微生物的有益作用生产果酒、食醋、酱、面包等产品。在工业方面，早在 4000 多年前的龙山文化时期我国劳动人民就会利用微生物制曲、酿酒，并以其工艺独特、历史悠久、经验丰富、品种多样的四大特点闻名世界，这是我国人民在史前期的重大贡献。当时埃及人也已学会烤制面包和酿造果酒。2500 年前春秋战国时期，我们的祖先已发明制酱和酿醋。公元 7 世纪（唐代）食用菌的人工栽培是我国劳动人民的首创，要比西欧（最早是法国）早 11 个世纪。长期以来，我国劳动人民一直利用盐渍、糖渍、干燥、酸化等方法保存食物。在农业方面，我国早在商代已使用沤粪肥田。虽然还不知道根瘤菌的固氮作用，但已经利用豆科植物轮作提高土壤肥力。在医学方面，我国劳动人民早在 2500 年前就知道用曲治疗消化道疾病，很早以前就应用茯苓、灵芝等真菌治疗疾病，2000 多年前认识和防治许多传染病、狂犬病。公元 11 世纪（宋代）接种人痘苗预防天花已广泛应用，这是我国对世界医学史的重大贡献，后来传至俄国、日本、朝鲜、土耳其及英国。18 世纪末英国医生琴纳（E. Jenner）提出用牛痘苗预防天花。

(2) 形态学描述时期（初创期）

人类对微生物的利用虽然很早，并已推测自然界存在肉眼看不见的微小生物，但由于科学技术条件的限制，无法用实验证实微生物的存在。显微镜的发明揭开了微生物世界的奥秘。17 世纪下半叶，荷兰人安东·列文虎克（Antonie van Leeuwenhoek，1632—1723）用自制的能放大 200~300 倍的简单显微镜观察到了污水、牙垢、雨水、腐败有机物中的微小生物，发现了细菌、酵母菌和原生动物，并对它们进行了形态描述，为微生物的存在提供了有力证据，开始了微生物的形态学描述时期，并一直持续到 200 多年后的 19 世纪中叶。安东·列文虎克即成为微生物学的先驱者。

(3) 生理学研究时期（奠基期）

19 世纪中叶，以法国人路易·巴斯德（Louis Pasteur，1822—1895）和德国人科赫

（Robert Koch，1843—1910）为代表的科学家才将微生物的研究从形态学描述推进到生理学研究阶段，揭示了微生物是葡萄酒发酵酸败和人畜传染病的原因，并建立了接种、分离、培养和灭菌等一整套独特的微生物学基本研究方法，从而奠定了微生物学的基础，同时开辟了医学和工业微生物等分支学科。巴斯德成为微生物学的奠基人，他彻底否定了"自然发生"学说，证明发酵是由微生物引起的，同时创立了巴氏消毒法和疫苗接种技术。而科赫是细菌学奠基人，他建立了一整套研究微生物的基本技术，提出了证明某种微生物是否为某种疾病病原体的基本原则——科赫法则。

由于巴斯德和科赫的杰出工作，使微生物学开始作为一门独立的学科。此后，李斯特（J. Lister）用杀菌药物防止微生物侵入手术伤口，发明了消毒（无菌）外科操作技术；埃尔里赫（P. Ehrlish）用化学药剂控制病原菌，开创了化学治疗法。20世纪以来，由于工农业生产发展的需要和为了研究、解决许多生物学理论及技术问题，微生物成为重要的研究对象和研究材料，使微生物学进入了高速发展时期，相继建立了微生物学各分支学科，如食品微生物学、酿造学、工业微生物学、农业微生物学、医学微生物学、畜牧兽医微生物学、细菌学、真菌学、病毒学、微生物生理学、微生物遗传学、微生物生态学等。

（4）生物化学研究时期（发展期）

1897年，德国人毕希纳（E. Büchner）对酵母菌"酒化酶"进行生化研究，发现了磨碎的酵母菌仍能发酵葡萄糖产生酒精，并将此具有发酵能力的物质称为酶。这样发酵现象的本质才真正被认识。此外，他还发现微生物的代谢统一性，并开展广泛寻找微生物有益代谢产物的工作，开始了生物化学研究阶段。毕希纳即成为生物化学的奠基人。1929年，英国医生弗莱明（A. Fleming）发现青霉素能抑制细菌生长，此后开展了对抗生素的深入研究，并用发酵法生产抗生素。青霉素的发现建立了微生物工业化培养技术，推动了抗生素工业的发展。

（5）分子生物学研究时期（成熟期）

进入20世纪，电子显微镜的发明，同位素示踪原子的应用，生物化学、生物物理学等学科的建立，推动了微生物学向分子水平的纵深方向发展。同时，微生物学、生物化学和遗传学的相互渗透，又促进了分子生物学的形成。

20世纪30年代：发明了电子显微镜，为微生物学等学科提供了重要的观察工具。1939年考斯奇（C. Kausche）等首次用电子显微镜观察到了烟草花叶病毒。

20世纪40年代：1941年，比德耳（C. Beadle）和塔图姆（E. Tatum）分离并研究了脉孢霉的一系列生化突变类型，促进了微生物遗传学和微生物生理学的建立，推动了分子遗传学的形成。1944年，埃弗里（O. Avery）等通过肺炎链球菌转化实验，证明储存遗传信息的物质是DNA，第一次确切地将DNA和基因的概念联系起来，开创了分子生物学的新纪元。

20世纪50年代：1953年，沃森（J. Watson）和克里克（F. Crick）提出了DNA分子双螺旋结构模型及核酸半保留复制学说。1958年，克里克提出遗传信息传递的"中心法则"，为分子生物学和分子遗传学奠定了理论基础。沃森和克里克即成为分子生物学的奠基人。

20世纪60年代：1961年，雅各布（F. Jacob）和莫诺（J. Monod）通过对大肠埃希菌乳糖代谢调节机制的研究，提出了操纵子学说，并指出基因表达的调节机制。1965年，尼伦伯格（M. Nirenberg）等用大肠埃希菌的离体酶系证实了三联体遗传密码的存在，提出遗传密码的理论，阐明了遗传信息的表达过程。1963年，莫诺等提出调节酶活力的变构理论。

20世纪70年代：1970年，史密斯（H. Smith）等从流感嗜血杆菌Rd的提取液中发现并提纯了限制性内切酶。1973年，科恩（S. Cohen）等首次将重组质粒成功转入大肠埃希菌中，开始了基因工程研究。基因工程是获得新物种的一项崭新技术，为人工定向控制生物遗传性状、根治疾病、美化环境、用微生物生产稀有的多肽类药物及其他发酵产品展现了极其美好的前景。1975年，密尔斯坦（C. Milstein）等建立单克隆抗体生产技术。1977年，F. Sanger等对ΦX174噬菌体的5373个核苷酸的全部序列进行了分析。

20世纪80年代：1982～1983年，Prusiner发现了朊病毒。1983～1984年，Mullis建立了PCR（聚合酶链式反应）技术，实现了目的基因在体外扩增。

20世纪90年代：1995年、1996年和1997年，分别完成了对独立生活的原核生物流感嗜血杆菌、自养生活的古生菌和真核生物啤酒酵母的全基因组测序工作，为"人类基因组作图和测序计划"以及其后基因组研究的完成做好了技术准备。对微生物基因组的研究促进了生物信息学时代的到来。

21世纪，微生物学进一步向地质、海洋、大气、太空等领域渗透，使更多的边缘学科得到发展，如地质微生物学、海洋微生物学、大气微生物学、太空微生物学和极端环境微生物学等。微生物学的研究技术和方法也将会在吸收其他学科先进技术的基础上，向自动化、定向化和定量化发展。21世纪，微生物产业除了广泛利用和发掘不同生活环境（包括极端环境）的自然菌种资源外，基因工程菌将成为工业生产菌，生产外源基因表达的产物。尤其在药物生产上，结合基因组学在药物设计上的新策略，以核酸（DNA或RNA）为靶标的新药物（如反义寡核苷酸、肽核酸、DNA疫苗等）将大量生产，人类将完全征服癌症、艾滋病以及其他疾病。此外，微生物与能源、信息、材料、计算机的结合将开辟新的研究领域，生产各种各样的新产品，例如，降解性塑料、DNA芯片、生物能源等，将出现一批崭新的微生物工业，为全世界的经济和社会发展做出更大贡献。

1.3.2　化妆品微生物学的发展史

在20世纪30年代之前，化妆品学和微生物学没有太多的融合。从20世纪30年代之后才开始得以结合，并得到巨大的发展[5]，共经历了以下八个时期。

（1）20世纪30年代

第二次世界大战期间，欧洲股票市场行情大跌，化妆品工业使欧洲股市大跌引起的经济灾难得到了好转。这个时期，化妆品是奢侈与财富的象征。美国于1906年将化妆品列入了《联邦食品和药物法》条文，1938年修订后，它已成为食品、药物、化妆品的法规，它的推行手段是依靠1931年成立的药物行政管理局。在这个时期出现的许多微生物问题主要是霉菌的污染。于是开始了防腐剂的研究。尼泊金酯（parabens）因其抗菌活力而变得众所周知，并成为常用的防腐剂之一。

（2）20世纪40年代

20世纪40年代第二次世界大战（1939—1945年）是对人类的一场浩劫，在战场上失去无数生命。然而虽然战争如此残酷，灾难的同时却创造了需要，科学、医学技术得到了飞速发展。1942 年，Waksman 发现了链霉菌素（Streptomycin），对抗生素的研究起到了进一步推动作用。1944 年，Avery 发现了 DNA 是遗传的物质基础，这是一项具有深远意义的重大发现。

化妆品工业的发展及持续繁荣主要是由于妇女进入工厂上班，她们有了自己的工资并且已经形成了购买化妆品的消费习惯。因此将化妆品理解为家庭必备的商品而非奢侈品是一个重大的经济变化，但是随着化妆品的大量生产，一些问题出现了，如毒性及污染问题。1943年化妆品、纸制品及香料协会（即后来的 TGA）对这一现象尤为关注。德纳瓦雷（M. DeNavarre）于 1941 年出版了第一版的《化妆品制造与化妆品学》，并于 1945 年成立了化妆品化学家协会。这些措施向业界证明，有关配方技术、化学相容性和防腐剂等方面的科学讨论是有教育意义的，而绝非私人财产，这对于身着神秘外衣的化妆品工业来讲是一个很大的进步。在 20 世纪 40 年代，微生物学对化妆品的重要性比以往任何时候都重要。这种增加的兴趣来自对化妆品制造的更科学的方法，也由于越来越多的可用的试验生物。由于霉菌的污染是化妆品污染的主要原因之一，因此尼泊金酯仍是主要的防腐剂，但同时也在开发研究一些新防腐剂，并且这一时期细菌被第一次列入防腐剂试验中来。

（3）20 世纪 50 年代

20 世纪 40 年代末、50 年代初是化妆品发展的繁荣时期，日益普及的电视事业极大地加强了化妆品的广告和传播。50 年代也是抗生素大量使用的年代。战争时期，抗生素创造出许多奇迹，内科医生预言它们适用于任何疾病，而传染病是人类历史与生俱来的产物，尽管在临床上出现了许多抗生素突变株（如金黄色葡萄球菌的突变株），但医药工业也随即发现了许多相应的变通办法，使得抗生素工业仍然迅猛发展。

抗生素工业的发展同样对化妆品工业起到了推动作用，化学家们发现了许多新的抗菌化合物，这导致了新一代杀菌产品的诞生。市场上出现了新的皮肤清洁剂、牙膏、防臭剂、防臭香皂、抗头皮屑香波以及外科手术清洁液。这些产品含有减少或改变皮肤或口腔细菌群的活性成分。有时抗菌剂是作为防腐剂而不是活性成分隐藏在化合物中的。许多人仍然认为这类产品保存完好仅仅是因为它们含有抗菌化合物。甚至连美国食品和药品监督管理局（FDA）的年度抗菌药物清单都没有将活性成分与防腐剂区分开来。

每年美国食品和药品管理局都发布一些在抗菌活性和防腐性能方面不同的化合物，常常有些化合物具有抗菌成分和防腐作用两个方面。但许多人认为这些产品中含有抗菌化合物就能很好地防腐保存，这是一个误区，因为我们是按其各自所作用的微生物种类来定义抗生素和防腐剂的，抗生素的活性是最先杀死人体表面的革兰氏阳性菌（G^+），而防腐作用主要作用于产品中的霉菌、酵母菌和革兰氏阴性菌（G^-）。到 20 世纪 50 年代末，工业界和医学界更加清楚地认识到细菌的抗药性，这时大部分革兰氏阳性致病菌得以控制，其中主要的微生物是肺炎链球菌（Streptococcus pneumoniae）、β-溶血性链球菌（生脓链球菌）和葡萄球菌（staphylococcus）。同时这一时期对革兰氏阴性杆菌（G^-）的控制也引起了微生物学家的关注，如大肠埃希菌（E.coli）、克雷伯菌属（Klebsiella）、肠杆菌（Enterobacter）、沙雷氏菌属（Serratia）及假单胞菌属（Pseudomonas）。

（4）20 世纪 60 年代

这个时期爆发了回归自然的运动，人们强调只有用自然成分制成的产品才是安全的，当然没有人曾经定义"自然"。环境学家、消费者和妇女运动者们完全影响了化妆品工业。那时，化妆品在所有消费产品中是最缺少系统管理的。在 20 世纪 60 年代，它们成为政府部门及专家的关注焦点，化妆品工业开始失去了最后的一点神秘，它们不得不自愿公开或被迫重新认识那些可能是不公平或不实际的规则。美国食品和药品管理局认识到，任何强制的规则如果没有企业的合作都是很难实施的，因此化妆品、纸制品及香料协会和美国食品及药物管理局建立了团体间的联系并建立了一种统一的企业自我规则。

1969年，一份来自瑞典Kallings教授的报告指出：未经灭菌的药品和化妆品会受到污染，他是第一位认识到化妆品工业可能有微生物污染问题的人。美国食品和药品管理局也发布了一份来自纽约的调查报告，两份报告均显示出化妆品污染的发生率约为25%，并且G⁻发生率较高。美国化妆品、纸制品及香料协会迅速建立了微生物品质保证委员会，用来调查上述情况并建立化妆品工业的技术指导方针。

（5）20世纪70年代

在20世纪70年代，由于美国化妆品、纸制品及香料协会开展了大量工作，引发了一场化妆品工业的革命，美国化妆品、纸制品及香料协会出版了关于良好操作规范和微生物实践操作的技术指南，企业也认识到清洁卫生的必要性和重要性。美国化妆品、纸制品及香料协会在对近4000个市场参与的历时超过3年的（1972~1975年）化妆品和化妆用品的全国性调查，显示了很低的污染比例。相对于20世纪60年代末调查中显示的25%的污染事件，美国化妆品纸制品及香料协会新的调查结果表明，化妆品工业的污染降到了仅为2%，特别是一些著名公司生产的产品非常卫生，而一些小企业相对并不注意对微生物的控制，仍然存在一些问题。不管是企业还是美国食品和药品管理局，仍在继续强调产品卫生条例和安全性的重要。

（6）20世纪80年代

自从1953年了解了DNA双螺旋结构，1975年在实验室成功地构建了DNA重组体，20世纪80年代，分子生物学家由于基础工作的广泛深入开展，在基因诊断染色体图谱及遗传工程作物在农业试验等方面的努力研究，取得了突破性进展。这些工作必将对未来任何微生物方面的工作产生深远的影响。化妆品工业上的进展是取代动物试验的体外试验。在国外，无论是企业还是私人机构都非常积极地追寻着与大学的合作（Procter&Gamble，宝洁公司），或直接研究之路（Johnson&Johnson，美国强生集团）。组织培养方法和微生物方法取代传统的动物毒性试验，大大减少了用于提供人类安全使用的实验动物的数量。

美国食品和药品管理局也开展了大量体外试验工作，以寻求更好的防腐效能测试方法，这种方法可以预知消费者因污染而受损的可能性。1987年，美国化妆品、纸制品及香料协会发布了一项调查结果来判别公司是否在尝试将他们防腐效能试验数据与顾客的使用数据联系起来。然而几乎所有的公司都宣称他们存在着相关性问题，却没有一家公司出示他们的数据。仅有两种试验方法发布了有效数据并证明他们有能力预知顾客对产品使用的潜在性污染，这两种方法都是出自对美国化妆品、纸制品及香料协会试验的修改而得到的方法。

（7）20世纪90年代

1992年以后，化妆品和卫生用品企业开始面临欧盟（EC）的分支机构开放市场，跨国公司的产品、越国贸易的要求受到关注。这包括相同的试验方法、制造方法、商标要求和其他欧盟规定的一些细节的一致性。

化妆品微生物学家们仍面临着许多问题，如微生物的突变所产生的前所未有的种类和数量对地球的影响，特别是对那些不是致病菌但具有潜在致病性的微生物的控制。1990年美国食品和药品管理局、美国化妆品纸制品及香料协会与美国分析化学家协会（AOAC）联合进行了标准的防腐效能测试，有效地预知产品的污染。这里需要强调的是，我们不能把眼光只集中在所谓的安全水平上（10^3CFU/mL），而应把目光集中在产品的无菌状态，因为只要微生物适应了防腐剂系统并存活下来，我们的产品就没有安全可言。由于微生物的适应能力极强，已有几十亿年的适应历史了，因此我们必须有所准备，及时采取措施以控制它们。

虽然采用了防腐剂的产品显示了很强的抑菌效果（例如每 4 天减少 7 个数量级），但我们应当预料到由于微生物的适应性导致防腐剂的失败，因此在每种新产品开发的早期过程中，应提供至少两种适合的防腐系统。我们可以通过强调严格的环境卫生条件，防止化妆品来自制造过程中的污染，同时必须严格控制工艺用水和其他原材料制造设备及个人的卫生。未来工作中将遇到许多意想不到的问题，今天的微生物已经对我们发动了一场战争，我们必须发展武器，提高我们的作战能力，以便在将来的战争中获胜。

(8) 21 世纪至今

生物技术作为 21 世纪高新技术的核心，对解决人类面临的食物、资源、健康、环境等重大问题将发挥巨大的作用。近年来，在快速增长的化妆品工业领域中，生物技术和生物制剂在化妆品研究开发以及化妆品的安全性、功效性评价等多个环节中得到广泛的应用，不仅使化妆品种明显增多，还促进了产品内在质量的提高，推动了我国化妆品工业以前所未有的速度向前发展。越来越多的生物制剂，如透明质酸（HA）、超氧化物歧化酶（SOD）、表皮生长因子（EGF），作为功效添加剂都成功地应用于化妆品。趋向生物化是当今化妆品发展的主要方向之一[8]。此外，随着科技的不断进步，化妆品微生物检测技术也不断改进和发展。目前，一些新型的技术用于检测化妆品微生物，包括快速测试片技术、实时荧光定量PCR（RT-qPCR）技术、三磷酸腺苷（ATP）生物发光检测技术、电阻抗技术和微生物挥发性有机化合物（MVOCs）检测技术等[9]。

1.4 化妆品微生物学发展现状及趋势

享受健康、环保的低碳生活已成为国内越来越多消费者的共识，顺应这种环保潮流，在化妆品的生产和使用上追求自然、绿色，成为化妆品行业的必然发展趋势。消费者要求化妆品对人体无害，近几年来，纯天然产品、有机产品备受追捧，是未来化妆品市场的一个发展热点，也是各化妆品企业加强研发的重点领域。交叉学科的应用也日益成熟。如通过植物提取技术与化学合成技术的结合，生产天然原材料；通过生物技术与高分子应用的结合，提取植物原料、改进产品剂型等。基于此，化妆品微生物学也顺应潮流迅速发展，然而目前化妆品微生物学仍然存在着标准不统一、检测手段还显落后等问题；尽管生物技术在化妆品研发中已经展现出活力，但离全面发展还有不小距离。

1.4.1 化妆品中微生物标准和控制指标不统一

化妆品微生物检测是衡量化妆品卫生质量的重要环节。目前国际标准化组织执行的化妆品微生物检测标准包括防腐挑战测试（ISO 11930）、菌落总数（ISO 21149）、霉菌和酵母菌（ISO 16212）等。基于此，各国都建立了各自的标准，建立的国家和地区包括中国、美国、欧盟、东盟等。我国最早于 1987 年颁布了《化妆品卫生标准》（GB 7916—87）和目前使用的《化妆品安全技术规范》（2015 年版）主要包括：微生物检验方法总则、菌落总数测定、粪大肠菌群、铜绿假单胞菌、金黄色葡萄球菌、霉菌和酵母菌等标准。

但关于化妆品中微生物的控制指标，世界上并无统一标准，各国都是依据本国的情况自己制定，需要说明两点：a. 在各国关于化妆品中微生物控制指标的第一项是细菌总数指标，如我国规定在眼部、口唇、口腔黏膜用化妆品以及婴儿和儿童用化妆品细菌总数不得大于 500CFU/mL（g），其他化妆品细菌总数不得大于 1000CFU/mL（g）[4]。b. 在各国关于化妆品中微生物的第二项指标是，化妆品中不得含有致病菌。关于致病菌的定义在微生物学中应是很清楚的，但其内涵所包括的细菌是很广的。而在化妆品中的微生物这项指标中，所指的致病菌应是特定的确定的细菌。特定菌（special microorganism）是化妆品中不得检出的特定微生物，包括致病菌和条件致病菌。有关特定菌的确定，目前世界尚无统一规定，各国有所不同。如美国规定的特定菌就有 10 种：大肠埃希菌、克雷伯菌、沙门氏菌、变形杆菌、铜绿假单胞菌（绿脓杆菌）、金黄色葡萄球菌、嗜麦芽假单胞菌、多嗜假单胞菌、无硝不动杆菌、黏质沙雷菌；欧洲一些国家和日本规定的特定菌为 3 种：铜绿假单胞菌、金黄色葡萄球菌、大肠埃希菌（日本为大肠菌群）；世界卫生组织 WHO 规定的特定菌为 2 种：铜绿假单胞菌和金黄色葡萄球菌；我国规定的特定菌是 3 种：铜绿假单胞菌、金黄色葡萄球菌和粪大肠菌群。我国与日本规定的特定菌相同。

此外，越来越多的政府机构法令的颁布、越来越严格的化妆品法规、消费者安全意识的提高以及对防腐剂理解的误区，都使得化妆品中防腐剂的选择应用面临越来越大的挑战。因此，在化妆品的研发、生产及使用过程中，对化妆品防腐体系的效能进行有效评价变得极为重要。目前，化妆品行业常用的防腐挑战实验方法也不统一，尽管这些方法的实验过程基本大同小异，通过的标准则有所不同，这也给不同国家和地区化妆品品质的检测与控制带来了一定难度。

1.4.2　化妆品微生物检测技术尚需提升

由于化妆品产业已全球化，市场上能买到的化妆品品种繁多，来源也多种多样，加上各种人为因素与技术问题等使得化妆品微生物检验工作变得相当困难。郭润霞等[10] 就曾对微生物检验若干问题进行过深入探讨，并指出微生物指标存在着一定比例的超标率是普遍的问题[11-13]，但总的趋势是化妆品微生物指标的合格率在逐年上升。然而这并不意味着化妆品微生物检验卫生监督水平已经成熟，化妆品中防腐剂的非正当添加常常对微生物检测造成影响。例如一些致病性金黄色葡萄球菌、粪大肠菌群检出率很低，以至于在对几千份样品的检测中，均未检出过这两种细菌，这可能是因为化妆品中防腐剂的影响[14,15]。显然，化妆品微生物检测的灵敏度也有待提高。

微生物的检测方法主要是依赖传统的琼脂平板培养方法，该方法有诸多局限性。如检测方法繁琐，需配制大量的固体和液体培养基（或选择性培养基）；耗费时间长，样品需培养48h 或 72h 才能观察结果，最终结果还需结合生化试验等方法进行综合判断，且容易出现误检和漏检。另外，防腐剂的存在使相当一部分化妆品的抑菌作用无法清除，在很大程度上影响了化妆品的检验结果。此外，在当今经济全球化的情况下，化妆品作为一种生活必需品已进入快速流通状态，传统的微生物检测方法已不能满足化妆品的市场需求，三磷酸腺苷（ATP）生物发光检测技术、快速测试片技术、实时荧光定量 PCR 技术和电阻抗技术等是目前常用的快速现代生物技术。目前这些技术在化妆品微生物检测中有一定的应用，然而离实际的工业化大规模推广还有一定的距离。

1.4.3　生物技术在化妆品中的应用前景广阔

随着消费者对护肤品的要求不断提高，不仅有清洁、保湿等功能，还希望能祛皱、增强皮肤弹性，化妆品生产商开始大量使用天然活性物。天然活性化妆品原料是指通过精细化工、生物化学技术，将具有独特功能和生物活性的化合物从天然原料中提取分离后制成的化妆品原料。多年来，化妆品一直使用从石油中提炼、合成的原料，相比之下，来源于微生物发酵产物的原料不仅具有高安全性和微生物分解性，而且用很少的能源就可以生产，可以说是环保型的"可持续性原料"。不仅如此，这种原料还具有化学合成所无法完成的特殊结构，在功能上有其独到之处。

发酵技术是采用现代生物工程技术手段，利用微生物的某些特定功能，为人类生产有用产品或直接把微生物应用于工业生产过程。利用生物发酵技术可以为化妆品开发提供高效、安全和价优的原材料或添加剂。目前化妆品中启用的发酵制剂原料从分子结构上大致分为多糖类、酶类、多肽类和酵素。

在产业集聚、行业新技术、产业链优化等推动下，化妆品行业进入"新经济"全面觉醒的时代。而消费者年龄结构的变更、消费需求的分化以及多元化，既为化妆品微生物研究提供了令人兴奋的机会，同样也带来了前所未有的挑战。首先微生物问题不容忽视，因此要预防化妆品微生物污染，加强对化妆品的防腐管理。其次，要结合现代生物科学的先进方法和手段为化妆品安全使用和品质提升做出贡献。特别是在提倡使用绿色化妆品[16]的今天，在保证产品质量检验合格的前提下，如何建立完善的化妆品质量标准体系，生产真正绿色、天然、健康的化妆品，是化妆品工作者的共同目标。

思考题

1. 论述化妆品与微生物的关系。
2. 简述化妆品微生物学的发展历史。
3. 简述化妆品微生物学发展现状及趋势。

参考文献

[1]　中华人民共和国卫生部. 化妆品卫生规范（2007 年版）[M]. 北京：军事医学科学出版社，2007.

[2]　王艳萍，赵虎山. 化妆品微生物学 [M]. 北京：中国轻工业出版社，2002.

[3]　赵红. 化妆品质量分析检测实验 [M]. 北京：科学出版社，2017.

[4]　王培义. 化妆品——原理·配方·生产工艺 [M]. 北京：化学工业出版社，2006.

[5]　周德庆. 微生物学教程 [M]. 3 版. 北京：高等教育出版社，2011.

[6]　陆兆新. 微生物学 [M]. 北京：中国计量出版社，2008.

[7]　刘慧. 现代食品微生物学 [M]. 第 2 版. 北京：中国轻工业出版社，2011.

[8]　董银卯. 现代化妆品生物技术 [M]. 北京：化学工业出版社，2009.

[9]　文霞，杨秀莊，谢小保. 化妆品微生物检测技术的研究进展 [J]. 日用化学工业，2015，45 (2)：110-114.

[10]　郭润霞，鲁波. 我国化妆品微生物检测若干问题的探讨 [J]. 中国卫生检验杂志，2005，15 (1)：127-128.

[11]　包文君. 1978 份化妆品微生物污染状况 [J]. 中国卫生检验杂志，2008，18 (1)：120-121.

[12]　符晓梅，杭万双. 化妆品微生物污染状况分析 [J]. 中国卫生检验杂志，2008，18 (2)：314-315.

[13]　蒋震羚，王红，吕素玲，等. 广西化妆品微生物污染状况分析 [J]. 实用预防医学，2009，16 (4)：1139-1141.

[14]　符晓梅，杭万双. 化妆品卫生微生物检验方法探讨 [J]. 环境与健康杂志，2002，19 (5)：85-86.

[15]　赵冬云. 防腐剂对化妆品微生物学检验影响的观察 [J]. 安徽预防医学杂志，2007，13 (4)：314-315.

[16]　薛飞. 绿色化妆品时代的来临 [J]. 日用化学品科学，2009，32 (2)：13-16.

第2章

微生物学基础知识

正如绪论中所述，微生物与动植物一样具有生物最基本的特征——新陈代谢、生长发育、衰老死亡，有生命周期。除此之外，还有其自身的特点：个体小，比面积大；吸收多，转化快；生长旺，繁殖快；适应性强，易变异；种类多，分布广。微生物这些特点，使得它们存在于我们生活中的每个角落，也给化妆品的生产、保存带来了困难。同时，微生物产生的一些活性物质，又给化妆品的研发和产品创新带来了新的灵感。微生物就像一柄锋利无比的双刃剑，既可以带来好处，也可以造成危害。我们只有掌握微生物的特点，合理利用微生物，趋利避害，才能生产出更安全、更高品质的化妆品产品。

2.1 微生物的形态、结构与功能

本书为了便于读者阅读学习，将微生物分为原核生物（prokaryote）、真核微生物（eukaryotic microorganism）和非细胞微生物（acellular microorganism）三大类群，分别介绍它们的形态构造和功能，鉴于非细胞微生物（主要包括病毒和噬菌体）与化妆品的相关性不大，故只作简单描述。

2.1.1 原核生物

原核生物是指一大类细胞核无核膜包裹，只存在称作核区的裸露 DNA 的原始单细胞生物，其中包括真细菌（bacteria）域和古生菌（archaea）域。真细菌域种类繁多，包含真细菌、衣原体、立克次氏体、支原体、放线菌、蓝细菌等。而古生菌则是与真细菌和真核生物都有较大区别的一个生物类群，大多被发现于一些极端环境中，包括生活在高温高酸环境中的嗜热嗜酸菌，在极浓的盐水中生长的盐细菌等。大部分原核生物都具有细胞微小、结构简单、多以二分裂方式繁殖并且水生性较强的特点。

下文将主要以细菌作为典型原核生物代表来介绍此类物种的形态与构造。

2.1.1.1 细菌的形态、大小以及排列方式

大部分的细菌大小需要用微米（μm）来度量，亚细胞结构则需要用纳米（nm）作为单位。

一个球菌直径约为 0.5～1.0μm，杆菌则约为（0.5～1.0）μm×（1.0～3.0）μm。每个细菌细胞的重量更是极其微小，大约 10^9 个 *E.coil* 细菌细胞才重达 1mg。目前已知最大的细菌为 1997 年于非洲纳米比亚西南海岸的海底中发现的纳米比亚嗜硫珠菌（*Thiomargarita namibiensis*）。这种细菌呈球形，宽度普遍有 0.1～0.3mm，但有些大至 0.75mm，完全能够达到肉眼可见的大小[1]。

细菌的形态较为简单，基本上只有球状、杆状和螺旋状三大类，仅少数为其他形状，如丝状、三角形、方形和圆盘等。

(1) 球菌 (*coccus*)

其指的是一种呈球形或近似球形的细菌。根据细胞分裂时会形成不同的空间排列方式，可分为单球菌（细胞沿一个平面进行分裂，分裂后子细胞分开单独存在，如尿素微球菌 *Micrococcus ureae*）、双球菌（子细胞成对排列，如肺炎双球菌 *Pneumococcus*）、链球菌（子细胞排列成链状，如乳链球菌 *Streptococcus uberis*）、四联球菌（细胞沿两个互相垂直的平面进行分裂，分裂后子细胞连在一起成"田"字，如四联微球菌 *Micrococcus tetragenus*）、八叠球菌（如果沿三个互相垂直的平面进行分裂，八个子细胞叠成一个立方体，如尿素八叠球菌 *Sarcina ureae*）和葡萄球菌（如果细胞分裂方向不定，子细胞不规则地聚集在一起，像一串串葡萄，如金黄色葡萄球菌 *Staphylococcus aureus*）等。

(2) 杆菌 (*bacillus*)

其指的是细胞呈杆状或圆柱形，一般其粗细（直径）比较稳定，而其长度则常因培养时间、培养条件不同而有较大变化。分为单杆菌、双杆菌、球杆菌、双歧杆菌等。

(3) 螺旋菌 (*spirillum*)

其指的是菌体回转如螺旋，螺旋数目 2～6 环。鞭毛二端生，细胞壁坚韧，菌体较硬。菌体只有一个弯曲，其程度不足一圈，形似 C 字或逗号，鞭毛偏端生则被称为弧菌（vibrio）。螺旋数目大于 6 环，菌体柔软、无鞭毛，则被称为螺旋体（spirochaeta）[2]。

2.1.1.2 细菌的构造

细菌细胞的模式构造可见图 2-1。图中把一般细菌都具有的构造称一般构造，包括细胞壁、细胞膜、细胞质、核区等，以及部分细菌才具有的特殊构造，如糖被、鞭毛、菌毛、芽孢等。

(1) 细菌的一般构造

细菌的一般构造，是细菌基本结构，即细胞不变部分，每个细胞都有，一般包括细胞壁、细胞膜、细胞质、核区等。

① 细胞壁（cell wall）

其指的是位于细胞表面，内侧紧贴细胞膜的一层较为坚韧、厚实而略具弹性的结构，约占干重的 10%～25%。细胞壁的主要生理功能：a.维持细胞外形，保护细胞免受外力的损伤；b.阻拦大分子物质进入细胞，具有一定的屏障作用；c.为鞭毛运动提供支点；d.与细

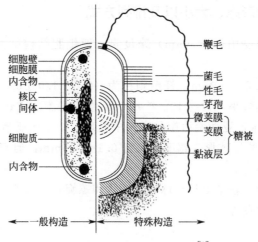

图 2-1　细菌细胞的模式构造[1]

菌的抗原性、致病性和对噬菌体的敏感性密切相关。

细胞壁的化学组成相当复杂。由于细胞壁的化学成分不同，用革兰氏染色（Gram stain）法将所有细菌分为革兰氏阳性菌（G+）与革兰氏阴性菌（G⁻）两大类。两大类细菌细胞壁的化学组成与结构有很大差异（图 2-2，表 2-1）。

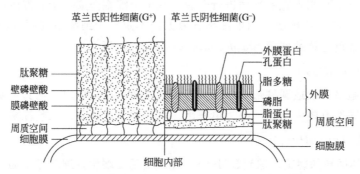

图 2-2　G+细菌和 G⁻细菌细胞壁构造的比较[1]

表 2-1　G+细菌和 G⁻细菌细胞壁结构比较

细胞壁	革兰氏阳性菌	革兰氏阴性菌
强度	较坚韧	较疏松
厚度	20～80nm	10～15nm
肽聚糖层数	可多达 50 层	1～2 层
肽聚糖含量	占细胞壁干重 50%～80%	占细胞壁干重 5%～20%
磷壁酸	有	无
外膜	无	有
脂多糖	无	有

G+细菌的细胞壁：厚度大、化学组分简单，通常含有 60%～96% 肽聚糖和 10%～30% 磷壁酸，多达 20 层，和细胞膜的外层紧密相连。现分别叙述如下。

肽聚糖（peptidoglycan），又称黏肽（mucopeptide）、胞壁质（murein）或黏质复合物（mucocomplex），是真细菌细胞壁的特有成分。以 G$^+$ 细菌金黄色葡萄球菌的肽聚糖为例，它的肽聚糖层厚约 20～80nm，由 40 层左右的网格状分子交织成致密的网套覆盖在整个细胞上。肽聚糖分子则由肽与聚糖两部分组成，其中肽包括四肽尾和肽桥，聚糖则是由 N-乙酰氨基葡萄糖胺（NAG）和 N-乙酰胞壁酸（NAM）两种单糖相互间隔连接成的长链。

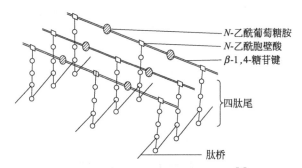

N-乙酰葡萄糖胺
N-乙酰胞壁酸
β-1,4-糖苷键
四肽尾
肽桥

图 2-3   G$^+$ 细菌肽聚糖的立体结构[1]

如图 2-3 所示，每一肽聚糖单体由 3 部分组成：a. 双糖单位，由一个 N-乙酰氨基葡萄糖胺通过 β-1,4-糖苷键与 N-乙酰胞壁酸相连；β-1,4-糖苷键容易被溶菌酶（lysozyme）所水解，从而导致细菌因细胞壁肽聚糖的"散架"（裂解）而死亡。b. 四肽尾（tetrapeptide side chain），由 4 个氨基酸分子按 L 型与 D 型交替而连；以金黄色葡萄球菌为例，其四肽尾由 L 型丙氨酸（Ala）、D 型谷氨酸（Glu）、L 型赖氨酸（Lys）、D 型丙氨酸（Ala）组成。c. 肽桥（peptide interbridge），以金黄色葡萄球菌为例，其肽桥为甘氨酸五肽，它起着连接前后两个四肽尾分子的"桥梁"作用；肽桥的变化甚多，由此形成了"肽聚糖的多样性"。

磷壁酸（teichoic acid）是结合在 G$^+$ 细菌细胞壁上的一种酸性多糖，主要成分为甘油磷酸或核糖醇磷酸。磷壁酸可分为两类，一类是与肽聚糖分子进行共价结合的，称为壁磷壁酸，其含量会随着培养基成分而改变；另一类是跨越肽聚糖层并与细胞膜的脂质层共价结合，称为膜磷壁酸或脂磷壁酸（lipoteichoic acid）。

G$^-$ 的细菌肽聚糖单体结构与 G$^+$ 细菌基本相同，差别仅在于：四肽尾的第三个氨基酸分子是内消旋二氨基庚二酸（m-DAP，只在原核生物细胞壁上发现）；没有特殊的肽桥，只形成较为稀疏、机械强度较差的肽聚糖网套。

G$^-$ 细菌的细胞壁：厚度较 G$^+$ 细菌薄，层次较多，成分较复杂，肽聚糖层很薄（仅 2～3nm），故机械强度较 G$^+$ 细菌弱；在肽聚糖的外层还有外膜蛋白（孔蛋白、非微孔蛋白、脂蛋白等）、磷脂（脂质双层）和脂多糖三部分组成的外膜，构成多层结构，占细胞壁干重的 80％以上；不含有磷壁酸。

G$^-$ 细菌肽聚糖的结构可以 E. coli 为典型代表。其肽聚糖层埋藏在外膜脂多糖（LPS）层之内。G$^-$ 细菌肽聚糖结构与 G$^+$ 基本相同，差别仅在于：四肽侧链由 L-丙氨酸、D-谷氨酸、m-二氨基庚二酸（m-DAP）、D-丙氨酸构成，即四肽侧链中的 m-二氨基庚二酸取代了 L-赖氨酸（图 2-4）；没有交联桥，两个相邻的四肽侧链的连接是通过甲四肽侧链的 D-丙氨酸与乙四肽侧链的 m-二氨基庚二酸直接交联，交联度只有 25％，其网状结构较疏松，机械强度较弱，不及 G$^+$ 菌坚韧。

外膜（outer membrane）又称"外壁"，是 G$^-$ 细菌细胞壁所特有的结构，它位于壁的

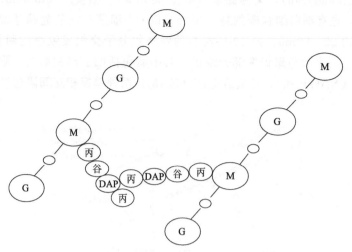

图 2-4　G⁻ 菌——*E. coli* 肽聚糖结构[1]

最外层，化学成分为脂多糖、磷脂和若干种外膜蛋白。外膜具有控制细胞膜的通透性、提高 Mg^{2+} 等阳离子浓度、决定细胞壁抗原多样性等作用。现分别介绍其中的脂多糖和外膜蛋白。a. 脂多糖（lipopolysaccharide，LPS）是位于 G⁻ 细菌细胞外壁层中的一类脂多糖类物质；它是由类脂 A、核心多糖和 O-特异性多糖（又称 O-多糖或 O-抗原）三部分组成。b. 外膜蛋白（outer membrane protein）指嵌合在 LPS 和磷脂双层外膜上的 20 余种蛋白质，多数功能还不清楚。目前发现的功能清楚的外膜蛋白主要有脂蛋白(lipoprotein)、孔蛋白(porin)。其中，脂蛋白具有使外膜层与内壁肽聚糖紧密连接的功能；孔蛋白是一类中间有孔道、可控制分子量大于 600 的物质（如抗生素等）进入外膜的三聚体跨膜蛋白，是多种小分子成分进入细胞的通道，有特异性与非特异性两种。

　　革兰氏染色的机制（Gram stain mechanism）：1884 年，丹麦细菌学家 Hase Christian Gram 创立了一种细菌鉴别染色法，即革兰氏染色法。该方法先用草酸铵结晶紫液初染，再加碘液媒染，使菌体着色，继而用乙醇脱色，最后用沙黄（番红）复染。细菌用此法染色可分为两大类：一类是经乙醇处理不脱色，而保持其初染的深紫色，这样的细菌称为革兰氏阳性菌；另一类经乙醇处理即迅速脱去原来的紫色，而染上沙黄的红色，这样的细菌称为革兰氏阴性菌。

　　革兰氏染色原理：细菌细胞壁的结构及其化学组成决定了革兰氏染色反应。由于 G⁺ 细菌细胞壁肽聚糖层较厚，且其含量高，交联度高，不含有类脂或含量很低，脱色处理时，因乙醇的脱水作用引起细胞壁肽聚糖层网架结构中的孔径缩小、通透性降低，结晶紫与碘的复合物被保留在细胞内，细胞不被脱色，再用沙黄复染仍保留最初的紫色；反之，G⁻ 细菌肽聚糖层薄，且其含量低，交联度低，而外膜层类脂含量高，脱色处理时，G⁻ 细菌的外膜经乙醇的脱脂作用，溶解了外膜层中的类脂而变得疏松，此时薄而松散的肽聚糖网不能阻挡结晶紫与碘的复合物的渗出，因此细胞褪成无色，再用沙黄复染菌体呈红色。

　　G⁺ 和 G⁻ 细菌的细胞壁结构和成分间的显著差异不仅反映在染色反应上，更反映在一系列形态、构造、化学组分、生理生化和致病性等的差异上（表 2-2），从而对生命科学的基础理论研究和实际应用产生了巨大的影响。

表 2-2　G⁺细菌和 G⁻细菌一系列生物学特性的比较

比较项目	G⁺细菌	G⁻细菌
革兰氏染色反应	能阻留结晶紫而染成紫色	可经脱色复染成红色
肽聚糖层	厚,层次多	薄,一般单层
磷壁酸	多数含有	无
膜	无	有
脂多糖(LPS)	无	有
类脂和脂蛋白含量	低(仅抗酸性细菌含类脂)	高
鞭毛结构	基体上着两个环	基体上着两个环
产毒素	以外毒素为主	以内毒素为主
对机械力的抗性	强	弱
细胞壁抗溶菌酶	弱	强
对青霉素和磺胺敏感性	敏感	不敏感
对链霉素、氯霉素、四环素敏感性	不敏感	敏感
碱性染料的抑菌作用	强	弱
对阴离子去污剂敏感性	敏感	不敏感
对叠氮化钠敏感性	敏感	不敏感
对干燥剂抗性	强	弱
产芽孢	有的产	不产
细胞附器	通常无	种类多,如菌毛、性毛、柄
运动性	大多不运动,运动用周毛	运动或不运动,运动方式多(极毛、周毛、轴丝、滑行)
代谢	多为化能有机营养型	类型多,如光能自养、化能无机营养、化能有机营养

② 细胞膜（cell membrane）

细胞膜是紧贴在细胞壁内侧的一层由磷脂和蛋白质组成的柔软、富有弹性的半透性的薄膜，主要成分为 20%～30%磷脂（甘油磷脂）双分子和 60%～70%蛋白质。其生理功能为控制细胞内外的物质的运送、交换；维持细胞内正常渗透压以保证屏障作用；许多酶和电子传递链组分的所在部位；进行氧化磷酸化或光合磷酸化的产能基地；与细胞壁和荚膜合成有关；鞭毛的着生点及其运动能量的来源。真核生物的细胞膜上一般含有甾醇，而原核生物普遍含有细胞壁，除了支原体外都不含有甾醇。

在常温下，磷脂双分子层呈液态，其中嵌埋着许多具有运输功能的整合蛋白（integral protein）或膜内在蛋白（intrinsic protein），而在磷脂双分子层的外表面则"漂浮着"许多具有酶促作用的周边蛋白（peripheral protein）或膜外在蛋白（extrinsic protein）。它们都可以在磷脂表层或内层作侧向运动，以执行其相应的生理功能（图 2-5）。

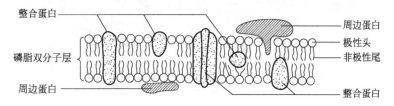

图 2-5　细胞膜结构模式图

细胞膜具有以下生理功能：a. 具有选择性控制细胞内、外的营养物质和代谢产物运送的能力；b. 能够维持细胞内正常渗透压；c. 是合成细胞壁和糖被的重要场所；d. 膜上含有与氧化磷酸化或光合磷酸化等能量代谢有关的酶系，并且是细胞的产能基地；e. 是鞭毛基体的着生部位，同时质膜上还存在若干可识别环境中化学物质的特定受体分子。

③ 细胞包涵体（inclusion body）

其指细胞质内一些显微镜下可见、形状较大的有机或无机的颗粒状构造，成分主要为糖类、脂类、含氮化合物及无机盐等，常见的包涵体包括：储藏物（reserve material）中的聚-β-羟丁酸（PHB）能够储存碳源能量；异染粒（metachromatic granule）能够储藏磷元素和能量并可以降低细胞渗透压；磁小体（magnetosome）具有导向功能；羧酶体（carboxysome）具有固定CO_2功能；气泡（gas vacuole）能够调节细胞相对密度，使其漂浮在合适水层中，主要存在于蓝细菌中。

④ 核区（nuclear region or area）

其又称拟核、核质体、原核或核基因组，指原核生物所特有的无核膜结构、无固定形态的原始细胞核。其化学成分是一个大型的环状双链 DNA 分子，一般不含组蛋白或只有少量组蛋白与之结合。DNA 由四种碱基、核糖、磷酸组成，长度 0.25～3mm。核区的生理功能：一为负载遗传信息的主要物质基础。二为通过复制将遗传信息传递给子代；在细胞分裂时，核质体直接分裂成两个而分别进入两个细胞中。三为通过转录和翻译调控细胞新陈代谢、生长繁殖、遗传变异等全部生命活动。

（2）细菌的特殊构造

不是所有细菌都具有的细胞结构称为特殊构造，包括糖被、鞭毛、菌毛、性毛、芽孢和伴孢晶体。

① 糖被（glycocalyx）

某些细菌的细胞壁表面覆盖一层疏松、透明的黏性物质。糖被按其有无固定层次、层次厚薄又可细分为 4 种类型（图 2-6）。一是荚膜（capsule）：它是有些细菌分泌的具有一定形态、固定于细胞壁表面的一层较厚的黏液性物质。其厚度因菌种不同或环境不同而异，一般可达 0.2μm。产生荚膜的细菌一般每个细胞外包围一个荚膜。二是微荚膜（microcapsule）：它是细胞壁表面形成的一层较薄的黏液性物质，其厚度小于 0.2μm。三是黏液层（slime layer）：它是细胞壁表面结构松散、无明显边缘、不固定于细胞壁上、可以扩散到周围环境中的黏液物质。四是菌胶团（zoogloea）：有的细菌，例如动胶菌属（*Zoogloea*）的细菌会产生一定形状的大型黏胶物，成为菌胶团。它实质上是多个细菌包围在一个共同荚膜之中。

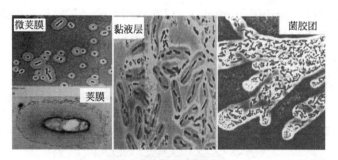

图 2-6　糖被的不同形态

糖被的成分一般是多糖，少数是蛋白质或多肽，也有多糖与多肽复合型的。此外，荚膜含有大量水分，约占 90%。在实验室可用碳素墨水进行负染色（又称背景染色）后，在光学显微镜下荚膜和菌体呈现一个个透明小区。荚膜不是细菌必要的细胞结构，用稀酸、稀碱或专一性的酶处理均可去除，但不影响其共存。

荚膜的功能：一是保护作用。保护菌体免受干燥的损害；保护致病菌免受宿主白细胞的吞噬；防止细胞受化学药物和重金属离子的毒害，以及噬菌体的侵袭。二是贮藏养料。当营养缺乏时，作为碳源和能源被细菌利用。三是表面附着作用。例如，唾液链球菌（S. salivarius）和变异链球菌分泌己糖基转移酶，使蔗糖转化成果聚糖（荚膜），它可使细菌黏附于牙齿表面，细菌发酵糖类产生乳酸，引起龋齿；大肠埃希菌的毒力因子是肠毒素，但仅有肠毒素的产生并不足以引起腹泻，还要依靠其酸性多糖荚膜（K 抗原）黏附于小肠黏膜上皮才能引起腹泻。四是堆积某些代谢废物。五是作为某些致病菌的毒力因子，与致病力有关。如有荚膜的 S 型肺炎链球菌毒力强，失去荚膜后致病力降低。六是作为主要表面抗原，具有特异的抗原性，同种细菌的荚膜因其组分不同而得以分型，用于菌种的鉴定、分型和分类。例如，肺炎链球菌可根据多糖成分的不同分为 70 多个血清型。方法是以细菌与各型诊断血清混合，若型别相同，即可见荚膜膨大，称为荚膜膨胀试验。

② 鞭毛（flagellum）

生长在某些细菌体表的长丝状蛋白质附属物，称为鞭毛，其数目为一至数条，是细菌的"运动器官"，与细菌的趋避性运动有关（图 2-7）。所有弧菌、螺菌和假单胞菌，约半数杆菌和少数球菌有鞭毛。鞭毛由基体、钩形鞘和鞭毛丝三个部分组成。G$^+$ 和 G$^-$ 细菌的鞭毛构造稍有区别[3]。

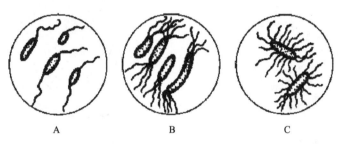

图 2-7　细菌鞭毛的位置和数量
A—单毛菌；B—丛毛菌；C—周毛菌

③ 菌毛（fimbria）

又称纤毛、伞毛、线毛或须毛，是一种长在细菌体表的纤细、中空、短直且数量较多的蛋白质附属物，具有使菌体附着于物体表面的功能。比鞭毛简单，无基体等构造，直接着生于细胞质膜上。直径一般为 3～10nm，每菌一般有 250～300 条。菌毛多数存在于 G$^-$ 致病菌中。它们借助菌毛可使自己牢固地黏附在宿主的呼吸道、消化管或泌尿生殖道等的黏膜上，如 Neisseria gonorrhoeae（淋病奈氏球菌）就可借其菌毛黏附于人体泌尿生殖道的上皮细胞上，引起严重的性病。口腔中的细菌，也可通过菌毛黏附于牙齿并形成菌斑[4]。

④ 性毛（pilus，复数 pili）

又称性菌毛、性丝，构造和成分与菌毛相同，但比菌毛长，且每个细胞仅一至少数几根。一般见于 G$^-$ 细菌的雄性菌株（供体菌）中，具有向雌性菌株（受体菌）传递遗传物质的作用，有的还是 RNA 噬菌体的特异性吸附受体。

⑤ 芽孢（spore，endospore）

芽孢是某些细菌在其生长发育后期，在细胞内形成一个圆形或椭圆形的结构，对不良环境具有较强抗逆性的休眠体。每一营养细胞仅形成一个芽孢。主要包括 G$^+$ 细菌的两个属——好氧性的 Bacillus（芽孢杆菌属）和厌氧性的 Clostridium（梭菌属）。

a. 芽孢的构造与化学组成：在光学显微镜下，芽孢是折光性很强的小体。因芽孢壁厚而致密，不易着色，必须用特殊芽孢染色法才可见芽孢的外形。利用扫描电镜可以见到各种芽孢的表面特征，如光滑、脉纹等；利用切片技术和透射电子显微镜能看到成熟芽孢的核心、内膜、初生细胞壁、皮层、外膜、外壳层及外孢子囊等多层结构。细菌芽孢的构造如图2-8、图2-9所示。

产芽孢细菌
　芽孢囊：产芽孢母细胞的外壳
　芽孢
　　孢外壁：有的芽孢无此壁，主要为脂蛋白，透性差
　　芽孢衣（孢子壳）：疏水性角蛋白，抗酶解、抗药物，多价阳离子不易通过
　　皮层：主要含芽孢肽聚糖、DPA-Ca，体积大、渗透压高
　　核心
　　　芽孢壁（孢子层）：含肽聚糖，可发展成新细胞壁
　　　芽孢膜（孢子膜）：含磷脂、蛋白质，可发展成新细胞膜
　　　芽孢质：含 DPA-Ca、核糖体、RNA 和酶类
　　　核区：含 DNA

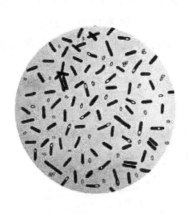

图 2-8　产芽孢细菌

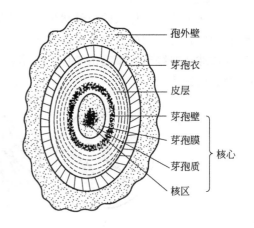

孢外壁
芽孢衣
皮层
芽孢壁
芽孢膜 } 核心
芽孢质
核区

图 2-9　细菌芽孢构造的模式图[1]

b. 芽孢化学组成的重要特点：第一，含有芽孢特有的 2,6-吡啶二羧酸（DPA）。它以钙盐的形式存在于芽孢皮层（占芽孢干重的 5％～15％）和芽孢质中。它们在芽孢中的堆集造成细胞质体积缩小到最小。第二，含有大量的芽孢特有的芽孢肽聚糖，存在于芽孢皮层中。不含磷壁酸。第三，芽孢核心的含水量极低，平均为 40％；芽孢皮层为 70％，多为结合水；而营养细胞含水约 80％。在芽孢形成过程中，细胞质收缩，水分降低。第四，芽孢中酶的分子量较营养细胞的正常酶要小。分子量低的蛋白质由于其分子中键的作用较强而更具有稳定性与耐热性。第五，芽孢衣的厚度约为 3nm，层次很多（3～15 层），主要含疏水性的角蛋白及少量磷脂蛋白。芽孢衣对溶菌酶、蛋白酶和表面活性剂具有很强的抗性，对多价阳离子和水的透性很差。第六，皮层在芽孢中占很大体积（36％～60％），内含芽孢特有的芽孢肽聚糖，还含有占芽孢干重 5％～15％ 的 DPA-Ca，不含磷壁酸。皮层的渗透压高达 2.0MPa 左右[5]。

c. 研究细菌芽孢的意义：第一，芽孢的有无、形状和着生位置等是细菌分类、鉴定中一项重要的形态学指标。第二，芽孢是菌种最好的保存形式，有利于对这类菌种的筛选和长期保藏。第三，由于芽孢具有很强的耐热性，对食品、医药或物品的消毒灭菌就以能否杀灭一些代表菌的芽孢作为主要指标。例如，在罐头食品生产中，对鲜肉中的肉毒梭菌（*C. botulinum*）灭菌不彻底，会引起该菌在肉类罐头中繁殖并产生肉毒毒素，已知其芽孢

在 pH 7.0 时要在 100℃水中煮 8h 后才能致死，因此要求肉类罐头必须在 121℃维持 20min 以上或 115℃维持 30～40min 灭菌。在外科器材灭菌中，常以两株致病菌破伤风梭菌（C. tetani）和产气荚膜梭菌（C. perfringens）的芽孢耐热性作为灭菌依据，即要求在 121℃、10min 或 115℃、30min 灭菌。在发酵工业或实验室中，常以能否杀死耐热性最强的嗜热脂肪芽孢杆菌（Bacillus stearothermophilus）的芽孢为标准。此菌的芽孢在 121℃、10min 才能杀灭。由此规定湿热灭菌要在 121℃维持 15～30min 才能保证培养基或物品的彻底灭菌。

⑥ 伴孢晶体（parasporal crystal）

少数芽孢杆菌如苏云金芽孢杆菌在形成芽孢的同时，会在芽孢旁形成一颗菱形或斜方形的碱溶性蛋白晶体，称为伴孢晶体（δ 内毒素）。其干重可达芽孢囊重的 30%左右，由 18 种氨基酸组成，大小约 0.6μm×2.0μm。由于伴孢晶体对鳞翅目、双翅目和鞘翅目等 200 多种昆虫的幼虫有强烈毒杀作用，故国内外大量生产苏云金杆菌制成生物农药——细菌杀虫剂。有的苏云金杆菌还产生 3 种水溶性的苏云金素（α、β、γ 外毒素）和其他杀虫毒素。近年来，国内外正在研究将苏云金杆菌的毒素蛋白基因转入农作物细胞内，此种转基因农作物能不断释放毒素，抵御害虫侵袭，而且对人畜无害，亦不会污染环境。

2.1.1.3　细菌的繁殖

细菌的繁殖方式主要为裂殖，少数为芽殖。

（1）裂殖（fission）

一个细胞通过分裂形成两个子细胞的过程，有横分裂和纵分裂两种方式（图 2-10）。一般细菌进行横分裂的二分裂。绿色硫细菌（Pelodictyon）可以进行三分裂。蛭弧菌（Bdellovibrio）可以进行复分裂。

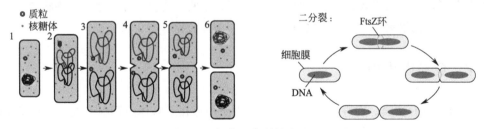

图 2-10　细菌二分裂繁殖过程

（2）芽殖（budding）

在母细胞借出芽而形成子细胞的过程，在细菌中较为少见。芽生细菌（budding bacteria）进行芽殖。

2.1.1.4　放线菌

放线菌（actinomycetes）：一类主要呈菌丝状生长和以孢子繁殖的陆生性较强的原核生物，主要为革兰氏阳性细菌，也被认为是一类具有分支状菌丝体的细菌，代表菌属有链霉菌属（Streptomyces）、诺卡氏菌属（Nocardia）等。与细菌相比较，它们同属原核生物；细胞质中缺乏线粒体、内质网等细胞器；核糖体为 70S；细胞具细胞壁，主要成分为肽聚糖；

放线菌菌丝直径与细菌直径基本相同；最适生长 pH 范围与细菌基本相同，一般呈微碱性；都对溶菌酶和抗生素敏感，对抗真菌药物不敏感；繁殖方式为无性繁殖，遗传特性与细菌相似[6]。

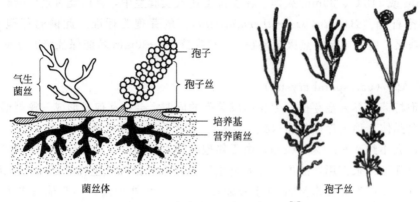

气生菌丝
孢子
孢子丝
培养基
营养菌丝
菌丝体
孢子丝

图 2-11　放线菌的一般形态构造[1]

放线菌的菌丝是较具特征的结构，根据菌丝着生部位、形态和功能的不同，放线菌菌丝可分为基内菌丝、气生菌丝和孢子丝三个部分，以下以链霉菌为例进行介绍。

链霉菌的孢子落在适宜的固体基质表面，在适宜条件下吸收水分，孢子肿胀，萌发出芽，进一步向基质的四周表面和内部伸展，形成基内菌丝，又称初级菌丝（primary mycelium）或者营养菌丝，主要功能是吸收营养物质和排泄代谢产物。气生菌丝（aerial mycelium）是基内菌丝长出培养基外并伸向空间的菌丝，又称二级菌丝（secondary mycelium）。在显微镜下观察时，一般气生菌丝颜色较深，比基内菌丝粗，直径为 $1.0\sim1.4\mu m$。孢子丝（spore hypha）是当气生菌丝发育到一定程度，其顶端分化出的可形成孢子的菌丝，又称繁殖菌丝。孢子成熟后，可从孢子丝中逸出飞散。孢子丝的形状有直形、波曲、钩状、螺旋状，螺旋状的孢子丝较为常见，其螺旋的松紧、大小、螺数和螺旋方向因菌种而异（图 2-11）。

2.1.2　真核微生物

凡细胞核具有核膜，能进行有丝分裂，细胞质中存在线粒体或同时存在叶绿体等细胞器的微小生物。真菌是一类低等真核生物的通称。

原生动物、微型后生动物、藻类、真菌均属于真核微生物。真核生物的细胞与原核生物的细胞相比，其形态更大、结构更为复杂、细胞器的功能更为专一。真核生物已发展出许多由膜包围着的细胞器，如内质网、高尔基体、溶酶体、微体、线粒体和叶绿体等（图 2-12），更重要的是真核细胞已进化出有核膜包裹着的完整的细胞核，其中存在着构造极其精巧的染色体，它的双链 DNA 长链与组蛋白及其他蛋白密切结合，更完善地执行生物的遗传功能。

2.1.2.1　真核微生物的构造

（1）细胞壁（cell wall）

低等真菌细胞壁多糖主要成分是纤维素，酵母菌细胞壁多糖主要成分是葡聚糖，高等陆

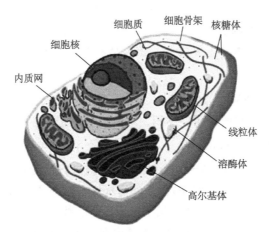

图 2-12　真核微生物细胞构造

生真菌细胞壁多糖主要成分是几丁质、纤维素、葡聚糖、甘露聚糖等，这些多糖都是单糖的聚合物。细胞壁厚 $25\sim70nm$，约占细胞干重的 25%，是一种坚韧的结构。

(2) 鞭毛与纤毛 (flagellum and cilia)

具有运动功能的细胞器，形态较长、数量较少的为鞭毛；形态较短、数量较多的为纤毛。又称"9+2"型鞭毛，其中心有一对包在中央鞘中的相互平行的中央微管，其外被 9 个微管二联体围绕一圈，整个微管由细胞质膜包裹。每条微管二联体由 A、B 两条中空的亚纤维组成，其中 A 亚纤维是一个完全微管，而 B 亚纤维则由 10 个亚基围成（图 2-13）。

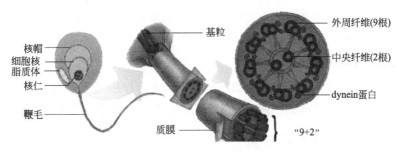

图 2-13　鞭毛结构

(3) 细胞质膜 (cytoplasmic membrane)

在酵母菌细胞膜上除含有不同种类的固醇（麦角甾醇）外，其余组成与结构基本和原核生物相同。主要功能为选择性地运入营养物质，排出代谢产物，作为细胞壁等大分子成分的生物合成和装配基地、部分酶的合成和作用场所。

(4) 细胞核 (nucleus)

其是用多空核膜包裹起来的、有一定形状的，具有核仁和染色体，核膜上有大量核孔的细胞器。由核被膜、染色质、核仁和核基质组成。细胞核的主要构造为核膜，是一种将细胞核完全包覆的双层膜，可使膜内物质与细胞质以及具有细胞骨架功能的网状结构核纤层分隔开来。由于多数分子无法直接穿透核膜，因此需要核孔作为物质的进出通道。这些孔洞可让小分子与离子自由通过；而如蛋白质般较大的分子，则需要载体蛋白的帮助才能通过。核运输是细胞中最重要的功能；基因表现与染色体的保存，皆有赖于核孔上所进行的输送作用。

细胞核内不含有任何其他膜状的结构，但也并非完全均匀，其中存在许多由特殊蛋白质、RNA 以及 DNA 所复合而成的次核体。而其中了解最透彻的是核仁，此结构主要参与核内 RNA 的合成。RNA 是核糖体的主要成分。核糖体在核仁中产出之后，会进入细胞质进行 mRNA 的转译。

（5）细胞质（cytoplasm）

位于细胞质膜和细胞核间的透明、黏稠、不断流动并充满各种细胞器的溶胶。

（6）线粒体（mitochondrion）

大小为 $(0.5\sim1.0)\mu m\times(1.5\sim3.0)\mu m$，是细胞进行氧化磷酸化反应的重要细胞器，将有机物的化学潜能转化为能量（ATP），是一切真核细胞的"动力车间"。其 DNA 可自主复制，不受核 DNA 控制，决定线粒体的某些遗传性状。线粒体由双层膜构成，外膜上含磷脂代谢的酶，内膜向基质内伸展，从而形成大量由双层内膜构成的嵴。内膜上含有呼吸链组分，包括 ATP 合成酶、琥珀酸脱氢酶；膜间含有腺苷酸激酶、磷酸腺苷酸激酶；嵴间含有脂肪合成酶、脂肪分解酶、蛋白质合成酶、三羧酸循环酶系（琥珀酸脱氢酶除外）、线粒体 DNA（mtDNA）、70S 核糖体[7]。

（7）核糖体（ribosome）

具有蛋白质的合成功能，游离于细胞质中或附着在内质网上，沉降系数为 80S，由 60S 和 40S 两个小亚基组成，具有蛋白质合成功能。

（8）内质网（endoplasmic reticulum）

其是存在于细胞质中的、由膜构成的、呈游离或广泛连接的囊泡状结构。分为粗糙型内质网（膜外附着核糖体）和光滑型内质网（膜外不附着核糖体）。其生理功能为：蛋白质的合成和运送、胞外分泌，与出芽起始有关。

（9）叶绿体（chloroplast）

双层膜包裹、只存在于绿色植物的细胞中，具有光合作用（把 CO_2 和 H_2O 合成葡萄糖并释放 O_2），外形多为扁平的圆形或椭圆形，由叶绿体膜、类囊体和基质三部分组成。

2.1.2.2　真核微生物代表菌

（1）酵母菌（yeast）

泛指能发酵糖类产能，以芽殖为主要繁殖方式的单细胞真核微生物。分属于子囊菌纲、担子菌纲及半知菌类；个体一般以单细胞状态存在；多数以出芽方式繁殖，少数裂殖或产子囊孢子；能发酵糖类产能；细胞壁含葡聚糖和甘露聚糖；分布于偏酸性的含糖水生环境中。

① 酵母菌细胞形态与大小

酵母菌细胞的形态有六种：圆形，如圆球酵母；椭圆形，如葡萄酒酵母；卵圆形，如啤酒酵母；柠檬形，如汉逊氏酵母；腊肠形，如巴斯德酵母；圆柱状，如裂殖酵母。大多数为球状、椭圆、圆柱等单细胞，有的酵母菌子代细胞连在一起成为链状，称为假丝酵母。

大小为 $(1\sim5)\mu m\times(5\sim30)\mu m$（比细菌粗 10 倍左右）酵工业用酵母平均直径 4～6μm。通常酵母菌细胞大小与培养方式、菌龄、制片方式有关；菌体在液体培养基中比在固体培养基中大。

酵母菌的菌落特征：菌落较大、厚，光滑，黏稠，易挑起，一般为乳白色，少数红色。

② 酵母菌的细胞构造

细胞壁：厚约 25nm，占细胞干重 25%。主要成分为"酵母纤维素"，是三层结构，内层为葡聚糖（glucan），以葡萄糖为单体，主链通过 β-1,6 糖苷键结合，支链则以 β-1,3 糖苷键结合；外层为甘露聚糖（mannan），以甘露糖为单体，主链通过 α-1,6 糖苷键结合，支链则通过 α-1,2 或 α-1,3 糖苷键结合；中层为蛋白质（大多与多糖结合，也有以酶的形式与细胞壁结合）。其细胞壁可以用蜗牛消化酶分解。

细胞膜：结构类似原核生物，磷脂双分子层中间嵌杂甾醇和蛋白质分子，由蛋白质、脂类、糖类三层构成，且含有丰富的麦角甾醇（ergosterol）。用于调节渗透压、吸收营养和分泌物质，并参与细胞的一些合成作用。多烯大环内酯类抗生素（制霉菌素）与甾醇作用，可破坏膜的稳定性（对原核生物膜无作用）。

细胞核：贮存酵母菌细胞的遗传信息。具有完整的核膜、核仁和染色体。核膜外具有中心体，中心体可能和酵母菌出芽繁殖有关。

③ 酵母菌的繁殖方式

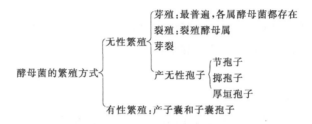

酵母菌中尚未发现其有性阶段的被称为假酵母。

a. 无性繁殖

芽殖：出芽繁殖，繁殖后在母细胞上留下一个芽痕，在子细胞上留下一个蒂痕，是酵母菌最常见的一种繁殖方式（图 2-14）。当它们进行一连串的芽殖后，如果长大的子细胞与母细胞不立刻分离，其间仅以狭小的面积相连，则这种藕节状的细胞串就称为假菌丝（pseudohyphae）；相反，如果细胞相连，且其间的横隔面积与细胞直径一致，这种细胞串就称为真菌丝（euhyphae）。

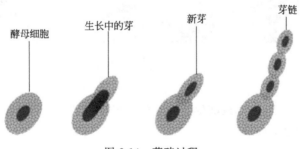

图 2-14　芽殖过程

裂殖：裂殖是少数酵母进行的繁殖方式。即酵母细胞延长，核分裂为二，细胞中央出现隔膜，将细胞横分为两个具有单核的子细胞，如八孢裂殖酵母（*Schizosaccharomyces octosporus*）。

芽裂：以芽裂方式繁殖的酵母很少见。母细胞总在一端出芽，同时在芽基处又形成隔膜，这种在出芽的同时又产生横隔的方式为芽裂或半裂殖。

厚垣孢子：有些酵母，如白假丝酵母可以在假菌丝的顶端形成厚壁的厚垣孢子，具有较强的抗逆特性。节孢子：地霉属的菌可以形成节孢子。掷孢子：掷孢酵母属可以在其营养细胞上生出的小梗上形成小孢子，孢子成熟后通过一种特殊的喷射方式将孢子射出，这种孢子称为掷孢子。

b. 有性繁殖

酵母菌以形成子囊（ascus）和子囊孢子（ascopore）的方式进行有性繁殖。它们一般通过邻近的两个形态相同而性别不同的细胞各自伸出一根管状的原生质突起相互接触、局部融合并形成一条通道，再通过质配、核配和减数分裂形成 4 个或 8 个核，然后它们各自与周围的原生质结合在一起，再在其表面形成一层孢子壁。

④ 酵母菌的应用

酿酒；面包、单细胞蛋白（single cell protein，SCP）的生产；生化药物的提取；作为基因工程中的受体菌和基因表达系统，如酿酒酵母（S. cerevisiae）、巴斯德毕赤酵母（Pichia pastoris）。

⑤ 酵母菌的危害

食物、纺织品等腐败变质。腐生型酵母菌，如鲁氏酵母（Saccharomyces rouxii）、蜂蜜酵母（Saccharomyces mellis）可使蜂蜜和果酱等败坏；发酵工业的污染菌；引起人和植物的病害。

(2) 霉菌（mould，mold）

其又称丝状真菌，是丝状的、无光合作用的、异养性营养的真核微生物。菌丝体较发达，又不产生大型肉质子实体结构的真菌。包括鞭毛菌、接合菌、子囊菌和半知菌（图 2-15）。

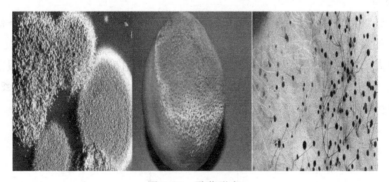

图 2-15 霉菌形态

① 霉菌的分布

在自然界中无所不在，基本属陆生生物，喜欢阴暗潮湿；合适的有机物存在；适宜的温度（25～30℃）；绝大多数好氧。

② 霉菌细胞的构造

霉菌菌丝的细胞都由细胞壁、细胞膜、细胞质及其内含物和细胞核组成。细胞壁：大部分由几丁质组成。细胞质：幼龄时细胞质充满整个细胞，老年细胞则出现较大的液泡，还含有线粒体和核糖体。细胞核：具核膜，核内有核仁、核染色体。

③ 霉菌与人类的关系

霉菌用于以下物质转化与生产过程中：风味食品（酱油、腐乳、红曲等）；抗生素（青霉素、头孢霉素、灰黄霉素）；酶抑制剂（洛伐他汀——土曲霉）；有机酸（柠檬酸、葡萄糖酸、衣康酸等）；酶制剂（淀粉酶、果胶酶、纤维素酶等）；甾体激素转化；杀虫农药（白僵菌剂）。同时，霉菌在自然界物质转化中具重要作用，引起食物、工农业制品的霉变，产生毒素（黄曲霉毒素）而引起人或动物发生食物中毒，人（皮肤癣病）、动物和植物致病（球状鳞斑霉）。

④ 霉菌的繁殖方式

霉菌的繁殖主要是通过产生各种无性孢子和有性孢子来达到目的。无性繁殖：指不经过两性细胞的结合而形成新个体的过程。无性繁殖产生的孢子叫无性孢子。有性繁殖：是经过不同性别的细胞结合（质配和核配）后，产生一定形态的孢子来实现的。

⑤ 霉菌的形态结构

霉菌营养体的基本单位是菌丝（hypha），直径 $3\sim10\mu m$，与酵母菌细胞类似。菌丝呈丝状或管状结构；由坚硬的含几丁质的细胞壁包被，内含大量真核生物的细胞器。

可将其按照形态分为 2 类。无隔菌丝：菌丝为长管状多核细胞，菌丝中无横隔膜，整个细胞是一个单细胞，菌丝内有许多核，在生长过程中只有核的分裂和原生质量的增加，没有细胞数目的增多，如毛霉、根霉。有隔菌丝：菌丝由横隔膜分隔成多个细胞，在菌丝生长过程中细胞核的分裂伴随着细胞的分裂，每个细胞含有 1 至多个细胞核。有的横隔膜可以使相邻细胞之间的物质相互沟通，如青霉、曲霉。

菌丝体按功能分为 2 类。营养菌丝体：分布在营养基质内，吸收营养。气生菌丝体：伸展到空中，有的气生菌丝产生子实体。

霉菌的菌落特征：质地疏松，呈絮状、蜘蛛网状、绒毛状或地毯状，形态大，干燥，颜色丰富，菌落正反、中心与边缘常不一致。

2.1.3 非细胞微生物

非细胞微生物是一种结构简单，体积微小，能通过除菌滤器，没有典型的细胞结构，无产生能量的酶系统，只能在宿主活细胞内生长增殖的微生物。主要包括病毒（virus）和噬菌体（phage），其中寄生在动物与植物细胞内的称为病毒，而寄生在细菌细胞中的称为噬菌体（即细菌病毒）。这类微生物仅有一种核酸类型，即由 DNA 或 RNA 构成核心，外被蛋白质衣壳。

最简单的病毒中心是核酸，外面包被着一层有规律地排列的蛋白亚单位，称为衣壳（capsid）。构成衣壳的形态学亚单位称为壳粒（capsomer）。由核酸和衣壳蛋白所构成的粒子称为核衣壳（nucleocapsid）。较复杂的病毒外边还有由脂质和糖蛋白构成的包膜。按壳粒的排列方式不同而分为 3 种形态（图 2-16）。

① 螺旋对称壳体

蛋白质亚基沿中心轴呈螺旋状排列，形成高度有序、对称的稳定结构。很多植物病毒如烟草花叶病毒（tobacco mosaic virus，TMV）等则为坚硬的杆状，而细菌病毒的形状是软而能弯曲的纤维状。

② 二十面对称壳体

蛋白质亚基围绕具立方对称的正多面体的角或边排列，进而形成一个封闭的蛋白质的鞘。因二十面体容积最大，能包装更多的病毒核酸，所以病毒壳体多取二十面体对称结构。

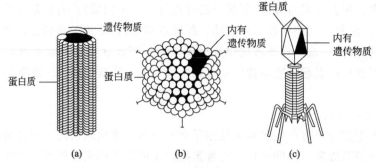

图 2-16 三种病毒形态

(a) 螺旋对称壳体，烟草花叶病毒；(b) 二十面对称壳体，腺病毒；(c) 复合对称壳体，噬菌体

③ 复合对称壳体

仅少数病毒壳体为复合对称结构。壳体由头部和尾部组成，包装病毒核酸的头部通常呈二十面体对称，尾部呈螺旋对称。具有复合对称结构的典型例子是有尾噬菌体（tailed phage）[8]。

在非细胞微生物分类中，还有一些病毒样致病因子，其本质及在病毒学中的位置尚不明确，故被称为亚病毒（subvirus）。其中包括类病毒（viroids），仅具有单独侵染性的 RNA 组分；朊病毒（prion），一种传染性蛋白颗粒，不含或仅含极微量的核酸；卫星病毒（satellite virus）是一类基因组缺损、需要依赖辅助病毒才能复制和表达并增殖的亚病毒，不单独存在，常伴随着其他病毒一起出现。

2.2　微生物的生理

2.2.1　微生物的营养与培养基

2.2.1.1　微生物的营养

微生物在其生命活动过程中，每时每刻都在进行着新陈代谢活动。为了生存，微生物必须从周围环境中吸收各种具有营养功能的物质，包括非常规物质形式的光辐射能在内，以满足合成细胞、提供能量和调节新陈代谢的需要。这些物质统称为营养物（nutrient）或营养要素。微生物生长共需要 6 类营养要素，以满足正常生长和繁殖等基本的生理功能[1]，即碳源、氮源、能源、生长因子、无机盐和水。

(1) 微生物的 6 类营养要素

① 碳源

碳源（carbon source）指一切能满足微生物生长繁殖所需碳元素的营养源。它的主要功能有三点：构成细胞物质，构成各种代谢产物和细胞贮藏物质，为微生物进行生命活动提供能量。碳源物质在细胞内经过一系列复杂的化学变化后，成为微生物自身的细胞物质（如糖类、脂、蛋白质等）和代谢产物。微生物细胞含碳量约占干重的 50%，其可利用的碳源范围即碳源谱是极其广泛的（表 2-3）。

表 2-3　微生物的碳源谱

类型	元素水平	化合物水平	培养基原料水平
有机碳	C·H·O·N·X	复杂蛋白质、核酸等	牛肉膏、蛋白胨、花生饼粉
	C·H·O·N	多数氨基酸、简单蛋白质等	一般氨基酸、明胶等
	C·H·O	糖、有机酸、醇、脂类等	葡萄糖、蔗糖、各种淀粉、糖蜜和乳清等
	C·H	烃类	天然气、石油及其不同馏分、石蜡油等
无机碳	C(?)	—	—
	C·O	CO_2	CO_2
	C·O·X	$NaHCO_3$、$CaCO_3$	$NaHCO_3$、$CaCO_3$、白垩等

注：X 指除 C、H、O、N 外的任何一种或几种元素。

从表中可以看出，碳源谱可分为有机碳与无机碳两个大类。凡必须利用有机碳源的微生物，就是为数众多的异养微生物（heterotrophic microorganism）；反之，凡以无机碳源作唯一或主要碳源的微生物，则是种类较少的自养微生物（autotrophic microorganism）。

② 氮源

凡能提供微生物生长繁殖所需氮元素的营养源，称为氮源（nitrogen source）。氮源的主要功能包括两点：构成细胞物质，构成代谢产物。氮是构成重要生命物质蛋白质和核酸等的主要元素，氮占细菌干重的 12%～15%，故与碳源相似，氮源也是微生物的主要营养物。氮源物质一般不作为能源，只有少数自养微生物能利用铵盐、硝酸盐同时作为氮源与能源。例如硝化细菌，它能利用 NH_3 氧化获得能量，NH_3 既是氮源又是能源。

若把微生物作为一个整体来考察，则它们能利用的氮源范围即氮源谱（spectrum of nitrogen source）也是十分广泛的（表 2-4）。能够被微生物利用的氮源物质包括蛋白质及其不同程度的降解产物（胨、肽、氨基酸等）、铵盐、硝酸盐、分子氮、嘌呤、嘧啶、脲、胺、酰胺和氰化物等。在微生物培养基成分中，最常用的有机氮源是牛肉浸出物（牛肉膏）、酵母膏、植物的饼粕粉和蚕蛹粉等，由动、植物蛋白质经酶消化后的各种蛋白胨（peptone）使用尤为广泛。

表 2-4　微生物的氮源谱

类型	元素水平	化合物水平	培养基原料水平
有机氮	N·C·H·O·X	复杂蛋白质、核酸及其水解物等	牛肉膏、酵母膏、饼粕粉、蚕蛹粉等
	N·C·H·O	尿素、一般氨基酸、简单蛋白质等	尿素、蛋白胨、明胶
无机氮	N·H	NH_3、铵盐等	$(NH_4)_2SO_4$、NH_4Cl 等
	N·O	硝酸盐等	KNO_3 等
	N	N_2	空气

注：X 指除 C、H、O、N 外的任何一种或几种元素。

③ 能源

能为微生物提供生命活动最初来源的营养物或辐射能，称为能源（energy source）。顾名思义，能源的功能就是为微生物的生命活动提供能量。由于各种异养微生物的能源就是其碳源，因此，它们的能源谱就显得十分简单。微生物的能源谱为：

$$能源谱 \begin{cases} 化学物质（化能营养型） \begin{cases} 有机物：化能异养微生物的能源（同碳源） \\ 无机物：化能自养微生物的能源（不同于碳源） \end{cases} \\ 辐射能（光能营养型）：光能自养和光能异养微生物的来源 \end{cases}$$

化能自养微生物的能源谱十分独特，都是一些还原态的无机物质，例如，NH_4^+、NO_2^-、S、H_2S、H_2 和 Fe^{2+} 等。能利用这种能源的微生物都是一些原核生物，包括亚硝酸细菌、硝酸细菌、硫化细菌、硫细菌、氢细菌和铁细菌等。

在能源中，更容易理解前面已提到过的某一具体营养物可同时兼具几种营养要素功能的观点。例如，光辐射能是单功能营养"物"（能源），还原态的无机物 NH_4^+ 是双功能营养物（能源、氮源），而氨基酸类则是三功能营养物（碳源、氮源、能源）。

④ 生长因子

生长因子（growth factor）又称生长因素，通常指微生物生长不可缺少、本身又不能合成或合成量不足以满足机体生长需要的微量有机化合物。各种生长因子对促进微生物的新陈代谢起着重要作用。狭义的生长因子一般仅指维生素，而广义的生长因子除了维生素外，还包括碱基、卟啉及其衍生物、甾醇、胺类、$C_4 \sim C_6$ 的分支或直链脂肪酸，有时还包括氨基酸营养缺陷突变株所需要的氨基酸在内。生长因子虽属于重要营养要素，但它与碳源、氮源和能源有所区别，即并非任一具体微生物都需要外界为它提供生长因子。

⑤ 无机盐

无机盐（mineral salts）或矿质元素主要可为微生物提供除碳源、氮源以外的各种重要元素，是微生物生长必不可少的一类物质。它们在机体中的生理功能主要包括：构成细胞的组成成分，作为酶的活性中心，维持酶的活性，调节细胞渗透压、氢离子浓度和氧化还原电位，作为某些自养菌的能源。

无机盐可分为大量元素和微量元素。凡是生长所需浓度在 $10^{-4} \sim 10^{-3}$ mol/L 范围内的元素，可称为大量元素（macroelement），例如 P、S、K、Mg、Ca、Na 和 Fe 等。微量元素（microelement）是指那些在微生物生长过程中起重要作用，而机体对这些元素的需要量极其微小的元素，通常需要量在 $10^{-8} \sim 10^{-6}$ mol/L，如 Cu、Zn、Mn、Mo、Co、Ni、Sn、Se 等。微量元素一般参与酶的组成或使酶活化。

⑥ 水

水是微生物生长所必不可少的，在微生物细胞中可占 70%～90%，主要有两种存在形式：结合水和游离水。可以说水是地球上整个生命系统存在和发展的必要条件，水在细胞中的生理功能主要有：a. 是细胞的重要组成成分；b. 直接参与代谢反应，许多反应都涉及脱水和水合；c. 是活细胞中各种生化反应的介质；d. 营养物质、代谢产物都必须溶于水中才能被运输；e. 比热容高、汽化热高、沸点高，又是热的良导体，可调节细胞的温度。

微生物生长环境中水的有效性常以水活度值（water activity，a_w）表示。水活度值是指在一定的温度和压力条件下，溶液的蒸汽压力与同样条件下纯水的蒸汽压力之比，即：$a_w = P_w/P_w^0$，式中，P_w 代表溶液蒸汽压力，P_w^0 代表纯水蒸汽压力。纯水 a_w 为 1.00，溶液中溶质越多，a_w 越小。微生物一般在 a_w 为 0.60～0.99 的条件下生长。对某种微生物而言，a_w 过低时，微生物生长的迟缓期延长，比生长速率和总生长量减少。微生物不同，其生长的最适 a_w 也不同（表 2-5）。一般而言，细菌生长最适 a_w 较酵母菌和霉菌高，而嗜盐微生物生长最适 a_w 则较低。

表 2-5　几类微生物生长最适 a_w

微生物	a_w
一般细菌	0.91
酵母菌	0.88
霉菌	0.80
嗜盐细菌	0.76
嗜盐真菌	0.65
嗜高渗酵母	0.60

为了表示微生物生长与水的关系，有时也常用相对湿度（RH）的概念（$\alpha_w \times 100 =$ RH）；通常也用测定蒸气相中相对湿度的方法得知溶液或物质的水活度。

（2）微生物的营养类型

由于微生物种类繁多，其营养类型也比较复杂。营养类型是指根据微生物生长所需要的主要营养要素即能源和碳源的不同，而划分的微生物类型。微生物营养类型的划分方法很多，较多的是按它们对能源、氢供体和基本碳源的需要来区分的 4 种类型（表2-6）。

① 光能无机营养型

也称光能自养型，属于这一类的微生物都含有光合色素，能以光作为能源，CO_2 作为碳源，以无机物如 H_2、H_2S、S、H_2O 等作为氢供体，使 CO_2 合成细胞所需的有机物质。例如蓝细菌、紫硫细菌、绿硫细菌和藻类等少数微生物。

② 光能有机营养型

也称光能异养型，这类微生物以光为能源，利用有机物为氢供体，不以 CO_2 作为主要或唯一的碳源，一般同时以 CO_2 和简单的有机物为碳源。光能异养型微生物生长时，常需外源的生长因子。如红螺菌科的细菌（即紫色非硫细菌）以光为能源，CO_2 为碳源，并需异丙醇为氢供体，同时积累丙酮。

③ 化能无机营养型

也称化能自养型，这类微生物以 CO_2 作为唯一或主要碳源，以无机物氧化释放的化学能为能源，以无机物如 H_2、H_2S、Fe^{2+} 等作为氢供体，使 CO_2 还原成细胞物质。主要包括硝化细菌、硫化细菌、铁细菌、氢细菌、硫黄细菌等，它们在自然界物质转换过程中起着重要作用。

④ 化能有机营养型

也称化能异养型，这类微生物以有机碳化合物作为能源，碳源和氢供体也是有机碳化合物。有机碳化合物是兼具能源与碳源功能的双重营养物。绝大多数原核生物、全部真菌和原生动物都属于化能异养型微生物。

表2-6 微生物的营养类型

营养类型	能源	氢供体	基本碳源	实例
光能无机营养型（光能自养型）	光	无机物	CO_2	蓝细菌、紫硫细菌、绿硫细菌、藻类
光能有机营养型（光能异养型）	光	有机物	CO_2 及简单有机物	红螺菌科的细菌（即紫色非硫细菌）
化能无机营养型（化能自养型）	无机物*	无机物	CO_2	硝化细菌、硫化细菌、铁细菌、氢细菌、硫黄细菌等
化能有机营养型（化能异养型）	有机物	有机物	有机物	绝大多数原核生物、全部真菌和原生动物

注：* 代表 NH_4^+、NO_2^-、S、H_2S、H_2、Fe^{2+} 等。

（3）营养物质进入细胞的方式

除原生动物可通过胞吞作用和胞饮作用摄取营养物质外，其他各大类有细胞的微生物都是通过细胞膜的渗透和选择吸收作用而从外界吸取营养物的。细胞膜是控制营养物质进出细胞的主要屏障，具有选择通透性。细胞膜运送营养物质有 4 种方式，即单纯扩散、促进扩散、主动运输和基团转位，它们的特点如下。

① 单纯扩散

单纯扩散（simple diffusion）又称被动扩散（passive transport）。此种扩散的推动力是细胞膜内外物质浓度的差，在无载体蛋白参与下，单纯依靠分子自由运动通过细胞膜，并从高浓度区向低浓度区扩散，直到细胞膜内外的浓度相等为止（图 2-17）。

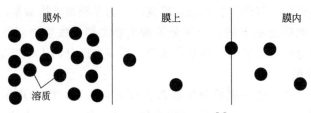

图 2-17　单纯扩散示意图[1]

单纯扩散并不是细胞吸收营养物质的主要方式，水是唯一可通过单纯扩散自由通过原生质膜的分子，脂肪酸、乙醇、甘油、苯、一些气体分子（O_2、CO_2）及某些氨基酸在一定程度上可通过单纯扩散进出细胞。

② 促进扩散

促进扩散（facilitated diffusion）指溶质在运送过程中，必须借助存在于细胞膜上的底物特异载体蛋白（carrier protein）的协助，但不消耗能量的一类扩散性运送方式。载体蛋白有时称作渗透酶（permease）、移位酶（translocase）或移位蛋白（translocator protein），一般通过诱导产生，它借助自身构象的变化，在不耗能的条件下可加速把膜外高浓度的溶质扩散到膜内，直至膜内外该溶质浓度相等为止（图 2-18）。

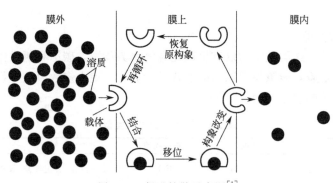

图 2-18　促进扩散示意图[1]

促进扩散中载体只影响物质的运输速率，并不改变该物质在膜内外形成的动态平衡状态（促进扩散速度比单纯扩散快）。这种性质类似于酶的作用特征，因此载体蛋白也称为透过酶（permease），透过酶大都是诱导酶，只有在环境中存在机体生长所需的营养物质时，相应的透过酶才被合成。

③ 主动运输

主动运输（active transport）指一类需要提供能量（包括 ATP、质子动势或"离子泵"等）并通过细胞膜上特异性载体蛋白构象的变化，而使膜外环境中低浓度的溶质运入膜内的一种物质运送方式（图 2-19）。与促进扩散类似之处在于物质运输过程中同样需要载体蛋白，载体蛋白通过构象变化而改变与被运输物质之间的亲和力大小，使二者之间发生可逆性结合与分离，从而完成相应物质的跨膜运输，区别在于主动运输过程中的载体蛋白构象变化需要细胞提供能量。

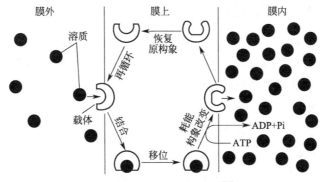

图 2-19　主动运输示意图[1]

　　由于可以逆浓度梯度运送营养物，所以对许多生存于低浓度营养环境中的贫养菌（oligophyte）的生存极为重要。主动运输的例子很多，主要有无机离子、有机离子（某些氨基酸、有机酸等）和一些糖类（乳糖、葡萄糖、麦芽糖、半乳糖、蜜二糖以及阿拉伯糖、核糖）等。

　　④ 基团转位

　　基团转位（group translocation）是一类既需特异性载体蛋白的参与，又需耗能的一种物质运送方式，其特点是溶质在运送前后还会发生分子结构的变化，因此不同于一般的主动运输（图 2-20）。基团转位广泛存在于原核生物中，尤其是一些兼性厌氧菌和专性厌氧菌，如 *E. coli*、*Salmonella*（沙门氏菌属）、*Bacillus*（芽孢杆菌属）、*Staphylococcus*（葡萄球菌属）和 *Clostridium*（梭菌属）等。目前尚未在好氧型细菌及真核生物中发现这种运输方式，尚未发现氨基酸通过此方式运输。

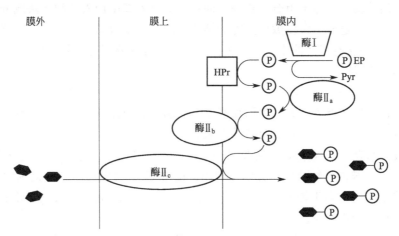

图 2-20　基团转位示意图[1]

　　基团转位主要用于运送各种糖类（葡萄糖、果糖、甘露糖和 *N*-乙酰葡糖胺等）、核苷酸、丁酸和腺嘌呤等物质。其运送机制在 *E. coli* 中研究得较为清楚，主要靠磷酸转移酶系统（phosphotransferase system，PTS）即磷酸烯醇式丙酮酸-己糖磷酸转移酶系统进行。此系统由 24 种蛋白质组成，运送某一具体糖至少有 4 种蛋白质参与。其特点是每输入一个葡萄糖分子，就要消耗一个 ATP 的能量。

2.2.1.2　微生物的培养基

培养基（culture medium）是人工配制、适合微生物生长繁殖或产生代谢产物的营养基质。无论是以微生物为材料的研究，还是利用微生物生产生物制品，都必须进行培养基的配制，它是微生物学研究和微生物发酵工业的影响。

(1) 培养基的种类

培养基种类繁多，可根据培养基的成分、物理状态、用途以及使用目的分成多种类型。

① 按培养基成分划分

天然培养基（natural medium）指利用动植物、微生物或其他天然来源的难以确切知道其化学成分的原料所配成的培养基，也称非化学限定培养基（chemically undefined medium）。牛肉膏蛋白胨培养基和麦芽汁培养基就属于此类。基因克隆技术中常用的 LB（Luria-Bertani）培养基也是一种天然培养基。

常用的天然培养基配制原料包括牛肉膏、蛋白胨、酵母浸膏、豆芽汁、玉米粉、土壤浸液、麸皮、牛奶、血清、稻草浸汁和羽毛浸汁、胡萝卜汁、椰子汁等。天然培养基成本较低，除在实验室经常使用外，也适用于进行工业上大规模的微生物发酵生产。

合成培养基（synthetic medium）指采用已知化学成分的纯试剂所配成的培养基，成分明确的同时也可进行定量检测[9]，也称组合培养（chemically defined medium）。高氏一号培养基和查氏培养基就属于此种类型。配制合成培养基重复性强，但与天然培养基相比其成本较高，微生物在其中生长速度较慢，一般适用于在实验室进行有关微生物营养需求、代谢、分类鉴定、生物量测定、菌种选育及遗传分析等方面的研究工作。

半合成培养基（semi-synthetic medium）指主要以化学试剂配制，同时还加有某种或某些天然成分的培养基，也称半组合培养基。即在合成培养基中加入某种天然成分而制成的培养基。半合成培养基适合于大多数微生物的培养，同时大多数培养基也都属于此类，例如营养琼脂（NA）中除含有天然的牛肉膏和蛋白胨外，还有成分明确的氯化钠。

② 按物理状态划分

固体培养基（solid medium）一指利用天然固体基质制成的固体培养基，如马铃薯块、麸皮培养基等；二指在液体培养基中添加凝固剂而制成的固体培养基。固体培养基常用于微生物分离、鉴定、活菌计数、测定及菌种保藏等。

常用的凝固剂有琼脂（agar）、明胶（gelatin）和硅胶（silica gel）。理想的凝固剂应具备以下条件：a. 不被微生物液化、分解和利用；b. 在微生物生长的温度范围内保持固体状态；c. 凝固点的温度对微生物无害；d. 不会因高温灭菌而受到破坏；e. 透明度好、凝固力强；f. 配制方便，价格低廉。

半固体培养基（semi-solid medium）中凝固剂的含量比固体培养基少，培养基中琼脂量一般为 0.2%～0.7%。半固体培养基常用来观察微生物的运动特征、分类鉴定及噬菌体效价滴定等。

液体培养基（liquid medium）中未加任何凝固剂。在用液体培养基培养微生物时，通过振荡或搅拌可以增加培养基的通气量，同时使营养物质分布均匀。液体培养基常用于大规模工业生产以及在实验室进行微生物的基础理论和应用方面的研究。

③ 按用途划分

鉴别培养基（differential medium）是用于鉴别不同类型微生物的培养基。在培养基中加入某种特殊化学物质，某种微生物在培养基中生长后能产生某种代谢产物，而这种代谢产物可以与培养基中的特殊化学物质发生特定的化学反应，产生明显的特征性变化，根据这种特征性变化，可将该种微生物与其他微生物区分开来。鉴别培养基主要用于微生物的快速分类鉴定，以及分离和筛选产生某种代谢产物的微生物菌种。例如，化妆品微生物检测中，粪大肠菌群检测所用的伊红美蓝琼脂培养基就属于鉴别培养基。

选择培养基（selective medium）是用来将某种或某类微生物从混杂的微生物群体中分离出来的培养基。根据不同种类微生物的特殊营养需求或对某种化学物质的敏感性不同，在培养基中加入相应的特殊营养物质或化学物质，抑制不需要的微生物的生长，有利于所需微生物的生长。例如，化妆品微生物检测中，铜绿假单胞菌检测所用的 SCDLP 培养基就属于选择培养基。

在实际应用中，有时需要配制既有选择作用又有鉴别作用的培养基。例如，当要分离金黄色葡萄球菌时，在培养基中加入 7.5% NaCl、甘露糖醇和酸碱指示剂，金黄色葡萄球菌可耐高浓度 NaCl，且能利用甘露糖醇产酸。因此，能在上述培养基上生长，而且菌落周围培养基颜色发生变化，且该菌落有可能是金黄色葡萄球菌，再通过进一步鉴定加以确定。

④ 按培养基使用目的划分

种子培养基用于培养菌种，营养成分相对比较丰富。以长好菌体为目标，同时兼顾菌种对发酵培养基的适应能力。

发酵培养基以获得最大强度的代谢产物为目的。它的原料来源一般较粗放，有时还在发酵培养基中添加前体、促进剂或抑制剂，以利于获得最多的发酵产品。

生化测定培养基主要用于测定某种微生物的特定生理特征。一般为合成培养基，组成成分明确、恒定，以保证测定工作的可靠性和重复性。

(2) 配制培养基的原则

任何培养基都应该具备微生物生长所需要的六大营养要素，且其间的比例是合适的。制作培养基时应尽快配制并立即灭菌，否则就会杂菌丛生，并破坏其固有的成分和性质。配制培养基的 4 个基本原则包括：a. 营养协调；b. 物理、化学条件适宜；c. 目的明确；d. 经济节约[10]。其余关于培养基的配制与验收等内容将在后面的章节详细说明。

2.2.2 微生物的生长及测定方法

一个微生物细胞在合适的外界环境条件下，会不断地吸收营养物质，并按其自身的代谢方式不断进行新陈代谢。如果同化（合成）作用的速度超过了异化（分解）作用，则其原生质的总量（重量、体积、大小）就不断增加，于是出现了个体细胞的生长（growth）；如果这是一种平衡生长，即各种细胞组分是按恰当比例增长时，则达到一定程度后就会引起个体数目的增加，对单细胞的微生物来说，这就是繁殖（reproduction）。不久，原有的个体已发展成一个群体，随着群体中各个个体的进一步生长、繁殖，就引起了这一群体的生长。生长是一个逐步发生的量变过程，繁殖是一个产生新的生命个体的质变过程。对于高等生物来说，这两个过程可以明显分开，但在低等特别是在单细胞生物里，由于细胞小，这两个过程紧密联系很难划分。微生物的生长繁殖是其在内外各种环境因素相互作用下生理、代谢等状态的综合反映，因此，有关生长繁殖的数据就可作为研究多种生理、生化和遗传等问题的重要指标；同时，微生物在生产实践上的各种应用或是人类对致病、霉腐等有害微生物的防治，也都与它们的生长繁殖或抑制紧密相关。这就是研究微生物生长繁殖规律的重要意义。

2.2.2.1 微生物生长繁殖的测定方法

生长意味着原生质含量的增加，微生物的生长测定指单位时间里微生物数量或生物量的（biomass）变化，其测定方法主要包括测生长量和测繁殖数。通过微生物的生长测定，我们可以评价培养条件、营养物质等对微生物生长的影响，评价不同的抗菌物质对微生物产生抑制（或杀死）作用的效果以及客观地反映微生物生长的规律。

（1）测生长量

① 直接法

其有粗放的测体积法（在刻度离心管中测沉降量）和精确的称干重法（dry mass weighing）。微生物的干重一般为其湿重的 $10\%\sim20\%$。据测定，每个 $E.coli$ 细胞的干重为 2.8×10^{-13}g，故相当于 1 颗芝麻（近 3mg）的大肠埃希菌团块，其中所含的细胞数目竟可达到 100 亿个！

② 间接法

其有比浊法（turbidimetry）和生理指标法。比浊法可用分光光度法对无色的微生物悬浮液进行测定，一般选用 $580\sim650$nm 波段。若要连续跟踪某一培养物的生长动态，可用带有侧臂的三角烧瓶作原位测定（不必取样）。主要用于测定能形成悬浮体的沉淀物质，例如微量磷、硫、氯和钙等的测定，生物碱与沉淀试剂形成的混浊也可用此法测定[11]。

与微生物生长量相平行的生理指标很多，可以根据实验目的和条件适当选用。最重要的如测含氮量法（nitrogen content measurement），一般细菌的含氮量为其干重的 12.5%，酵母菌为 7.5%，霉菌为 6.5%，含氮量乘 6.25 即为粗蛋白含量；另有测含碳量以及测磷、DNA、RNA、ATP、DAP（二氨基庚二酸）、几丁质或 N-乙酰胞壁酸等含量的；此外，产酸、产气、耗氧、黏度和产热等指标，有时也可应用于生长量的测定。

（2）测繁殖数

与测生长量不同，对测定繁殖来说，一定要一一计算各个体的数目。所以，计繁殖数只适宜于测定处于单细胞状态的细菌和酵母菌，而对放线菌和霉菌等丝状生长的微生物而言，则只能计算其孢子数。

① 直接法

a. 血球计数板法指在光学显微镜下直接观察细胞并进行计数的方法，计数室的刻度一般有 16×25 和 25×16 两种规格。但无论是哪种规格的计数板，每个大方格中的小方格数都是相同的，即 $16\times25=400$ 小方格。每个大方格边长为 1mm，则每一大方格的面积为 1mm^2，盖上盖玻片后，载玻片与盖玻片之间的高度为 0.1mm，所以计数室的容积为 0.1mm^3。在计数时，通常数四或五个中方格的总菌数，然后求得每个中方格的平均值，再乘上 16 或 25，就得出一个大方格中的总菌数，然后再根据稀释倍数换算成 1mL 菌液中的总菌数（图 2-21）。

此法十分常用且能快速得到结果，缺点是得到的数目是包括死细胞在内的总菌数，并且只适用于单细胞状态的微生物或丝状微生物的孢子，不适于对运动细菌计数。对于菌体浓度来说，一般需要在 10^6/mL 以上，并且一些个体小的微生物在显微镜下难以观察到。

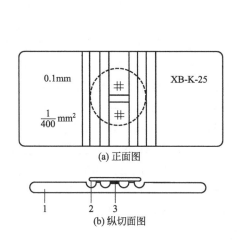

(a) 正面图

(b) 纵切面图

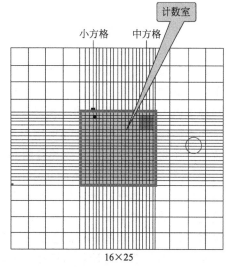

(c) 放大后的方网格，中间大方格为计数室

图 2-21　血球计数板法

1—血细胞计数板；2—盖玻片；3—计数室

b. 染色后活菌计数法指采用特定的染色技术进行活菌染色，然后用光学显微镜计数的方法。可分别对活菌和死菌进行计数。例如，用美蓝液对酵母菌染色后，其活细胞为无色，而死细胞则为蓝色；又如细菌经吖啶橙染色后，在紫外光显微镜下可观察到活细胞发出橙色荧光，而死细胞则发出绿色荧光，因而也可作活菌和死菌计数。

c. 比例计数法将已知颗粒浓度的样品（例如血液）与待测细胞浓度的样品混匀后在显微镜下根据二者之间的比例直接推算待测微生物细胞浓度的方法。

d. 过滤计数法指当样品中菌数很低时，可以将一定体积的湖水、海水或饮用水等样品通过膜过滤器，然后将滤膜干燥、染色，并经处理使膜透明，再在显微镜下计算膜上（或一定面积中）的细菌数（图 2-22）。

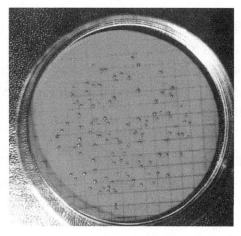

图 2-22　过滤计数法

② 间接法

a. 平板菌落计数法（plate colony counting）是将待测样品经适当稀释，在规定的条件

下培养后，所得 1mL 或 1cm² 样品中含菌落的总数[12]。可用浇注平板（pour plate）、涂布平板（spread plate）或滚管法（roll-tube technique）等方法进行。此法适用于各种好氧菌或厌氧菌。其主要操作是把稀释后的一定量菌样通过浇注琼脂培养基或在琼脂平板上涂布的方法，让其内的微生物单细胞——分散在琼脂平板上（内），待培养后，每一活细胞就形成一个单菌落，此即"菌落形成单位"（colony forming unit，CFU），根据每皿上形成的 CFU 数乘上稀释度就可推算出菌样的含菌数。该法最为常用，但操作繁琐且要求操作者技术熟练。通常用来测定细菌、酵母菌等单细胞微生物的生长情况或样品中所含微生物个体的数量。化妆品微生物检测中菌落总数和霉菌和酵母的测定就采用了平板菌落计数法。

b. 最大或然数法（the most probable number method）即 MPN 法，适用于测定微生物群落中不占优势、但具有特殊生理功能的微生物类群的数量[13] 以及采用液体鉴别培养基进行直接鉴定并计数的微生物。对未知样品进行十倍稀释，然后根据估算取三个连续的稀释度平行接种多支试管，对这些平行试管的微生物生长情况进行统计，长菌的为阳性，未长菌的为阴性，然后根据数学统计计算出样品中的微生物数目。

c. 厌氧菌的菌落计数法主要采用一种简便快速的半固体深层琼脂法，可用于测定双歧杆菌（bifidobacteria）和乳酸菌（lactic acid bacteria）等厌氧菌活菌数。其主要原理是试管中的深层半固体琼脂有良好的厌氧性能，并利用其凝固前可作稀释用、凝固后又可代替琼脂平板作菌落计数用的良好性能。此法兼有省工、省料、省设备和菌落易辨认等优点。

2.2.2.2　微生物的纯培养技术

纯培养技术是进行微生物学研究的基础，在研究中所使用的微生物培养群体称为培养物。培养物指在一定的条件下培养、繁殖得到的微生物群体，包括混合培养物和纯培养物，区别在于混合培养物含有多种微生物，而纯培养物只有一种微生物。通常情况下只有纯培养物才能提供可以重复的结果。

为了得到纯培养物，需要对微生物进行分离，常用的方法有稀释平板法、涂布平板法、平板划线法以及稀释摇管法。

（1）稀释平板法

又称倾注法，指先将待分离的材料用无菌水作一系列的稀释然后分别取不同稀释液少许，与已溶化并冷却至 45℃左右的琼脂培养基混合。摇匀后，倾入灭过菌的培养皿中，待琼脂凝固后，制成可能含菌的琼脂平板，保温培养一定时间即可分离出菌落（图 2-23）。稀释平板法的样品必须作倍比稀释，且倒平板的培养基温度必须严格控制。操作较麻烦，且对好氧菌、热敏感菌效果不好。

（2）涂布平板法

又称涂布法，指将稀释后的细菌悬浮液接种到平板中，使其均匀分布于培养基内。经培养后，由单个细胞生长繁殖形成菌落，统计菌落数目，即可计算出样品中的含菌数（图 2-24）。涂布平板法是使用较多的常规方法，但有时会涂布不均匀，导致菌落聚集。

（3）平板划线法

其指把混杂在一起的微生物或同一微生物群体中的不同细胞，通过在固体培养基平板表面作多次的由点到线的划线稀释，从而得到许多独立分布的细胞，再经适当培养后，每一细胞就发展成一个菌落[14]（图 2-25）。此法简单易操作，但需要一些经验积累。

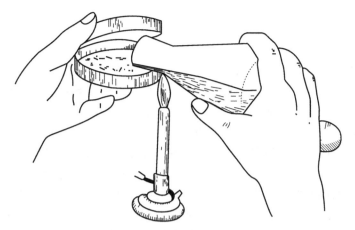

图 2-23　稀释平板法

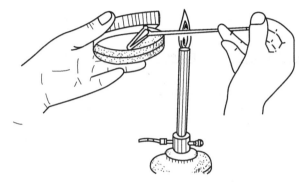

图 2-24　涂布平板法

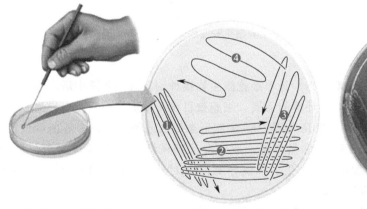

图 2-25　平板划线法

（4）稀释摇管法

先将一系列盛无菌琼脂培养基的试管加热使琼脂熔化后冷却并保持在 50℃左右，然后将待分离的材料用这些试管进行梯度稀释，试管迅速摇动均匀，冷凝后，在琼脂柱表面倾倒一层灭菌液体石蜡和固体石蜡的混合物，将培养基和空气隔开。培养后，菌落在琼脂柱中间形成。稀释摇管法操作难度较大，且常用于分离厌氧微生物，作为液体培养基分离纯培养的方法不常用。

2.2.2.3 微生物的生长规律

微生物的细胞是极其微小的，我们肉眼看到或接触到的微生物是成千上万个单个的微生物组成的群体，所以它们的接种方式是群体接种，接种后的生长是微生物群体繁殖生长。对微生物群体生长规律的了解是对其进行研究与利用的基础[15]。

定量描述液体培养基中微生物群体生长规律的实验曲线，称为生长曲线（growth curve，图 2-26）。当把少量纯种单细胞微生物接种到恒容积的液体培养基中进行批式培养（batch culture）后，在适宜的温度、通气等条件下，该群体就会由小到大，发生有规律的增长。如以细胞数目的对数值作纵坐标，以培养时间作横坐标，就可画出一条曲线，这就是微生物的典型生长曲线。根据微生物的生长速率常数（growth rate constant），即每小时分裂次数（R）的不同，一般可把典型生长曲线粗分为延滞期、指数期、稳定期和衰亡期等 4 个时期。

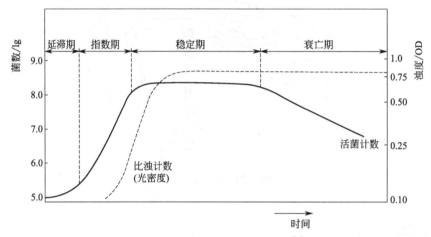

图 2-26　微生物的典型生长曲线[1]

① 延滞期（lag phase）

又称停滞期、调整期或适应期，指少量单细胞微生物接种到新鲜培养液中后，在开始培养的一段时间内，因代谢系统适应新环境的需要，细胞数目没有增加的一段时期。

该期的特点为：a. 生长速率常数 R 为零；b. 细胞形态变大或增长，许多杆菌可长成丝状；c. 细胞内的 RNA 尤其是 rRNA 含量增高，原生质呈嗜碱性；d. 合成代谢十分活跃，核糖体、酶类和 ATP 的合成加速，易产生各种诱导酶；e. 对外界不良条件如 NaCl 溶液浓度、温度和抗生素等理化因素反应敏感。

影响延滞期长短的因素很多，除菌种外，主要有接种龄、接种量、培养基成分以及种子损伤度等（图 2-27）。出现延滞期是由于接种到新鲜培养液的种子细胞中，一时还缺乏分解或催化有关底物的酶或辅酶，或是缺乏充足的中间代谢物。为产生诱导酶或合成有关的中间代谢物，就需要有一段用于适应的时间，此即延滞期。

② 指数期（exponential phase）

又称对数期（logarithmic phase，log phase），指在生长曲线中，紧接着延滞期的一段细胞数以几何级数增长的时期。

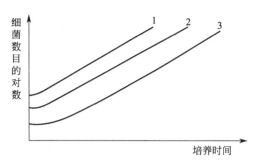

图 2-27　接种量对延滞期的影响

指数期的特点是：a. 生长速率常数 R 最大，因而细胞每分裂一次所需的时间——代时（generation time，G，又称世代时间或增代时间）或原生质增加一倍所需的倍增时间（doubling time）最短；b. 细胞进行平衡生长（balanced growth），故菌体各部分的成分十分均匀；c. 酶系活跃，代谢旺盛。

③ 稳定期（stationary phase）

又称恒定期或最高生长期。其特点是生长速率常数 R 等于零，即处于新繁殖的细胞数与衰亡的细胞数相等，或正生长与负生长相等的动态平衡之中。这时的菌体产量达到了最高点。

稳定期到来的原因是：a. 营养物尤其是生长限制因子的耗尽；b. 营养物的比例失调，例如 C/N 比不合适等；c. 酸、醇、毒素或 H_2O_2 等有害代谢产物的累积；d. pH、氧化还原电势等物理化学条件越来越不适宜等。

稳定期的生长规律对生产实践有着重要的指导意义，例如，对以生产菌体或与菌体生长相平行的代谢产物（SCP、乳酸等）为目的的某些发酵生产来说，稳定期是产物的最佳收获期；对维生素、碱基、氨基酸等物质进行生物测定（bioassay）来说，稳定期是最佳测定时期；此外，通过对稳定期到来原因的研究，还促进了连续培养原理的提出和工艺、技术的创建。

④ 衰亡期（decline phase 或 death phase）

在衰亡期中，微生物的个体死亡速度超过新生速度，整个群体呈现负生长状态（R 为负值）。这时，细胞形态发生多形化，例如，会发生膨大或不规则的退化形态；有的微生物因蛋白水解酶活力的增加而发生自溶（autolysis）；有的微生物在此期间会进一步合成或释放对人类有益的抗生素等次生代谢物；而在芽孢杆菌中，往往在此期间释放芽孢等。

产生衰亡期的原因主要是外界环境对继续生长越来越不利，从而引起细胞内的分解代谢明显超过合成代谢，继而导致大量菌体死亡。

2.2.3　微生物的代谢

代谢又称细胞代谢，是营养物质在生物体内所经历的一切化学变化的总称，是推动生物一切生命活动的动力源。代谢通常被分成分解代谢和合成代谢两部分。分解代谢又称异化作用，是指复杂的有机分子通过分解代谢来获得能量；合成代谢又称同化作用，与分解代谢功能相反，在合成酶系的催化下，利用能量来合成细胞中的各个组分，如蛋白质和核酸等（图 2-28）。

能量代谢是新陈代谢中的核心问题，通常将在物质代谢过程中所伴随的能量的释放、转移、贮存和利用称为能量代谢。机体通过物质代谢，从外界摄取营养物质，同时经过体内分解、吸收，将其中蕴藏的化学能释放出来转化为组织和细胞可以利用的能量，人体可以利用

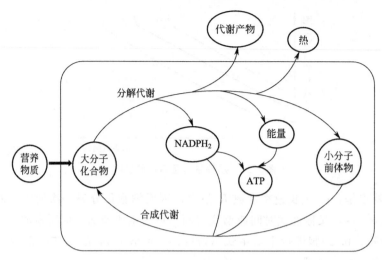

图 2-28　细胞代谢图

这些能量来维持生命活动。能量代谢的中心任务是生物体把外界环境中多种形式的最初能源转换成对一切生命活动都能使用的通用能源 ATP。对于微生物来说，其可以利用的能源基本是有机物、日光辐射能和还原态无机物三大类。

2.2.3.1　化能异养微生物的能量代谢

化能异养微生物是一类以有机化合物为碳源、能源和电子供体的微生物，包括已知的绝大多数细菌和古菌，全部的放线菌、真菌和原生动物[16]，该类微生物通过呼吸或发酵产能。

生物氧化是发生在活细胞内一切产能性氧化反应的总称。生物氧化的特点：a. 生物氧化的形式包括某物质与氧的结合、脱氢和失去电子 3 种；b. 生物氧化的过程可分脱氢、递氢和受氢 3 个阶段；c. 生物氧化的功能有产能（ATP）、产还原力［H］和产小分子中间代谢物 3 种；d. 生物氧化的类型包括呼吸、无氧呼吸和发酵 3 种。

(1) 底物脱氢

① EMP 途径（糖酵解途径）

EMP 途径可以概括为耗能和产能两个阶段（图 2-29）。EMP 途径是多种微生物所具有的代谢途径，虽然其产能效率低，但其生理学功能却很重要。其生理学功能有：a. 为合成代谢供应 ATP 形式的能量和 $NADH_2$ 形式的还原力；b. 为合成代谢提供多种中间代谢产物；c. 连接三羧酸循环（TCA）、HMP 途径和 ED 途径的桥梁；d. 通过逆向反应可进行多糖合成。

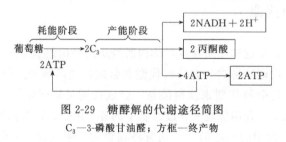

图 2-29　糖酵解的代谢途径简图

C_3—3-磷酸甘油醛；方框—终产物

② HMP 途径

HMP 途径又称己糖—磷酸支路、戊糖磷酸途径、磷酸葡萄糖酸途径或 WD 途径。它的特点是葡萄糖不经 EMP 途径和 TCA 循环而得到彻底氧化,并能产生大量 NADPH＋H$^+$ 形式的还原力以及多种重要中间代谢产物(图 2-30)。HMP 途径的总反应式为:

$$6 \text{ 葡萄糖-6-磷酸} + 12NADP^+ + 6H_2O \longrightarrow 5 \text{ 葡萄糖-6-磷酸} + 12NADPH + 12H^+ + 6CO_2 + Pi$$

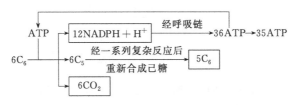

图 2-30 HMP 途径的简图

C$_6$—己糖或磷酸己糖;C$_5$—5-磷酸核酮糖;方框—途径中的直接产物

NADPH＋H$^+$ 必须先由转氢酶将其上的氢转到 NAD$^+$ 上并变成 NADH＋H$^+$ 后,才能进入呼吸链产 ATP

HMP 途径在微生物生命活动中有重要意义:

a. 产还原力:产生大量 NADPH$_2$,为脂肪酸、固醇等物质的合成提供还原力,还可通过呼吸链产生大量的能量。

b. 连接 EMP 途径:在 1,6-二磷酸果糖和 3-磷酸甘油醛处与 EMP 途径连接,可以调节戊糖供需关系,为核苷酸和核酸的生物合成提供磷酸戊糖。

c. 固定二氧化碳的中介:是光能自养微生物和化能自养微生物固定 CO$_2$ 的重要中介。

d. 扩大碳源利用范围:存在 3～7 碳的糖,具有该途径的微生物能利用的碳源谱更为广泛。

e. 供应合成原料:可产生许多种重要的发酵产物,如核苷酸、若干氨基酸、辅酶和乳酸(异型乳酸发酵)等;途径中的赤藓糖、景天庚酮糖等可用于芳香族氨基酸合成、碱基合成及多糖合成的原料。

③ ED 途径 (2-酮-3-脱氧-6-磷酸葡糖酸途径)

ED 途径的特点有:a. 具有一个特征性反应——KDPG 裂解为丙酮酸和 3-磷酸甘油醛;b. 存在一个特征性酶——KDPG 醛缩酶;c. 其终产物 2 分子丙酮酸的来历不同,其一由 KDPG 直接裂解形成,另一则由 3-磷酸甘油醛经 EMP 途径转化而来;d. 产能效率低(图 2-31)。

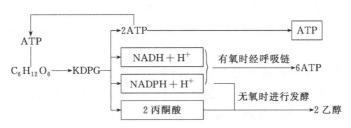

图 2-31 ED 途径的简图

④ TCA 循环 (三羧酸循环)

TCA 循环是指由丙酮酸经过一系列环节作循环式反应而被彻底氧化、脱羧,形成 CO$_2$、H$_2$O 和 NADH$_2$ 的过程。这是一个广泛存在于各种生物体中的重要生物化学反应,在各种好氧微生物中普遍存在(图 2-32)。在真核微生物中,TCA 循环的反应在线粒体内进行,其中大多数酶定位于线粒体的基质中;在原核生物中,大多数酶位于细胞质内。

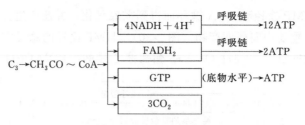

图 2-32 TCA 循环的简图

TCA 循环[17] 的特点有：a. 循环一次，乙酰 CoA 的乙酰基被氧化为 2 分子 CO_2，并重新生成 1 分子草酰乙酸；b. 整个循环有四步氧化还原反应，其中三步反应中将 NAD^+ 还原为 NADH＋H^+，另一步为 FAD 还原；c. 为糖、脂、蛋白质三大物质转化中心枢纽；d. 循环中的某些中间产物是一些重要物质生物合成的前体；e. 生物体提供能量的主要形式；f. 为人类利用生物发酵生产所需产品提供主要的代谢途径，如柠檬酸发酵、Glu 发酵等。

(2) 递氢和受氢

① 呼吸

呼吸是以分子氧作为最终电子（或氢）受体的氧化，由于是在有氧条件下完成，称呼吸。其依靠的途径是 EMP、TCA 循环，其特点是底物在氧化过程中释放的电子先通过电子传递链最后才传递到氧。这是一种递氢和受氢都必须在有氧条件下完成的生物氧化作用，是一种高效产能方式。

呼吸链是指位于原核生物细胞膜上或真核生物线粒体膜上的，由一系列氧化还原电势呈梯度差、链状排列的一组氢（或电子）传递体。其功能是把氢或电子从低氧化还原电势的化合物处逐级传递到高氧化还原电势的分子氧或其他无机、有机氧化物，并使它们还原。

氧化呼吸链是指营养物质代谢脱下的成对氢原子以还原当量形式存在，再通过多种酶和辅酶催化的氧化还原的连锁反应逐步传递，最终与氧结合成水，逐步释放的能量可驱动 ATP 生成。在氧化呼吸链中，参与氧化还原作用的酶和辅酶按一定顺序排列在线粒体内膜上。其中传递氢的酶或辅酶称为递氢体，传递电子的酶或辅酶称为递电子体。而递氢也需要传递电子，它们起了传递电子的作用，所以氧化呼吸链也叫电子传递链。有氧呼吸是化能异养微生物的主要产能方式，利用外源 O_2 将有机底物彻底氧化，并通过电子传递链与氧化磷酸化产生大量能量，满足细胞的生命活动。在 3 种产能方式中其底物氧化程度最强，利用率最高，产能效率也最高，保证了化能异养微生物的快速繁殖。

微生物能量代谢活动中所涉及的主要是 ATP（高能分子）形式的化学能。ATP 是生物体内能量的载体或流通形式，当微生物获得能量后，都是先将获得的能量转换成 ATP。当需要能量时，ATP 分子上的高能键水解，重新释放出能量。

$$\text{ATP 的生成方式} \begin{cases} \text{氧化磷酸化} \begin{cases} \text{底物水平磷酸化} \\ \text{电子传递磷酸化} \end{cases} \\ \text{光合磷酸化} \end{cases}$$

a. 底物水平磷酸化：在某种化合物氧化过程中可生成一种含高能磷酸键的化合物，这个化合物通过相应的酶作用把高能键磷酸根转移给 ADP，生成 ATP。

b. 电子传递磷酸化：呼吸链在传递氢或电子的过程中，通过与氧化磷酸化作用的偶联，产生生物的通用能源是 ATP。ATP 数量是根据呼吸链成员的多少而不同，呼吸链的组成因微生物种类而异，如酵母菌可生成 3 个 ATP，细菌大约只生成 1 个 ATP，磷酸化作用是在电子自供体向最终受体的传递过程中发生的。流动的电子通过呼吸链时逐步释放出能量生成 ATP。

c. 氧化磷酸化：在氧化磷酸化过程中，通过呼吸链酶系的作用，将底物分子上的质子从膜内侧传递至外侧，造成了质子在膜两侧分布的不均衡，即形成了质子梯度差（又称质子动势、pH 梯度等）。此梯度差就是产生 ATP 的能量来源，因为它可通过 ATP 酶的逆反应，把质子从膜外侧再输回到内侧，既消除了质子梯度差，同时合成了 ATP。

d. 光合磷酸化：只存在于能进行光合作用的细胞中。把所捕获到的光能通过电子传递链转化为以 ATP 和 NADH 形式储存的化学能。

② 无氧呼吸

进行无氧呼吸的微生物生活在缺氧的环境中，这些微生物在产能的生物氧化过程中以无机化合物（NO_3^-、SO_4^{2-}、CO_2）为最终电子受体，称为无氧呼吸。其特点是无氧、产能效率低、有机物脱氢后经部分呼吸链递氢，最终由氧化态的无机物或有机物受氢，完成氧化磷酸化反应。根据呼吸链末端氢受体的不同，可把无氧呼吸分成多种类型。

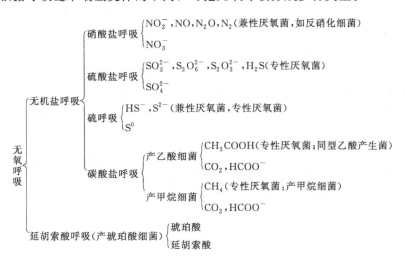

③ 发酵

发酵有不同方面的定义，从广义上来说，发酵是利用微生物来生产大量菌体或有用代谢产物或食品饮料的一类生产方式。从狭义上来说，发酵是指在无氧条件下，底物脱氢以后产生的还原力［H］未经过呼吸链传递而直接交给某一内源中间代谢产物接受，以实现底物水平磷酸化产能的生物氧化反应。从工业生产上来说，常把利用好氧或厌氧微生物在通气或厌气的条件下的生产过程统称为发酵。

根据发酵产物种类的不同将其分类，其中乙醇发酵与乳酸发酵是发酵中的两种基本形式。乙醇发酵包括酵母型乙醇发酵和细菌型乙醇发酵，而乳酸发酵包括同型乳酸发酵和异型乳酸发酵。

发酵的特点：a. 部分氧化有机物获得发酵产物，释放少量能量；b. 氢供体与氢受体（内源性中间代谢产物）均为有机物；c. 还原力［H］不经过呼吸链传递；d. 产能方式为底物水平磷酸化反应。

综上所述，可以用表格的形式对生物氧化的 3 种类型进行归纳（表 2-7）。

表 2-7 有氧呼吸、无氧呼吸和发酵的比较

比较项目	呼吸类型		
	有氧呼吸	无氧呼吸	发酵
氧化基质	有机物	有机物	有机物
最终电子受体	O_2	无机氧化物、延胡索酸	氧化型中间代谢产物(醛、酮等)
产物	CO_2、H_2O	CO_2、H_2O、NO_2、N_2	还原型中间代谢产物(醇、酸)
产能	多	次之	少
电子传递链	完整	不完整	无,底物水平磷酸化

2.2.3.2　自养微生物的能量代谢

自养微生物按照其最初能源的不同可以分为两大类,一类是能对无机物进行氧化而获得能量的微生物,称为化能无机自养型微生物;另一类是能利用日光辐射能的微生物,称为光能自养型微生物。自养微生物的生物氧化一般是以无机物为电子供体,从无机物的氧化中获得能量(一般也能以 CO_2 为唯一或主要碳源合成细胞物质)。从无机物的生物氧化过程中获得生长所需能量的微生物,一般都是化能无机自养型微生物。

针对化能自养微生物,在氧化过程中主要是通过氧化磷酸化产生 ATP,大多数情况下都需要通过电子的逆向传递,以消耗 ATP 为代价获得还原力。当某些无机氢在充分提供 ATP 的条件下,可通过逆呼吸链传递的方式形成还原 CO_2 用的还原力 [H]。

与异养微生物相比,化能自养微生物的能量代谢主要有 3 个特点:a. 无机底物由脱氢酶或氧化还原酶催化脱氢或脱电子后,直接进入呼吸链传递;b. 呼吸链的组分多样化,氢或电子可以经任意组分直接进入呼吸链;c. 产能效率比一般要低于化能异养微生物。

对于光能自养微生物,在自然界中,能进行光能营养及光合作用。在此过程中,由光能转变为化学能的过程为光合磷酸化。当一个叶绿素分子吸收光量子时,叶绿素性质上即被激活,导致其释放一个电子而被氧化,释放出的电子在电子传递系统中的传递过程中逐步释放能量,这就是光合磷酸化的基本动力。

2.2.3.3　微生物的大分子代谢

(1) 糖代谢

糖代谢可分为分解代谢和合成代谢两个方面,生物体内的糖代谢基本过程类似。糖的分解代谢是指糖类物质分解成小分子物质的过程。糖在生物体内经过一系列的分解反应后,释放出大量的能量供机体生命活动所用。同时在分解过程中形成的某些中间产物,又可作为合成脂类、蛋白质、核酸等生物大分子物质的原料(作为碳架)。糖的分解代谢可分为无氧代谢和有氧代谢。在无氧条件下,糖的分解通常不完全,此时释放的能量较少,并产生各种代谢产物;在有氧条件下,糖可以被完全氧化,最终生成二氧化碳和水,并释放出大量能量。

糖的合成代谢是指生物体将某些小分子非糖物质转化为糖或将单糖合成低聚糖及多糖的过程,这个过程需要供给能量。糖代谢还包括生物体对糖的吸收以及代谢产物的排泄,就微生物而言,这些过程是通过细胞膜来完成的[18]。

(2) 蛋白质代谢

蛋白质代谢表示负责合成蛋白质和氨基酸(合成代谢)的各种生化过程,以及通过分解代谢分解蛋白质。蛋白质合成代谢是由氨基酸形成蛋白质的过程。它依赖于五个过程:氨基

酸合成、转录、翻译、翻译后修饰和蛋白质折叠。

外源蛋白质进入体内，总是先经过水解作用变为小分子的氨基酸，然后再被吸收。细胞内每种蛋白质都有自己的存活时间，短到几分钟，长到几周。这种降解有两个重要功能：a. 排除不正常的蛋白质；b. 通过排除累积过多的酶和蛋白质，使细胞代谢秩序井然。

(3) 脂肪代谢

脂肪代谢是体内重要且复杂的生化反应，指生物体内脂肪在各种相关酶的帮助下，消化吸收、合成与分解，加工成机体所需要的物质，保证正常生理机能的运作的过程。脂类是身体储能和供能的重要物质，也是生物膜的重要结构成分，对于生命活动具有重要意义。

脂肪吸收后在体内代谢的生化过程主要分成甘油三酯、磷脂、胆固醇、血浆脂蛋白四类脂类物质的代谢，受胰岛素、胰高血糖素、饮食营养、体内生化酶活性等复杂而精密地调控，转变成身体各种精细生化反应所需要的物质成分。

脂类物质是微生物获取能量的重要来源之一，其中具有代表意义的是甘油三酯。甘油三酯被微生物分解为脂肪酸和甘油，脂肪酸和甘油又都能够在进一步的分解代谢中释放能量，脂肪酸的分解主要通过β-氧化途径完成。脂肪酸的合成与β-氧化的逆反应很像，碳链以每次增加两个碳的速度延伸，但脂肪酸的合成与其分解是由不同的途径来完成的，且过程发生的场所及所涉及的酰基载体、电子供体和受体、酶等都存在很多不同。

2.2.3.4 微生物的代谢调节与发酵生产

代谢调节是生物体不断进行的一种基本活动，是在身体各个组织和细胞的共同作用下完成的。微生物细胞有着一整套可塑性很强并且精确的代谢调节系统，来确保上千种酶能准确无误、有条不紊并且高度协调地进行复杂和有序的新陈代谢反应。微生物自我代谢调节的方式有三种：a. 控制营养物质透过细胞膜进入细胞，例如只有当速效碳源或氮源耗尽时，微生物才合成迟效碳源或氮源的运输系统与分解该物质的酶系统；b. 通过酶的定位控制酶与底物的接触；c. 控制代谢物流向。

生物通过各种代谢调节来适应内外环境的变化，一切生物的生命都靠代谢的正常运转来维持。机体的代谢途径异常复杂，一个细菌细胞内的代谢反应已经在一千种以上，其他高级生物的代谢反应之复杂就可想而知了。人工控制代谢的不同手段是可以改变微生物遗传特性的，例如，从遗传学方法看，人工控制代谢可以控制发酵条；从生物化学方法看，可以改变细胞膜透性。

代谢调节是在代谢途径水平上对酶活性的调节和在基因调控水平上对酶合成的调节，目的是使微生物累积更多的为人类所需有益的代谢产物。下面是 3 类通过调节初生代谢途径而提高发酵生产效率的实际例子。

① 应用营养缺陷型菌株解除正常的反馈调节

在分支代谢途径中，通过解除某种反馈调节，就可使某一分支途径的末端代谢物得到积累[1]。比如，针对赖氨酸发酵来说，在许多微生物中，可以用天冬氨酸作原料，通过分支代谢途径合成赖氨酸、苏氨酸和甲硫氨酸。因为赖氨酸在人类和动物营养上是很重要的必需氨基酸，所以其在食品、医药和畜牧业上需求量很大。为了解除正常的代谢调节以获得赖氨酸的高产菌株，工业中选育了谷氨酸棒杆菌（*Corynebacterium glutamicum*）的高丝氨酸缺陷型菌株作为赖氨酸的发酵菌株（图2-33）。

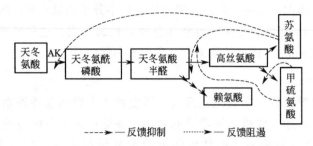

图 2-33 *C. glutamicum* 的代谢调节与赖氨酸生产

② 应用抗反馈调节的突变株解除反馈调节

抗反馈控制突变株是指对反馈抑制不敏感或对阻遏有抗性，或两者兼有的菌株。因其反馈抑制或阻碍已解除，或两者同时解除，所以能积累大量末端代谢物。抗反馈控制突变株可以从终产物结构类似物抗性突变株和营养缺陷性回复突变株中获得。

③ 控制细胞膜的渗透性

微生物的细胞膜对于细胞内外物质的运输具有高度选择性。在人为条件下，细胞内的代谢产物常常以很高的浓度累积起来，但会自然地通过反馈阻遏限制它们的进一步合成。若能采取生理学或遗传学方法，设法改变细胞膜的透性，就可使细胞内的代谢产物迅速渗漏到细胞外，同时也解除了末端代谢物的反馈抑制和阻遏，因而提高发酵产物的产量。控制细胞膜渗透性可以用生理学手段，来直接抑制膜的合成或使膜受缺损。也可以通过细胞膜缺损突变来控制应用于谷氨酸生产菌的油酸缺陷型菌株和甘油缺陷型菌株。在限量添加油酸或者甘油的培养基中，也能因为细胞膜发生渗漏而提高谷氨酸产量。

2.3 微生物的遗传与变异

2.3.1 微生物的分类、鉴定与命名

现代微生物分类学已从原有的按微生物表型进行分类的经典分类发展到按它们的亲缘关系和进化规律进行分类的微生物系统学阶段。

分类学的具体任务是分类、鉴定和命名。分类的任务是解决从个别到一般或从具体到抽象的问题，也就是通过收集大量描述有关个体的文献资料，经过科学的归纳和思考，整理成一个科学的分类系统。鉴定是一个从一般到特殊或从抽象到具体的过程，也是通过仔细观察和描述一个未知名称纯种微生物的各种性状特征，再查找现成的分类系统来达到对该微生物类别判定的目的。命名的任务是为新发现的微生物确定新学名，也就是当详细观察和描述某一具体菌种或病毒后，认真查找现有的权威性分类鉴定手册，发现是从未记载过的新种，就可以按微生物的国际命名法规赋予其一个新的学名。

2.3.1.1 微生物的分类

微生物在自然界分布极其广泛，种类十分复杂。它们之间既存在着差异，也或多或少有

着共同之处。按照它们进化的亲缘关系，根据形态、生理性状的差异，把它们有次序地、分门别类地，排列成一个系统，这就是微生物的分类。

对于微生物的分类方法，现较为广泛应用的是三域系统[19]。这个系统是由卡尔·乌斯（Carl Woese）提出的细胞生命形式分类，起初称为真细菌（eubacteria）和古细菌（archaebacteria）。Woese 依据 16S rRNA 序列上的差别，认为这两类生物和真核生物从一个具有原始遗传机制的共同祖先分别演化而来，因此将三者各置为一个"域"，作为比"界"高一级的分类系统，并分别命名为细菌域（Bacteria）、古菌域（Archaea）和真核域（Eukarya）。1990 年，Carl Woese 为了避免把古细菌也看作是细菌的一类，又把目前这三域改称为细菌（Bacteria）、古生菌（Archaea）和真核生物（Eukarya）。

分类单元又称分类单位，指在分类系统中的任何一级分类群，和高等动植物分类一样。系统分类单元可以分为界、门、纲、目、科、属、种这 7 级。在这些分类单位中，"种"是最基本的分类单位。种内的个体都是来自共同的祖先，有着相近的亲缘关系，在形态和生理特征上都表现出十分相似。但因为个体所处的环境不同，彼此之间也存在着差异和不同程度的变异。当变异发展到一定程度，就会形成新的种。在种以下还可以分为变种、亚种、菌株和型等。

从自然界中分离得到的某一微生物的纯种，必须与文献上记载的典型种的特征完全一致，才能鉴定为同一个种。而有时候分离到的纯种，除了大多数指标符合典型种的特征外，还有某一个显著不同且稳定的特征。通常把这类微生物称为"变种"。通常把在实验室中所获得的变异型菌株称为亚种或小种。而在自然界中，同一地区也可能有同一种微生物的各种类型同时存在着。

2.3.1.2 微生物的鉴定

微生物的鉴定不仅是微生物分类学的一个重要组成部分，而且也是在具体工作中经常会遇到的问题。在微生物分类学发展的早期，主要的分类、鉴定指标尚局限于利用常规方法鉴定微生物细胞的形态、构造和习性等表型特征水平，称为经典的分类鉴定方法。鉴定菌种一般要具备三个条件：首先，待鉴定的菌种一定要是纯种培养物；其次，根据鉴定对象，测定一系列必要的鉴定指标；最后，要寻找合适有权威性的菌种鉴定手册。

不同的微生物有自己不同的鉴定指标。比如，在鉴定形态特征较丰富、细胞体积较大的真菌等微生物时，常以其形态特征为主要指标；在鉴定放线菌和酵母菌时，往往形态特征与生理特征兼用；在鉴定形态特征较缺乏的细菌时，使用较多的生理、生化和遗传等指标；在鉴定属于非细胞生物类的病毒时，除使用电子显微镜和各种生化、免疫等技术外，还需使用致病性等一些独特的指标和方法。

在传统的分类中，微生物的分类依据：形态特征、生理生化特征、生态习性、血清学反应、噬菌反应、细胞壁成分、红外吸收光谱、GC 含量、DNA 杂合率、核糖体核糖核酸（rRNA）相关度、RNA 的碱基顺序、核糖体蛋白的组成分析。在鉴定时，把这些依据作为鉴定项目，进行一系列的观察和鉴定工作。

（1）形态特征

① 个体形态

镜检细胞形状、大小、排列，革兰氏染色反应，运动性，鞭毛位置、数目，芽孢有无、形状和部位，荚膜，细胞内含物；放线菌和真菌的菌丝结构，孢子丝、孢子囊或孢子穗的形状和结构，孢子的形状、大小、颜色及表面特征等。

② 培养特征

a. 在固体培养基平板上的菌落和斜面上的菌苔性状（形状、光泽、透明度、颜色、质地等）；

b. 在半固体培养基中穿刺接种培养的生长情况；

c. 在液体培养基中混浊程度，液面有无菌膜、菌环，管底有无絮状沉淀，培养液颜色等。

（2）生理生化特征

a. 能量代谢：利用光能还是化学能；

b. 对氧气的要求：专性好氧、微需氧、兼性厌氧及专性厌氧等；

c. 营养和代谢特性：所需碳源、氮源的种类，有无特殊营养需要，存在的酶的种类等。

（3）生态习性

包括生长温度，酸碱度，嗜盐性，致病性，寄生、共生关系等。

（4）血清学反应

用已知菌种、型或菌株制成抗血清，然后根据它们与待鉴定微生物是否发生特异性的血清学反应，来确定未知菌种、型或菌株。

（5）噬菌反应

菌体的寄生有专一性，在有敏感菌的平板上产生噬菌斑，斑的形状和大小可作为鉴定的依据；在液体培养中，噬菌体的侵染液由混浊变为澄清。噬菌体寄生的专业性有差别，寄生范围广的为多价噬菌体，能侵染同一属的多种细菌；单价噬菌体只侵染同一种的细菌；极端专业化的噬菌体甚至只对同一种菌的某一菌株有侵染力，故可寻找适当专化的噬菌体作为鉴定各种细菌的生物试剂。

（6）细胞壁成分

革兰氏阳性细菌的细胞壁含肽聚糖多，脂类少；革兰氏阴性细菌与之相反。链霉菌属的细胞壁含丙氨酸、谷氨酸、甘氨酸和 2,6-氨基庚二酸，而含有阿拉伯糖是诺卡氏菌属的特征。

（7）红外吸收光谱

利用红外吸收光谱技术测定微生物细胞的化学成分，了解微生物的化学性质，作为分类依据之一。

（8）GC 含量

生物遗传的物质基础是核酸，核酸组成上的异同反映生物之间的亲缘关系。就一种生物的 DNA 来说，它的碱基排列顺序是固定的。测定四种碱基中鸟嘌呤（G）和胞嘧啶（C）所占的摩尔百分比，就可了解各种微生物 DNA 分子同源性程度。亲缘关系接近的微生物，它们的 G+C 含量相同或近似；然而 G+C 含量相近的两种微生物，不一定紧密相关，因为它们 DNA 的四个碱基的排列顺序不一定相同。

（9）DNA 杂合率

要判断微生物之间的亲缘关系，须比较它们的 DNA 的碱基顺序，最常用的方法是

DNA 杂合法。其基本原理是 DNA 解链的可逆性和碱基配对的专一性。提取 DNA 并使之解链，再使互补的碱基重新配对结合成双链。根据能生成双链的情况，可测知杂合率。杂合率越高，表示两个 DNA 之间碱基顺序的相似度越高，它们间的亲缘关系也就越近。

（10）核糖体核糖核酸（rRNA）相关度

在 DNA 相关度低的菌株之间，rRNA 同源性能显示它们的亲缘关系。rRNA-DNA 分子杂交试验可测定 rRNA 的相关度，揭示 rRNA 的同源性。

（11）RNA 的碱基顺序

RNA 由 DNA 转录来的，故碱基顺序完全具有相对应的关系。提取并分离细菌内标记的 16S rRNA，以核糖核酸消化，可获得各种寡核苷酸，测定这些寡核苷酸上的碱基顺序，可作为细菌分类学的一种标记。

（12）核糖体蛋白的组成分析

分离被测细菌的 30S 和 50S 核糖体蛋白亚单位，比较其中所含核糖体蛋白的种类及其含量，可将被鉴定的菌株分为若干类群，并绘制系统发生图。

2.3.1.3　微生物的命名

每一种微生物都有一个自己的专门名称，可分成两类，一类是地区性的俗名，具有大众化和简明等优点，但有时含义不够准确，容易重复，不便于国际间的学术交流；另一类是学名，是某一菌种的科学名称，是按照"国际命名法规"进行命名并受国际学术界公认的通用正式名称。

物种的学名是用拉丁词或拉丁化的词组成的，在一般出版物中，学名应排斜体字，在书写材料中，应在学名之下划一横线，以表示它应是斜体字母。学名的表示方法一般分为双名法和三名法两种。

（1）双名法

双名法指一个物种的学名由前面一个属名和后面一个种名加词两部分组成。属名的词首须大写，种名加词的字首须小写。双名法，由两个拉丁字或希腊字或拉丁化了的其他文字组成。一般用斜体表示，属名在前，一般用拉丁文名词表示，字首字母大写；种名在后，常用拉丁文形容词表示，全部小写。若所分离的菌株只鉴定到属，而未鉴定到种，用 sp 来表示，例如 *Bacillus* sp.。

学名 = 属名＋种名加词＋（首次定名人）＋现名定名人＋现名定名年份

　　　　　└─排斜体字─┘　　　　　　　└─排正体字（一般省略）─┘

（2）三名法

当某种微生物是一个亚种或变种时，学名可以按三名法拼写。例如，有一种芽孢杆菌，能产生黑色素，其余特征与典型的枯草杆菌完全符合，该菌学名为 *Bacillus substilis* var. *niger*（枯草芽孢杆菌黑色变种）。

学名 = 属名＋种名加词＋符号 subsp 或 var＋亚种或变种名的加词

　　　　└─排斜体─┘　　└─排正体（可省略）─┘　└─排斜体（不可省略）─┘

（3）有关学名的其他知识

a. 学名的发音：按规定，学名均应按拉丁字母发音规则发音。

b. 当两个或多个学名排在一起时，若它们的属名相同，则后面的属名可缩写成 1 个、

2个或3个字母，在其后加一个点。如 *Bacillus* 可缩写成 "*B.*" 或 "*Bac.*"。

2.3.2 遗传变异的物质基础

生物的遗传变异有无物质基础以及何种物质可执行遗传变异功能的问题，是生命科学中的一个重大的基础理论问题[20]。20 世纪初，T. H. Morgan 提出了基因学说，当时的学术界普遍认为决定生物遗传型的染色体和基因的活性成分非蛋白质莫属。但在 1944 年后，由于连续利用微生物这类十分有利的生物对象设计了 3 个著名的实验，即 Griffith 的转化实验、噬菌体感染实验、植物病毒重建实验，用事实证明了核酸尤其是 DNA 是一切生物遗传变异的真正物质基础。

(1) 核酸存在的七个水平

① 细胞水平

真核微生物和原核微生物的大部分或全部 DNA 都集中于细胞核或核质体中。在不同种类微生物或同种微生物的不同细胞中细胞核的数目不同。

② 细胞核水平

原核生物与真核生物的细胞核结构不同。真核生物细胞核内的 DNA 与组蛋白结合在一起形成一种在光学显微镜下可见的核染色体。不论真核生物的细胞核或原核生物细胞的核区都是该微生物遗传信息的最主要负荷者，被称为核基因组、核染色体组或简称基因组。

③ 染色体水平

真核微生物的每个细胞核内含有一定数量的染色体；而原核微生物中一个核质体就是一个裸露的、光学显微镜下不能看到的环状染色体，如果一个细胞中只有一套染色体就称单倍体，如果一个细胞中含有两套功能相同的染色体就称双倍体。

④ 核酸水平

对于核酸种类来说，绝大多数生物的遗传物质是 DNA，只有部分病毒，包括多数植物病毒和少数噬菌体等的遗传物质才是 RNA。对于核酸结构来说，绝大多数微生物的 DNA 是双链的，只有少数病毒的 DNA 是单链结构。在原核中同染色体水平，存在部分二倍体 DNA 或 RNA，复合或裸露，双链或单链。

⑤ 基因水平

包括基因长度、信息量、自主复制、遗传功能、功能单位等。

⑥ 密码子水平

遗传密码是指 DNA 链上决定各具体氨基酸的特定核苷酸序列。遗传密码的信息单位是密码子。密码子具有通用性和简并性，彼此之间不重叠。

⑦ 核苷酸水平

包括突变单位和交换单位，四种碱基。

(2) 质粒

质粒是游离并独立存在于染色体以外，能进行自主复制的细胞质遗传因子。质粒广泛存在于生物界，从细菌、放线菌、丝状真菌、大型真菌、酵母到植物，甚至人类机体中都有。从分子组成看，有 DNA 质粒，也有 RNA 质粒；从分子构型看，有线型质粒，也有环状质粒；其表型也多种多样。细菌质粒是基因工程中最常用的载体。

质粒是细菌、酵母菌和放线菌等生物中染色体（或拟核）以外的 DNA 分子，存在于细胞质中，具有自主复制能力，使其在子代细胞中也能保持恒定的拷贝数，并表达所携带的遗传信息，是闭合环状的超螺旋双链 DNA 分子。质粒携带的遗传信息能赋予宿主菌某些生物学性状，有利于细菌在特定的环境条件下生存。

2.3.3　微生物变异

微生物是单细胞生物，采用物理化学因素处理后很容易发生变异。变异使得生物的形态、结构、生理特性等性状有所改变，形成新的性状。新性状是稳定的、可遗传的。自然界中存在着许多诱变因子，因此不断地产生出新的微生物个体以适应新的环境。

2.3.3.1　基因突变

基因突变简称突变，是变异的一种，指生物体内遗传物质的分子结构或数量突然发生的可遗传的变化，可自发或诱导产生。狭义的突变专指基因突变，而广义的突变则包括基因突变和染色体畸变。基因突变的类型如下。

a. 营养缺陷型——因突变而丧失产生某种生物合成酶的能力，并因而成为必须在培养基中添加某种物质才能生长的突变类型。

b. 抗性突变型——因突变而产生了对某种化学药物或致死物理因子的抗性。

c. 条件致死突变型——突变后在某种条件下可正常生长繁殖，而在另一条件下却无法生长繁殖的突变型。

d. 形态突变型——指由突变引起的个体和菌落形态的变异，一般属非选择性突变。

e. 抗原突变型——因突变而引起的细胞抗原结构发生的变异类型。

f. 产量突变型——突变后代谢产物产量明显有别于原始菌株的突变株。

某一细胞（或病毒体）在每一世代中发生某一性状突变的概率是突变率（突变率＝突变细胞数/分裂前群体细胞数）。某一基因的突变一般是独立发生的，它的突变率不影响其他基因的突变率。由于突变的概率一般都极低，因此，必须采用检出选择性突变株的手段，尤其是采用检出营养缺陷型的回复突变株或抗性突变株，特别是抗药性突变株的方法来加以确定。

2.3.3.2　诱变育种

诱变育种是用物理或化学的诱变剂使诱变对象内的遗传物质（DNA）的分子结构发生改变，引起性状变异并通过筛选获得符合要求的变异菌株的一种育种方法。诱变育种是人为的利用物理和化学等因素，使诱变的细胞内遗传物质染色体或 DNA 的片段发生缺失、易位、倒位、重复等畸变，或 DNA 的某一部位发生改变（又称为点突变），从而使微生物的遗传物质 DNA 和 RNA 的化学结构发生变化，引起微生物的遗传变异，然后设法从群体中选出少数优良性状的菌株，以供科学实验或生产实践中使用。

2.3.3.3　基因重组

将两个不同性状个体内的基因通过一定途径转移到一起，经过遗传分子间的重新组合，形成新的遗传型个体的过程称为基因重组或遗传重组。

（1）原核微生物的基因重组

原核微生物中，自然发生的基因重组方式主要有转化、转导、接合和原生质体融合等方式。

① 转化

受体菌直接吸收来自供体菌的 DNA 片段而获得部分新的遗传性状的现象，称为转化。接受了供体菌 DNA 的受体菌称为转化子。

在转化过程中，受体菌吸收了来自供体菌的 DNA 片段，通过交换，把它整合到自己的基因组中，再经复制就使自己变成一个转化子。其中，转化的条件有四个：a. 两菌株的亲缘关系应接近；b. 受体细胞要处于感受态；c. 供体 DNA 片段大小适宜，分子量小于 $1 \times 10^7 Da$；d. 环境条件。转化是现代生物学发展史上的一个里程碑，促进了分子生物学的建立和发展。

② 转导

以温和噬菌体为媒介，把供体细胞的 DNA 片段携带到受体细胞中，通过交换与整合，从而使后者获得前者部分遗传性状的现象，称为转导。获得新遗传性状的受体细胞，称为转导子。温和噬菌体从宿主 DNA 上诱导裂解时可能有三种情况（转导分别是由后两种噬菌体参与进行的）：a. 包入的完全是噬菌体的 DNA（噬菌体）；b. 包入的完全是细菌 DNA（完全缺陷噬菌体）；c. 部分带有噬菌体基因的 DNA（部分缺陷噬菌体）。

③ 接合

供体与受体细胞直接接触，借性菌毛传递大段 DNA 的过程。在受体细胞中发生交换、整合，使之获得供体菌的遗传性状的现象，称为接合。通过接合而获得新性状的受体细胞就称为接合子。

④ 原生质体融合

通过人为的方法，使遗传性状不同的两个细胞的原生质体发生融合，并进而发生遗传重组以产生同时带有双亲性状的、遗传性稳定的融合子的过程，称为原生质体融合。各种生物细胞都能进行原生质体融合，包括各种原核生物、真核微生物以及高等动植物和人体的不同细胞。原生质体融合的优点：a. 可以提高重组率；b. 双亲可以少带标记或不带标记；c. 可进行多亲本融合；d. 有利于不同种间、属间微生物的杂交；e. 通过原生质体融合提高产量。

原生质体融合是 20 世纪 70 年代后发展的一种育种新技术，继转化、转导和接合之后一种更有效的转移遗传物质的手段。原生质体融合不仅能在不同菌株或种间进行，还能做到属间、科间甚至更远缘的微生物或高等生物细胞间的融合。

（2）真核微生物的基因重组

在真核微生物中，基因重组[21]方式很多，主要包括有性杂交、准性杂交、原生质体融合和遗传转化等，其中原生质体融合和遗传转化与原核生物中介绍过的内容基本相同，这里仅介绍有性杂交和准性杂交。

① 有性杂交

杂交是在细胞水平上进行的一种遗传重组方式。有性杂交一般指细胞间的接合和随之发生的染色体重组，并产生新遗传型后代的一种育种技术。凡能产生有性孢子的酵母菌、霉菌和覃菌，原则上都可应用与高等动、植物杂交育种相似的有性杂交方法进行育种。

② 准性杂交

准性杂交是一种类似于有性杂交，但比它更为原始的一种两性生殖方式，它可使同种生物两个不同菌株的体细胞发生融合，并且不以减数分裂的方式而导致低频率的基因重组并产生重组子。因此，准性杂交是在自然条件下真核微生物体细胞间的一种自发性的原生质体融合。准性杂交常见于某些真菌，尤其是还未发现有性杂交的半知菌类。

2.3.4　菌种的复壮与保藏

2.3.4.1　菌种的复壮

菌种的复壮指对已衰退的菌种（群体）进行纯种分离和选择性培养，使其中未衰退的个体获得大量繁殖，重新成为纯种群体的措施[22]。狭义的复壮是一个消极措施，一般指对已衰退的菌种进行复壮；广义的复壮是一个积极的措施，即在菌种的生产性状未衰退前就不断进行纯种分离和生产性状测定，以在群体中获得生产性状更好的自发突变株。菌种退化是指群体中退化细胞在数量上占一定比例后，所表现出群体性能变差的现象。因此，在已经退化的群体中，仍然有一定数量尚未退化的个体。目前，菌种复壮常用的方法有三种。

（1）纯种分离法

通过纯种分离法，设法把这种细胞挑选出来即可达到复壮的效果。纯种分离方法很多，大致可分为两类，一类是比较粗放的可达到"菌落纯"水平，另一类比较精细可达到"细胞纯"水平。纯种分离法有平板划线法[14]、涂布法、倾注法、单细胞挑取法等。而其中菌落纯有平板表面涂布法、平板划线分离法、琼脂培养基浇注法。细胞纯会用"分离小室"进行单细胞分离，用显微操纵器进行单细胞分离，用菌丝尖端切割法进行单细胞分离，用激光镊子技术从毛细管中分离。

（2）通过宿主体内复壮

对于因长期在人工培养基上移种传代而衰退的病原菌，可接种到相应的昆虫或动、植物宿主体中，通过这种特殊的活的"选择性培养基"一至多次选择，就可从典型的病灶部分分离到恢复原始毒力的复壮菌株。

（3）淘汰已衰退的个体

研究发现，若对 $S.\ microflavus$ "5406"农用抗生菌的分生孢子采用$-30 \sim -10$℃的低温处理 $5 \sim 7$ 天，使其死亡率达到 80% 左右。结果会在抗低温的存活个体中留下未退化的个体，从而达到了复壮的效果。

研究表明，采用有效的菌种保藏方法，可以最大程度上减缓菌种的退化，实现菌种的稳定。

2.3.4.2　菌种的保藏

菌种是很重要并且珍贵的生物资源，菌种保藏是指通过适当方法使微生物能长期存活，并保持原种的生物学性状稳定不变的一项措施，是极其重要的基础性工作。

菌种保藏方法有很多，但原理都差不多：首先挑选典型菌种或典型培养物的优良纯种，最好是保藏休眠体，如分生孢子、芽孢等；创造有利于它们长期休眠的良好环境条件，如干燥、低温、缺氧、避光、缺乏营养以及添加保护剂或酸度中和剂等。同时，干燥和低温都是菌种保藏中最重要的因素，低温必须与干燥相结合才能具有良好保藏的效果。所以菌种保藏的基本措施是低温、真空、干燥。

良好的菌种保藏方法，首先应该保持原菌优良性状长期稳定[23]，还要考虑方法的通用性、操作的简便性和设备的普及性。以下是对菌种保藏方法的一个归纳。

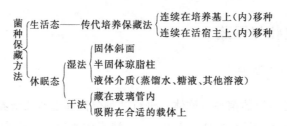

(1) 暂时保藏法

菌种暂时存放的主要的方法是斜面保藏法，即将菌种斜面放置 4℃ 冰箱保藏，定时传代。其原理是在低温下，微生物代谢强度明显下降。其主要的操作步骤是先在斜面制备，之后接种、培养、保藏。这种保藏方法适用于各种微生物，简便易行、易于观察，但是也有缺点，保藏时间短、传代频、易退化、易污染、工作量大[24]。因此，可以对这种保藏方法进行改良，比如液体石蜡法。

液体石蜡法是指将菌种接种在适宜的斜面培养基上，最适条件下培养好后注入灭菌的液体石蜡，使其覆盖整个斜面，再直立放置于低温（4～6℃）干燥处进行保存的一种菌种保藏方法。其在操作步骤上会比原先的复杂一些，先是液体石蜡预处理，之后进行斜面培养物的制备，然后灌注石蜡并且保藏。这种保藏方法操作简单，使用比较方便。但是对设备要求不高，对人员操作水平有一定要求，菌种也容易退化、受到污染。

(2) 长期保藏法

运用干燥、低温和隔绝空气等手段，降低微生物菌种的新陈代谢速率，使菌种的生命活动处于半永久性的休眠状态，以达到长期保存的目的，主要包括砂土管法、真空冷冻干燥法、液氮超低温保藏法等。

① 砂土管法

有两种方法分别为干法和湿法。干法适用于部分真菌、放线菌，将斜面上孢子刮下，接种于无菌砂土管中（砂装试管 2/5），搅拌均匀。而湿法是指斜面中加 3～5mL 无菌水制成菌悬液，取菌悬液 10 滴加入砂土管，以管内砂全部湿润为宜。砂土管法适用于放线菌、芽孢菌和某些真菌保藏。将砂土管置于干燥器中真空干燥，低温或室温下保藏，可以保藏几至几十年。

② −80℃ 冰箱冻结法

其是将菌种悬浮于保护剂中，在 −80℃ 冰箱中冻结保存的一种长期菌种保藏方法。其保藏方法的优点有使用方便，保藏时间较长；但对设备要求高，运输不方便。

③ 真空冷冻干燥法

其是一种有效的菌种保藏方法，适用于各种微生物，便于大量保藏，菌种存活时间长，是目前最好的保藏方法[25]。它集中了低温、干燥、缺氧和加保护剂等多种有利菌种保藏条件于一身，可达到长期保藏菌种的效果。其优点是保藏、运输较方便，并且保藏时间较长。但是该方法对设备要求高（真空冷冻干燥机、多歧管），对人员操作水平的要求也相对较高。

④ 液氮超低温保藏法

其是一种适用于各种微生物的高效的菌种保藏方法。把微生物细胞混悬于含保护剂

（20％甘油、10％DMSO 等）的液体培养基中（也可把含菌琼脂块直接浸入含保护剂的培养液中），分装入耐低温的安瓿管中后，作缓慢预冷，然后移至液氮罐中的液相（−196℃）或气相（−156℃）作长期超低温保藏。其优点是保藏时间长，且适合保藏各类微生物，尤其适宜于保存难以用冷冻干燥保藏法保藏的微生物。但缺点在于对设备要求高（程控降温仪、液氮罐），对人员操作水平要求高，并且保藏成本也相对高。

当今国际上进行菌种保藏采用最多的方法是冷冻干燥保藏法和液氮保藏法。这两种方法既可最大限度减少不必要的传代次数，又不影响随时分发给用户，效果甚佳。对于任何国家来说，良好的菌种保藏工作是珍贵的微生物资源得以保护、开发和利用的坚强后盾，也是开展科研，包括化妆品相关研究与检测的基础。

2.4　化妆品中常见的微生物及其特点

化妆品属于化学工业品，但其安全性除了与其所含化学物质有关外，还与化妆品可能污染的多种微生物密切相关。这些污染微生物对化妆品质量的影响可表现在两个方面：一是微生物对使用者健康的直接危害；二是化妆品的物理化学性质变化。因此，化妆品微生物学主要研究了化妆品中微生物污染来源、可能对使用者造成的危害、常见的污染微生物及其特点，这些为制定化妆品微生物学标准及预防措施提供了科学依据。

2014 年，刘家潸、张慧等[26] 在广东省化妆品微生物检验结果分析中提到，36 份不合格化妆品中，全部都有菌落总数超标情况，其中有 11 份不仅菌落总数超标，还同时检验出霉菌和酵母菌数超标，这 11 份样品全部属于护肤类化妆品；另外还有 1 份在菌落总数超标的同时检验出铜绿假单胞菌，这份样品属于洁肤类化妆品；而 2015 年的 73 份不合格化妆品中，同样全部都有菌落总数超标情况，其中 39 份不仅菌落总数超标，还同时检验出霉菌和酵母菌数超标，但未检出致病菌。

化妆品极易受到污染的原因有以下几点：第一，化妆品的 pH 一般在 4～7，最适宜微生物生长；第二，化妆品生产、存放和使用时的温度适宜大多数病原菌的生长、繁殖；第三，水是化妆品中重要的原料，许多化妆品中都含有一定水分，也为微生物的生长提供了条件；第四，化妆品原料中大都含有碳、氮的油脂、胶质等物质，同时还有许多天然的蛋白质、微生物等营养成分，这些都是微生物生长、繁殖所必需的碳源、氮源及矿物质。

微生物生长繁殖快、种类繁多、分布广泛及容易变异的这些特点，使得它存在我们生活中的每一个角落，同时化妆品中富含水、蛋白质、油脂、氨基酸和多元醇，其成分复杂，所含营养物质也极易引起微生物生长繁殖。微生物生长繁殖可引起化妆品腐败变质，还可产生毒素或代谢产物。这些异物作为变应原或刺激原可能会对施用部位产生致敏或刺激作用，引起各类型化妆品皮肤病，例如接触性皮炎、痤疮、毛发损害、光感性皮炎和皮肤色素异常等[27]。在化妆品生产、储藏和使用过程中均可能会受到微生物的污染。微生物对化妆品的污染，不仅会影响产品本身的质量，而且污染的病原菌或条件致病菌可对人体健康造成危害。因此，了解化妆品中常见微生物的种类及其特点，掌握化妆品的微生物检验方法，对保证化妆品质量、效能和安全性至关重要。

化妆品污染的微生物种类很多，下面根据细菌、霉菌、酵母菌三个种类进行介绍。

2.4.1　化妆品污染常见的细菌

从化妆品中检出的细菌主要有：埃希氏菌属、假单胞菌属、变形杆菌属、克雷伯菌属、肠杆菌属、枸橼酸杆菌属、沙雷氏菌属、哈夫尼菌属、葡萄球菌属、芽孢杆菌属和链球菌属等11个属的细菌。根据《化妆品安全技术规范》（2015年版）的规定，我国制定的需要检测的致病菌有三种：金黄色葡萄球菌、铜绿假单胞菌、粪大肠菌群[28]。这些细菌可以在化妆品使用过程中产生污染，可导致面部疖肿、红斑、炎性水肿和眼结膜充血，甚至引起败血症和破伤风等，微生物代谢产物可引起刺激性或过敏性皮炎。

此外，化妆品在被细菌污染后，细菌能产生色素，使化妆品由原来的颜色变得发黄、发褐、发黑等，并且化妆品变稀出水，因菌体里含有水解蛋白质和脂类的酶，使化妆品里的蛋白质和脂类分解，乳化程度受到破坏[29]。例如，1946年 Hills 报道了由于使用染有破伤风梭状芽孢杆菌的爽身粉导致数个新生儿死亡的病例，这是首次关于化妆品微生物污染的报道。20世纪60年代后，陆续有研究者从化妆品中分离出致病菌。

2.4.1.1　金黄色葡萄球菌

（1）概述

葡萄球菌至少包括20个种。其中金黄色葡萄球菌是人类的一种重要病原菌，引起许多严重感染。

典型的金黄色葡萄球菌为球形，直径 $0.8\mu m$ 左右，显微镜下排列成葡萄串状。金黄色葡萄球菌无芽孢、鞭毛，大多数无荚膜，革兰氏染色阳性，是一种不利于人体的细菌，并且金黄色葡萄球菌是葡萄球菌中对人类致病性最强的一种，能引起人体局部化脓性病灶，严重时可导致败血症等，是化妆品中不得检出的致病菌。

（2）生物学特性

① 形态结构

金黄色葡萄球菌直径 $0.5\sim1.5\mu m$，呈单个、成双、短链（液体或脓汁中）或成簇排列成葡萄串状，无芽孢和鞭毛，体外培养时一般不形成荚膜。而衰老、死亡、陈旧培养物或被中性粒细胞吞噬后的菌体，常转为革兰氏阴性，部分菌株能形成荚膜（见下图2-34）。

② 培养特性

这种球菌大多为兼性厌氧菌，对营养要求不高，最适生长温度为37℃，最适生长 pH 为7.4，在普通基础培养基上生长良好，形成直径为 $2\sim3mm$ 圆形突起、表面光滑湿润和不透明的菌落，并产生脂溶性色素，使菌落呈金黄色。在血琼脂平板上菌落周围有透明的溶血环（β溶血）。在 Baird-Parker 平板上形成灰色到黑色菌落，且周围有混浊带（见图2-35）。

③ 生化反应

金黄色葡萄球菌能分解葡萄糖、蔗糖和麦芽糖，产酸不产气，分解甘露醇产酸，触酶试验阳性，可与链球菌区分。金黄色葡萄球菌能产生大量核酸酶，耐热核酸酶同血浆凝固酶都是检测葡萄球菌致病性最重要的酶。

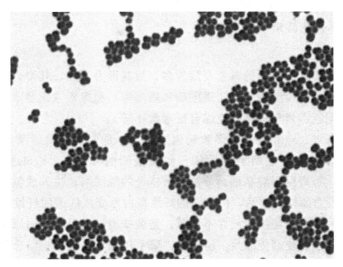

图 2-34　金黄色葡萄球菌的革兰氏染色形态

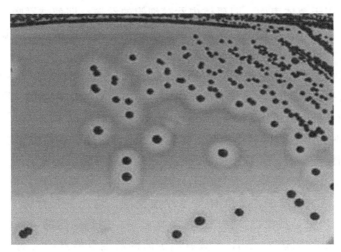

图 2-35　金黄色葡萄球菌在 Baird-Parker 平板上的环

④ 抗原构造

目前在金黄色葡萄球菌中，已发现的抗原在 30 种以上，其中以葡萄球菌 A 蛋白较为重要。葡萄球菌 A 蛋白（staphylococcal protein A，SPA）是存在于菌细胞壁的一种表面蛋白，与胞壁肽聚糖共价结合。90% 以上的金黄色葡萄球菌含有此抗原，属完全抗原，SPA 可与人类豚鼠和小鼠等多种哺乳动物的 IgG Fc 段结合，结合后的 IgG 分子 Fab 段仍能与抗原发生特异性结合。采用含 SPA 的葡萄球菌作为载体结合特异性抗体后建立的协同凝集试验（coagglutination），广泛应用于多种微生物抗原的检出。SPA 与 IgG 结合后的复合物具有抗吞噬、促细胞分裂、引起超敏反应和损伤血小板等多种生物学活性。

⑤ 抵抗力

金黄色葡萄球菌对外界因素的抵抗力强于其他无芽孢菌。在干燥脓汁和痰液中存活 2～3 月，加热 60℃经过 1h 或 80℃经过 30min 才被杀死。耐盐性强，在含 10%～15% NaCl 的培养基中仍能生长。近年来，由于广泛应用抗生素，耐药菌株迅速增多，对青霉素 G 的耐药菌株达到 90％以上，尤其是耐甲氧西林金黄色葡萄球菌（methicillin-resistant *S. aureus*，MRSA）已经成为医院内感染最常见的致病菌。

（3）致病性

致病性金黄色葡萄球菌产生的毒素及酶较多，故其毒力较强，其毒力因子包括酶（凝固酶、纤维蛋白溶酶、耐热核酸酶、透明质酸酶和脂酶等）和毒素（葡萄球菌溶素、杀白细胞素、肠毒素、表皮剥脱毒素和毒性休克综合征毒素-1 等）。

其中血浆凝固酶（coagulase）大多致病菌能产生，是鉴别葡萄球菌有无致病性的重要指标。金黄色葡萄球菌能产生两种凝固酶：游离凝固酶（free coagulase）和结合凝固酶（bound coagulase）。游离凝固酶是细菌分泌到菌体外的凝固酶，被人或兔血浆中的协同因子（cofactor）激活为凝血酶样物质后，使液态的纤维蛋白原变成固态的纤维蛋白，从而使血浆凝固。而结合凝固酶结合于菌体表面并不释放，是菌株表面的纤维蛋白原受体，能与血浆中的纤维蛋白原发生交联而使细菌凝聚。游离凝固酶采用试管法检测，结合凝固酶则以玻片法测定。

凝固酶和葡萄球菌的致病力关系密切。凝固酶阳性株进入人机体后，使周围血液或血浆中的纤维蛋白等沉积于菌体表面，阻碍体内吞噬细胞的吞噬；即使被吞噬也不易被杀死。同时凝固酶集聚在细菌四周，亦能保护病菌不受血清中杀菌物质的破坏。金黄色葡萄球菌引起的感染易于局限化和形成血栓，这与凝固酶的生成有关。

金黄色葡萄球菌能产生多种溶素，包括 α、β、γ 和 δ 等，对白细胞、血小板、肝细胞、成纤维细胞和血管平滑肌细胞等均有损伤作用，而对人类有致病作用的主要是 α 溶素。

杀白细胞素（leukocidin）又称 Panton-Valentine 杀白细胞素（PVL）。此毒素分为快（F）和慢（S）两种组分。当两者单独存在时，并无杀伤活性，必须协同才有作用。PVL 只损伤中性粒细胞和巨噬细胞，导致中毒性炎症反应及组织坏死等病变。

肠毒素（enterotoxin）约有一半为临床分离株中产生。根据抗原性和等电点不同，可分为 A、B、C_1、C_2、C_3、D、E、G 和 H 等 9 个血清型，均能引起食物中毒即急性胃肠炎，以 A 和 D 型多见，B 和 C 型次之。葡萄球菌肠毒素是一组热稳定的可溶性蛋白质，分子量 26～30kDa，能在 100℃耐热 30min，并具有超抗原的活性及能抵抗胃肠液中蛋白酶的水解作用。

表皮剥脱毒素（exfoliative toxin, exfoliatin）主要由噬菌体 II 群金黄色葡萄球菌产生。有两个血清型，即 A 型耐热，100℃经 20min 不被破坏；B 型不耐热，60℃经 30min 可破坏。表皮剥脱毒素引起烫伤样皮肤综合征（staphylococcal scalded skin syndrome，SSSS）又称剥脱性皮炎，多见于新生儿、幼儿和免疫功能低下的成人。患者皮肤呈弥漫性红斑和形成水泡，继而表皮上层大片脱落，受损部位的炎症反应轻微。

毒性休克综合征毒素-1（toxic shock syndrone toxin-1，TSST-1）是由噬菌体 I 群金黄色葡萄球菌产生，引起机体发热、休克及脱屑性皮疹。TSST-1 能增加机体对内毒素的敏感性，感染产毒菌株后可引起机体多个器官系统的功能紊乱或毒性休克综合征。

（4）对人类的危害性

葡萄球菌广泛分布于自然界，如空气、水、土壤以及人和动物的皮肤及与外界相通的腔道中。金黄色葡萄球菌是潜在致病菌，是人为污染的指示菌，是在化妆品、食品、水质和奶粉等检验中不得检出的限制性微生物，也是评价化妆品卫生安全最重要的指标之一。据悉，2017年3月根据国家质检总局公布近期未予准入的食品化妆品信息，韩国产的"兰芝臻白净透保湿乳、兰芝水活力喷雾（保温修护）、兰芝水活力喷雾（舒润）"被我国出入境检验检疫机构检出金黄色葡萄球菌。若使用被金黄色葡萄球菌污染的化妆品，可引起皮肤黏膜和多种组织器官的化脓性炎症，严重时导致败血症或脓毒血症；此外，还可引起肺炎、伪膜性肠炎、包心炎等，甚至食物中毒、烫伤样皮肤综合征和毒性休克综合征等疾病。

2.4.1.2 铜绿假单胞菌

（1）概述

铜绿假单胞菌（*Pseudomonas aeruginosa*）又称绿脓杆菌，属假单胞菌属，为革兰氏阴性杆菌，在自然界分布广泛，为土壤中存在的最常见的细菌之一。各种水、空气、正常人的皮肤、呼吸道和肠道等都有该菌存在。该菌存在的重要条件是潮湿的环境，是临床上一种常见的条件致病菌，也是化妆品中不得检出的特定菌。

（2）生物学特性

① 形态结构

铜绿假单胞菌为革兰氏阴性，直或稍弯、两端钝圆的杆菌，杆菌大小约$(1.5\sim3.0)\mu m\times(0.5\sim1.0)\mu m$，长短不一，呈球杆状或长丝状，无芽孢，有荚膜，单端有1~3根鞭毛，在暗视野显微镜或相差显微镜下观察可见细菌运动活泼，临床分离株常有菌毛。铜绿假单胞菌革兰氏染色形态见图2-36。

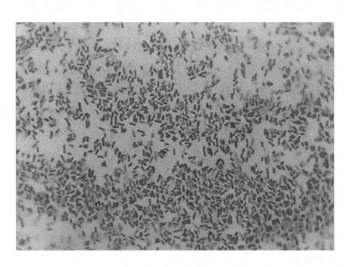

图 2-36　铜绿假单胞菌革兰氏染色形态

② 培养特性

铜绿假单胞菌为专性需氧或兼性厌氧菌。在普通培养基、血琼脂平板或十六烷基三甲基溴化铵等平板上生长良好。普通培养基上的菌落大小不一，平均直径2~3mm，扁平，边缘不整齐，且常呈相互融合状态。由于该菌产生水溶性色素，使培养基被染成蓝绿色或黄绿色。在血琼脂平板上菌落较大，有金属光泽和生姜气味，菌落周围形成透明色溶血环。在肉汤中形成菌膜，肉汤澄清或微混浊，菌液上层呈绿色。最适宜生长温度为35~37℃，铜绿假单胞菌在 42℃时仍能生长，4℃不生长，据此可与荧光假单胞菌等进行鉴别。

③ 生化反应

铜绿假单胞菌分解蛋白质能力强，而糖发酵能力较低。氧化酶阳性，可氧化分解葡萄糖和木糖，产酸不产气，不分解甘露醇、乳糖及蔗糖。能液化明胶和还原硝酸盐，分解尿素，靛基质反应阴性。

④ 抗原构造

铜绿假单胞菌有 O 和 H 抗原。O 抗原包括两种成分，一种成分是内毒素脂多糖，另一成分是原内毒素蛋白（original endotoxin protein，OEP）。OEP 是种高分子抗原，具有强免疫原性，其抗体对同血清型或不同血清型细菌都有保护作用。OEP 广泛存在于一些其他种类的革兰氏阴性菌，包括假单胞菌、大肠埃希菌和霍乱弧菌等，是一种有意义的类属抗原。

⑤ 抵抗力

铜绿假单胞菌对外界环境抵抗力较强，在潮湿处能长期生存，对紫外线不敏感，55℃湿热 1h 才被杀灭。铜绿假单胞菌具有多重耐药特性，能天然抵抗多种抗菌药物。在长期服用各种抗菌药物治疗过程中可能会发生耐药，因此临床最好根据药物敏感实验指导用药。

（3）致病性

铜绿假单胞菌主要致病物质是内毒素，此外尚有菌毛、荚膜多糖、绿脓菌素、弹性蛋白酶、毒素和磷脂酶 C 等多种致病因子。

a. 菌毛：菌毛的神经氨酸酶分解上皮细胞表面的神经氨酸而促进细菌侵入及黏附作用。

b. 荚膜多糖：除抗吞噬细胞的吞噬外，多糖层锚泊在细胞表面，与呼吸道感染有关。

c. 绿脓菌素：由铜绿假单胞菌 rpoS 基因编码产生的绿色色素，具有氧化还原活性，能催化超氧化物和过氧化氢产生有毒氧基团，引起组织损伤，在致病中起重要作用。

d. 弹性蛋白酶：降解弹性蛋白，引起肺实质损伤和出血，与细菌的扩散有关，也能降解补体和白细胞蛋白酶抑制物，加重急性感染的组织损伤；亦可与相应抗体形成复合物沉积于感染组织中。

e. 内毒素和外毒素：内毒素致发热、休克和弥散性血管内出血（DIC）等；外毒素 A 类似白喉毒素，抑制蛋白质合成，主要在烧伤或慢性肺部感染中介导组织损伤；外毒素 S 干扰吞噬杀菌作用。

f. 磷脂酶 C：能分解卵磷脂和脂质，损伤组织细胞。

（4）对人类的危害性

铜绿假单胞菌是人体正常菌群之一，能在肠道繁殖，是环境的主要污染源，在自然界分布甚广，在空气、水和土壤中均存在，在潮湿处可长期生存，有较强的适应能力，包括对杀菌剂都有很强的抗性。目前，该菌已是化妆品、水及药品等必须严加控制的重要病原菌之一。我国《化妆品卫生标准》规定在化妆品中不得检出铜绿假单胞菌。

在化妆品制造过程中，水系统和发泡剂等原料中都有假单胞菌的污染。所以，在洗发乳、护发素、浴液和洁面乳等清洁类化妆品中，常可检出铜绿假单胞菌。2010 年，广州进出口化妆品的微生物污染情况分析中，2 份样品同时检出铜绿假单胞菌。2014 年，广东省

9547 份化妆品样品中，有 36 份不合格样品，合格率为 99.6%，其中就有 1 份样品检测出致病菌即铜绿假单胞菌[26]。铜绿假单胞菌在潮湿环境中可长期生存，因此含水分较多的化妆品最容易受到污染，此菌对烧伤、烫伤等受损的皮肤可引起感染，严重时可引起败血症[30]。聂清[31] 等在对 2 种护手霜的检验中，监测样品菌落总数均超过化妆品卫生标准，分别为标准限量的 50 和 120 倍（标准限量<1000CFU/g），均检出铜绿假单胞菌，并且 2 个样品中均有 2 项微生物指标不符合标准。Lundov[32] 等在 2005～2008 年回收的 24 份化妆品中，检出至少有 42% 的化妆品受铜绿假单胞菌污染，而化妆品中污染铜绿假单胞菌甚至可引起医院内暴发感染。

2.4.1.3　粪大肠菌群

(1) 概述

粪大肠菌群，又名耐热大肠菌群，是生长于人和温血动物肠道中的一组肠道细菌，随粪便排出体外，约占粪便干重的 1/3 以上，故称为粪大肠菌群。它是大肠菌群的一种，受粪便污染的水、食品、化妆品和土壤等物质均含有大量的这类菌群。若化妆品检出粪大肠菌群即表明已被粪便污染。

大肠菌群、粪大肠菌群与大肠埃希菌既有联系又有区别。大肠菌群并非细菌学分类命名，而是卫生细菌领域的用语，不代表某一个或某一属细菌，而指的是具有某些特性的一组与粪便污染有关的细菌。大肠菌群是一群能在 35～37℃、24h 内发酵乳糖产酸产气的、需氧或兼性厌氧的及革兰氏阴性的无芽孢杆菌。大肠菌群主要包括埃希氏菌属、肠杆菌属、克雷伯菌属和枸橼酸杆菌属等 4 个属的菌，还有沙雷氏菌属和变形杆菌属的一些菌种。根据生长温度差异，将能在 37℃生长的称为总大肠菌群，而在 44.5℃仍能生长的大肠菌群称为耐热大肠菌群。粪大肠菌群的主要组成菌属与大肠菌群相同，但主要是埃希氏菌属，其他菌属的菌所占的比例较少。而大肠埃希菌是细菌分类学命名，是人和温血动物肠道内普遍存在的细菌，是粪便中的主要菌种。一般生活在人大肠中不致病，但它侵入人体一些部位时，可引起感染。例如，根据不同的生物学特性将致病性大肠埃希菌分为 5 类：肠致病性大肠埃希菌（EPEC）、肠产毒性大肠埃希菌（ETEC）、肠侵袭性大肠埃希菌（EIEC）、肠出血性大肠埃希菌（EHEC）、肠集聚性大肠埃希菌（EAEC）。

(2) 生物学特征

粪大肠菌群是一群需氧及兼性厌氧革兰氏阴性无芽孢杆菌，在 44.5℃培养 24～48h 能发酵乳糖、产酸产气。

粪大肠菌群在伊红美蓝琼脂培养基上的典型菌落呈深紫黑色，圆形，边缘整齐，表面光滑湿润，常具有金属光泽。也有的呈紫黑色，不带或略带金属光泽，或粉紫色，中心较深的菌落，亦常为耐热大肠菌群。在靛基质反应中，粪大肠菌群会使液面呈玫瑰红色，故也作为鉴定粪大肠菌群的重要指标之一。

(3) 对人类的危害性

在食品和水质等卫生检验国家标准中，常用大肠菌群和粪大肠菌群作为粪便污染的卫生指示菌，而在化妆品检验中只用粪大肠菌群作为卫生指示菌。粪大肠菌群来自人畜粪便及自然环境（土壤和水源等），可间接反映粪便污染，有可能存在其他肠道致病菌或寄生虫等病原体的危险。尽管不能确定污染来源，但它的存在更能直接反映化妆品被粪便近期污染的情况。粪大肠菌群被认为是重要的卫生指示菌，目前已被国内外广泛应用于化妆品的卫生监测。由于在化妆品的生成过程中，人员的操作问题，使得粪大肠菌群容易进入化妆品造成污染。秦丽云[33]等对128份面膜类化妆品进行了微生物检测，结果表明，菌落总数超标11份，超标率8.59%，并且其中有2份检出粪大肠菌群。

2.4.2 化妆品污染常见的霉菌

在自然界分布极广，土壤、水域、空气、动植物体内外都可生长霉菌。在与人类的关系中也极其重要。其中，化妆品的基质所富有的营养成分、酸碱度、温度等都适宜霉菌在化妆品中生长繁殖，化妆品的生产环境、生产设备、生产过程及产品都易受到霉菌的污染。据对部分化妆品的质量卫生检查表明，霉菌对化妆品的污染是相当严重的，化妆品由霉菌污染后，致使化妆品表面出现各种颜色的霉斑。霉菌污染所引起的化妆品霉变，是化妆品变质的一个主要原因，因此，在化妆品中霉菌的检测是很重要的。秦丽云[33]等对128份面膜类化妆品的检测中，霉菌和酵母菌超标10份，超标率7.81%。2010年广州共检测6601份进出口化妆品，检出18份不合格样品，合格率为99.73%；在不合格样品中，18份样品全部菌落总数超标，其中1份样品同时检出霉菌超标。现重点介绍在化妆品中两种常见的霉菌：黑曲霉及白地霉。

2.4.2.1 黑曲霉

（1）概述

黑曲霉（*Aspergillus niger*），半知菌亚门，丝孢纲，丝孢目，丛梗孢科，曲霉属真菌中的一个常见种。黑曲霉广泛分布于世界各地的粮食、植物性产品和土壤中，是重要的发酵工业菌种，可生产淀粉酶、酸性蛋白酶、纤维素酶、果胶酶、葡萄糖氧化酶、柠檬酸、葡糖酸和没食子酸等。有的菌株还可将羟基孕甾酮转化为雄烯。目前从使用过或被污染的化妆品中分离里出来的霉菌多为黑曲霉。

（2）生物学特性

① 形态结构

黑曲霉菌落一般呈黑褐色，分生孢子为球形，呈黑或黑褐色，平滑或粗糙。菌丝发达，有隔膜和多分枝；顶部形成球形顶囊，其上全面覆盖一层梗基和一层小梗，小梗上长有成串褐黑色的球状，直径 $2.5 \sim 4.0 \mu m$；分生孢子头呈球状或放射状，形似菊花，直径 $700 \sim 800 \mu m$，褐黑色。蔓延迅速，初为白色，后变成鲜黄色直至黑色厚绒状，背面无色或中央略带黄褐色；分生孢子梗由特化了的厚壁而膨大的菌丝细胞（足细胞）上垂直生出，长短不一；黑曲霉的菌丝、孢子头常呈现各种颜色，如黑、棕、绿、黄、橙、褐等，菌种不同，颜色也不同。

② 培养特性

黑曲霉在沙氏琼脂培养基上生长快，3d内成熟。开始为白色绒毛状，逐渐菌落中央出现很淡的黄色，最后变为粗绒状黑色或黑褐色，背面无色或淡黄色。在PDA培养基上菌落生长迅速，$10 \sim 14d$ 直径可达 $2.5 \sim 3cm$，菌落初为白色，常有鲜黄色区域，厚绒状，继而黑色，背面无色或中央部分略带褐色。

③ 生化反应

黑曲霉以无性生殖的形式繁殖，最适 pH 3～7，生长最适温度 33～37℃，产酸最适温度 28～37℃，黑曲霉可在淀粉类和糖类等培养基上生长并产酸，温度过高易形成杂酸。生长产酸最适 pH 1.8～2.5。并且具有多种活力较强的酶系。黑曲霉可以边长菌、边糖化、边发酵产酸的方式生成柠檬酸。

(3) 致病性

黑曲霉生长快速，极易通过空气扩散污染环境，对化妆品的生产检验人员与环境构成威胁。并且，能分泌有机酸和毒素。它是四类病原微生物，通常情况下黑曲霉在污染化妆品后，一般不会引起人类疾病。

(4) 对人类的危害性

黑曲霉可引起化妆品的霉腐变质，有的可产生致癌性的黄曲霉毒素。黑曲霉是免疫正常人耳真菌病中最常见的分离菌，还可引起免疫低下患者深部真菌感染，可导致真菌性角膜炎等。黑曲霉除能引起曲霉病外，也能产生黑曲霉毒素。黑曲霉生长在相对湿度最低为 88%的环境中，所以易引致水分较高的化妆品发生霉变。护手霜和乳液中最常见的真菌中就有黑曲霉等，不仅会降低化妆品的质量，还会引起皮肤、黏膜、头发和指甲的感染。同时，黑曲霉也是引起皮肤过敏的过敏原，轻者可造成毛细血管扩张、萎缩，重者可造成皮肤变薄、痤疮加重、色素沉着，甚至出现多毛、皮炎等症状。

2.4.2.2 白地霉

(1) 概述

白地霉（*Geotrichum candidum*），是半知菌亚门，丝孢纲，丝孢目，丛梗孢科，地霉属真菌的一种。

(2) 生物学特征

白地霉的形态特征介于酵母菌和霉菌之间，繁殖方式以裂殖为主，少数菌株间有芽生孢子。生长温度范围为 5～38℃，最适生长温度为 25℃。生长 pH 范围在 3～11，最适 pH 为 5～7，具有广泛的生态适应性。单株白地霉具有一定程度的表型可变性，同种内不同菌株呈现遗传多态性，菌落颜色从白色到奶油色，少数菌株为浅褐色或深褐色，质地从油脂到皮膜状。

菌丝为有横隔的真菌丝，有的为二叉分枝。菌丝宽 3～7μm。菌丝成熟后断裂成单个或成链、长筒形、末端钝圆的节孢子。节孢子大小为（4.9～7.6μm）×（5.4～16.6μm）。菌落呈平面扩散，生长快，扁平，乳白色，短绒状或近于粉状，有同心圈可放射线，有的呈中心突起。在液体培养时生白醭，毛绒状或粉状。在葡萄糖、甘露糖、果糖上能微弱发酵；有氧时能同化甘油、乙醇、山梨醇和甘露醇。能分解果胶和油脂，能同化多种有机氮源和尿素。

(3) 致病性

目前普遍认为，地霉是条件致病菌，常伴发或继发于结核、糖尿病、白血病、肿瘤等消耗性疾病或伴发于长期应用糖皮质激素或抗生素及艾滋病患者。可由口腔、呼吸道、皮肤侵入，但也可以是内源性的。地霉属的经典代表菌种为白地霉，以支气管感染最多见，偶可致全身播散性感染[34]。

（4）卫生学意义

化妆品由白地霉污染后，致使化妆品表面出现白色白醭，或毛绒状或粉状霉斑，消费者涂抹了这种产品后，会导致皮肤感染。不过研究表明，白地霉对化妆品也有有利的一面，白地霉可通过代谢生成 β-苯乙醇，化妆品、烟草和日化用品中添加 β-苯乙醇对其他香气成分有增效作用，因而其可作为多种香型的底香组分。此外，白地霉还可以通过发酵产生亮白精华，对皮肤具有一定的功效。

2.4.3　化妆品污染中常见的酵母菌

化妆品的营养状况、酸碱度、湿度和保存温度都十分适合酵母菌的生长繁殖，所以酵母菌也是化妆品污染的主要原因之一。因酵母菌使化妆品中的有机物分解产生酸气，使其不是芳香扑鼻而是呈酸味、怪味。所以，化妆品出现气泡和异味。其中化妆品中常见的污染酵母菌为白色念珠菌。

（1）概述

念珠菌又称假丝酵母菌，有 81 个种，其中有 11 种对人有致病性，其中白色念珠菌为最常见的致病菌。此外，热带假丝酵母菌、克柔假丝酵母菌和光滑假丝酵母菌也较多引起疾病。白色念珠菌（*Candida albicans*）广泛存在于自然界，也存在于正常人口腔、上呼吸道、肠道及阴道等，一般在正常机体中数量少，不引起疾病，当机体免疫功能或一般防御力下降或正常菌群相互制约作用失调，则本菌大量繁殖并改变生长形式（芽生菌丝相）侵入细胞引起疾病，是化妆品中常检出的条件致病性真菌。

（2）生物学特征

白色念珠菌细胞呈卵圆形，很像酵母菌，比葡萄球菌大 5～7 倍，革兰氏染色阳性，但着色不均匀。在病灶材料中常见菌细胞出芽生成假菌丝，假菌丝长短不一，并不分枝，假菌丝收缩断裂又成为芽生的菌丝。念珠菌对热的抵抗力不强，加热至 60℃、1h 后即可死亡。但对干燥、日光、紫外线及化学制剂等抵抗力较强。

采取检材直接检查可见卵圆形细胞，有芽生孢子和假菌丝，接种沙保氏培养基可长出类酵母型菌落。与其他念珠菌鉴别：玉蜀黍或米粉培养基上可产生厚膜孢子；在动物血清或人血清中 37℃、1～3h 形成芽管；发酵葡萄糖、麦芽糖，产酸不产气，不发酵乳糖。

（3）致病性

白色念珠菌可侵犯人体许多部位，可引起：a. 皮肤念珠菌病，好发于皮肤皱褶处（腋窝、腹股沟、乳房下、肛门周围及甲沟、指间），皮肤潮红、潮湿、发亮，有时盖上一层白色或呈破裂状物，病变周围有小水泡；b. 黏膜念珠菌病，以鹅口疮、口角炎、阴道炎最多见，在黏膜表面盖有凝乳大小不等的白色薄膜，剥除后，留下潮红基底，并产生裂隙及浅表溃疡；c. 内脏及中枢神经念珠菌病，可由黏膜皮肤等处病菌散播引起，有肺炎、肠胃炎、心内膜炎、脑膜炎、脑炎等，偶尔也可发生败血症。

念珠菌病预防主要是个人清洁，合理使用抗生素、激素，增强机体免疫功能。治疗浅表感染可擦龙胆紫、雷琐辛或制霉素、两性霉素 B 或咪唑药物局部应用；全身性感染可滴注两性霉素 B，口服 5-氟胞嘧啶、克霉唑，以及大蒜素静脉滴注等。

（4）卫生学意义

念珠菌病主要是白色念珠菌引起的急性、亚急性或慢性感染，是最常见的真菌病。常侵犯皮肤、黏膜，也可引起内脏或全身感染。临床症状错综复杂，急缓不一。儿童多为急性继发性感染。近年来随着大剂量抗生素、激素、免疫抑制剂的应用，以及器官移植术的开展，其发病率逐渐增高，并可危及生命造成严重后果。

有研究者在化妆品样品洁面奶和柔肤水中检出过白色念珠菌，在英国药典试验法（BP test）和美国药典法（USP test）中的防腐挑战实验中都用到白色念珠菌。当人体免疫力下降时使用含有此菌的清洁类和柔肤水类化妆品，白色念珠菌就会迅速繁殖，达到一定数量，人体就会发病，在女性患者中可表现为白带增多，可在阴部、大腿部、手臂、背部等皮肤出现病原体，使患者出现局部瘙痒现象。

思考题

1. 研究细菌芽孢有何理论意义和实际意义。

2. 绘制单细胞微生物典型的生长曲线，并说明各个生长时期的特点。

3. 简述革兰氏染色的原理。

4. 指出下列培养基各成分分别属于哪类基本要素，并说明其在微生物生长中的作用。

　　葡萄糖 10g

　　蛋白胨 5g

　　玉米浆 5mL

　　K_2HPO_4 1.0g

　　$MgSO_4$ 0.5g

　　H_2O 1000mL

5. 比较细菌与酵母菌细胞壁组成的相同点和不同点。

6. 什么是生长因子？它包括哪几类化合物？

7. 什么是纯培养物？在实验室如何利用固体培养基获得微生物纯培养物？

参考文献

[1] 周德庆. 微生物学教程 [M]. 第3版. 北京：高等教育出版社，2011.

[2] 徐威. 环境微生物学 [M]. 北京：中国建材工业出版社，2017.

[3] 李任峰，何启盖，周锐，等. 细菌鞭毛研究概况及进展 [J]. 微生物学通报，2005，32（6）：124-127.

[4] 郑群. 医学微生物学要点速记 [M]. 北京：北京大学医学出版社，2003.

[5] 刘慧. 现代食品微生物学：第2版 [M]. 北京：中国轻工业出版社，2011.

[6] 沈萍. 微生物学 [M]. 北京高等教育出版社，2008.

[7] 柳莹，高丽，冯俊荣，等. 线粒体表观遗传学研究进展 [J]. 生物技术通报，2018，34（1）：60-66.

[8] 胡相云. 微生物学基础 [M]. 北京：化学工业出版社，2015.

[9] 李媛媛，王永红. 凝结芽孢杆菌抗葡萄糖分解代谢物阻遏突变株合成培养基的筛选和发酵特性研究 [J]. 食品工业科技，2019，40（19）：94-98＋103.

[10] 马群飞. GB 4789.28—2013《食品安全国家标准食品微生物学检验培养基和试剂的质量要求》应用现状 [J]. 中国卫生标准管理，2019，10（16）：1-3.

[11] 李乔，王宁，郑晓丽，等. 苦木总生物碱含量测定的透射比浊法研究 [J]. 烟台大学学报（自然科学与工程版），

2019，32（2）：141-145.

[12] 李颖，李婷．影响乳酸菌平板菌落计数的方法研究［J］．中国实用医药，2016，11（16）：287-288.

[13] 崔战利，王萍萍，王秋菊．最大或然数法在光合细菌计数中的应用及效果研究［J］．应用生态学报，2005，16（8）：1577-1580.

[14] 周德庆，张文治，强义国．平板划线法分离微生物纯种的一个经验［J］．生物学教学，1981（1）：28-29.

[15] 王小燕．微生物检验在化妆品检验中的应用［J］．生物化工，2019，5（2）：167-168.

[16] 黄秀梨．微生物学［M］．北京：高等教育出版社，2009.

[17] 李明达．TCA 循环中间产物对酿酒酵母胞内代谢关键酶活性的影响［J］．微生物学通报，2010，37（3）：331-335.

[18] 王永敏，姜华．生物化学［M］．北京：中国轻工业出版社，2017.

[19] 柳朔怡，吴尚为．分子系统学在真菌分类命名中的应用与进展［J］．微生物学免疫学进展，2015，43（1）：48-53.

[20] 张文治．新编食品微生物学［M］．北京：中国轻工业出版社，2010.

[21] 朱士军．基因重组的类型［J］．中学生物教学，2011（4）：29-30.

[22] 张沿江，张翠艳，吴金玉．食用菌菌种复壮的方法［J］．吉林农业，2003（11）：36.

[23] 吕和平，吴红宇，刑仁昌，等．食用菌菌株的长期保藏方法［J］．中国食用菌，2007，26（2）：29-30.

[24] 刘兰全．食品微生物［M］．北京：中国计量出版社，2010.

[25] 郭玲玲．微生物菌种保藏方法及关键技术［J］．微生物学杂志，2019，39（3）：105-108.

[26] 刘家潜，张慧，郭长虹，等．广东省化妆品微生物检验结果分析［J］．香料香精化妆品，2017（2）：49-51.

[27] 郝玉娥，陈旭，何爱桃，等．日常化妆品中微生物的检测分析［J］．中国现代医生，2011，49（35）：110-111.

[28] 化妆品安全技术规范（2015 年版）［S］．国家食品药品监督管理总局，2015：469-484.

[29] 谢显娥．怎样识别已被污染的化妆品［J］．产品可靠性报告，1996（4）：38.

[30] 凌莉，刘静宇，陈碧玲，等．2010 年广州进出口化妆品的微生物污染情况分析［J］．中国美容医学，2012，21（3）：132-134.

[31] 祝洪山，聂清，李东英，等．护手霜中铜绿假单胞菌的检出［J］．职业与健康，2008，24（14）：1387-1388.

[32] Lundov M D, Zachariae C. Recalls of microbiologically contaminated cosmetics in EU from 2005 to May 2008［J］. International Journal of Cosmetic Science, 2008, 30（6）：471-474.

[33] 秦丽云，张伯兰，王苋．面膜类化妆品微生物检测结果及分析［J］．现代预防医学，2008，35（17）：3434-3435.

[34] 李秀丽，辛德梅，顾小萍，等．我国首见白地霉引起阴道炎 2 例及实验研究［J］．现代妇产科进展，2008，17（4）：300-301.

第3章

化妆品中微生物污染的途径及控制方法

　　健美的皮肤具有肌理细腻、滋润适度、柔软娇嫩；光泽适度、富于弹性；血色好、有活力，给人以生气勃勃之感的特点。化妆品曾经是特权阶层、贵族的专用品，使用化妆品代表着身份、地位。经历了两次世界大战及随后的经济复苏、重整，更多人尤其是妇女从家庭走向社会成为职业女性，出于对良好形象的追求，越来越多的人开始使用化妆品。化妆品从奢侈品转变为能给日常生活增色添美的必需品。化妆品生产企业的数量增加，建立了众多化妆品品牌，化妆品行业在国民经济中的地位日趋突出[1]。

　　随着化妆品使用人群日趋广泛，日常使用品种和数量增多，化妆品安全问题在各国受到重视。化妆品除应在使用时能赋予身心舒适感，有助于保持皮肤的正常生理功能以及美容、修饰功能外，需保证内容物在保质期内不发生化学、物理和微生物的变化。为保护消费者安全，《化妆品安全技术规范》（2015年版）明确指出，"化妆品原料及其产品在正常、合理以及可预见的使用条件下，不能对人体健康产生危害""不得对使用部位产生明显刺激和损伤"，明确限定了各类产品微生物细菌总数限值和化妆品中不得含有的致病菌种类。

　　由第二章可知，微生物在有水、碳源和氮源、矿物质和微量的金属、氧、合适的温度和pH等条件具备下，就可以生长和繁殖。而大多数化妆品体系都具备微生物生长和繁殖的条件。因而，在化妆品生产和使用过程中，都存在着微生物污染的可能性。根据污染的来源，可将化妆品中微生物的污染分为一次污染和二次污染。化妆品生产过程中的微生物污染属一次污染；消费者在使用过程中造成的微生物污染属二次污染。在生产过程中，各种因素都可引入微生物，由于考虑制品的安全性，防腐剂的使用受到一定的限制，因此要完全防止一次污染是比较困难的，故加强生产过程中的卫生管理是非常重要的。而考虑到化妆品的多次反复使用的特点，二次污染是很难完全避免的，只能从加强制品的防腐能力和减少污染菌的入侵着手，如选用高效广谱防腐剂、选用封闭性好的包装容器等。鉴于此，本章在简要介绍化妆品分类及开发程序及化妆品生产工艺的基础之上，对化妆品中常见微生物的种类、污染来源和污染途径进行分析，最后对化妆品中影响微生物生长的因素及控制方法进行讨论。

3.1 化妆品分类和开发程序

3.1.1 化妆品分类

化妆品种类繁多，商业上习惯依据产品使用部位、使用目的和剂型混合分类，如婴儿爽身粉、洗发香波、保湿润肤水（乳、霜）等。各国化妆品法定分类主要按照功能或使用部位，或两者结合进行分类。2018 年 5 月 1 日发布的国家标准《化妆品分类》（GB/T 18670—2017），确定了我国化妆品主要按产品功能和使用部位分类的原则。按功能分为清洁类化妆品、护理类化妆品、美容/修饰类化妆品；按使用部位分为皮肤、毛发、指甲、口唇。我国现行《化妆品监督管理条例》将化妆品分为特殊（特殊用途）化妆品和普通（非特殊用途）化妆品，将育发、染发、烫发、脱毛、美乳、健美、除臭、祛斑和防晒功能的化妆品列为特殊用途化妆品，重点进行安全监管。

3.1.2 化妆品开发程序

化妆品的开发通常分为 4 个阶段：

a. 通过市场调查，文献检索，相关政策、法规咨询，结合公司发展、现有生产能力等因素分析，形成新产品设计概念。

b. 依据产品设计概念、目标消费群，确定产品的成本区间，并以此进行原料选择、包材选择、标签设计等工作。经过实验室拟合产品配方，试样，测试产品，通过相关微生物检测、安全性、稳定性、使用性和有用性评价后，评估生产可行性并优化放大试验配方。

c. 使用生产设备或参数接近的同类设备进行中试放大试验，进一步调整生产配方，优化工艺参数，得到的中试产品在通过质量评价和消费者评价的基础上[2]，向卫生行政管理部门备案或申报生产许可证（特殊用途化妆品）。

d. 在完成备案或获得生产许可证后，安排产品生产，上市，同时密切跟踪市场需求和消费者评价。

3.2 常见化妆品配方构成和生产工艺

3.2.1 常见化妆品配方构成

常见化妆品通常由乳化体系、功效体系、抗氧化体系、增稠体系、防腐体系和感官修饰体系 6 个模块组成。

a. 乳化体系：以乳化剂、油脂原料和基础水相原料为主体，构成乳化型的基本框架。

其设计是否合理，直接影响到产品的稳定性。这一模块是构成膏霜和乳液基质的主体，膏霜和乳液的外观及稳定性均由这一模块所决定[3]。

b. 功效体系：以功效添加剂原料为主体，以达到设计产品功效为目的。其中添加保湿、美白、抗衰老、抗过敏、祛痘功效成分的化妆品为普通功效化妆品，添加祛斑、防晒、染发、烫发、育发、脱毛、丰胸、健美、除臭功效成分的化妆品为特殊功效化妆品，效果好坏直接影响化妆品的二次销售。

c. 抗氧化体系：以抗氧化剂原料为主体，以防止产品中易氧化原料的变质，提高产品的保质期。

d. 增稠体系：增稠体系是由一个或多个增稠剂组成，以达到增加和改善化妆品外观和稳定目的的原料组。其设计是否合理直接影响产品的感官效果[4]。

e. 防腐体系：以防腐剂原料为主体，防止产品微生物一次污染和产品二次污染而引起产品变质，提高产品的保质期。

f. 感官修饰体系：以香精和色素原料为主体，改善产品的特性，提高产品的外观吸引力，给消费者感官享受，促进消费者购买欲望。

3.2.2 化妆品生产工艺简图

化妆品生产的常规工艺如图 3-1 所示，按工艺要求在水相锅中投入称好的水相类原料，搅拌加热到 80℃，在油相锅中投入称好的油相类原料于 85℃完全溶解。将乳化锅预热至 60~70℃，抽真空吸入水相及油相，均质搅拌，冷却至 45℃加入香精及添加物，搅拌至均匀后出料。半成品经检验合格后灌装，成品检验合格后入库。其中带☆为主要质量控制点。

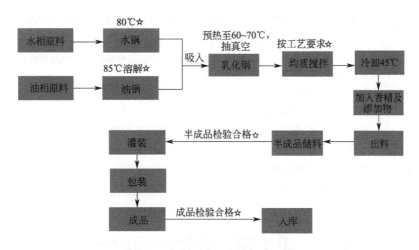

图 3-1 化妆品生产的常规工艺简图

3.3 常见化妆品污染微生物的种类

化妆品并非是无菌产品，微生物污染化妆品产生的危害与微生物所引起的感染或疾病的严重程度密切相关[5]。依据不同种类的化妆品发现的潜在致病菌，化妆品微生物污染管控目标微生物不同。

　　a. 灭菌产品：任何微生物或微生物致敏物质都是目标微生物。

　　b. 眼部产品：目标微生物包括假单胞菌属菌（绿脓杆菌）、金黄色葡萄球菌、黏质沙雷菌、液化链球菌。

　　c. 非灭菌口腔用品：任何肠道致病菌，如沙门氏菌、大肠埃希菌、肠杆菌、柠檬酸细菌、假单胞菌、梭状芽孢杆菌、金黄色葡萄球菌；致病性酵母菌，如白色念珠菌；产生真菌毒素的真菌都是目标微生物。

　　d. 非灭菌局部产品：通常是以假单胞菌、产气克雷伯菌、金黄色葡萄球菌、黏质沙雷菌及液化链球菌为目标菌；另外恶臭假单胞菌、多食假单胞菌、产气荚膜梭菌、破伤风杆菌、诺氏梭菌也常作为目标菌。

　　e. 生殖器用品：通常以大肠埃希菌、变形杆菌、黏质沙雷菌、铜绿假单胞菌、多食假单胞菌为目标菌，另外克雷伯菌、无硝不动杆菌也常被列为目标菌。

在不同类别化妆品和包装物中均发现的微生物见表 3-1。

表 3-1　一些化妆品类别和包装物中发现的微生物

产品类别	发现的菌群
婴儿爽身粉	枯草芽孢杆菌、黑曲霉菌、点青霉菌、变白色球菌、有隔膜白霉菌、酒曲霉菌、轮霉菌属、丝状菌属
啫喱型产品（含天然和合成黏胶）	马铃薯杆菌、荧光假单胞菌、无色解脂霉菌、覃状芽孢杆菌、玫瑰色微球菌、大肠埃希菌
膏霜类产品	无色解脂霉菌、变白色球菌、藤黄八叠球菌、接合酵母菌属、青霉球菌、黑曲霉菌、黄曲霉菌、白色链霉菌、葡萄状链霉菌、丝状菌属、黑根霉菌、萎垂杆菌、马铃薯杆菌、白色葡萄球菌、大肠埃希菌、副大肠埃希菌
液体香波	假单胞菌属、产气杆菌属、克雷伯菌属、无色菌属、产碱菌属
胭脂、口红类	马铃薯杆菌、接合酵母菌属、青霉菌属、曲霉菌属
牙膏类	枯草芽孢杆菌、毛虫假单胞菌属、肠球菌属、生膜菌属、大肠埃希菌属
肥皂	出芽苗霉菌属、小帚样霉菌
包装物:纸盒	枯草芽孢杆菌、点青霉菌、尖顶酵母菌
玻璃纸	尖顶酵母菌、青霉菌属

3.4 微生物污染化妆品的危害

(1) 影响人体健康

化妆品被微生物污染后，对人体的危害国外早已有报道。20 世纪 40 年代新西兰出现由于爽身粉被微生物污染，而引起新生儿破伤风。60 年代美国出现由于雪花膏中加入被微生物污染的羊毛脂，而引起 6 人得败血症，其中 1 人死亡。英国和新西兰都出现化妆品中有铜绿假单胞菌污染而引起皮肤感染。在我国长江以南地区，霉菌污染占被微生物污染的化妆品总量的 10％左右。除引发皮肤致病反应，更可能引起皮肤过敏反应。其他还包括：

a. 化脓性细菌污染，可造成皮肤感染，引起疖肿、红斑、炎性、水肿，甚至引发败血症。

b. 眼部化妆品污染微生物，如受铜绿假单胞菌污染的化妆品误入眼内可引起慢性结膜炎、眼睑炎、角膜化脓性溃疡，病情严重，发展迅速，1～2 天内可引起角膜大片坏死，穿孔，痊愈后留下疤痕或角膜葡萄肿，或白斑，甚至造成失明。

c. 化妆品污染霉菌可能引发消费者皮肤癣症的发生。

(2) 直接影响化妆品外观

a. 色泽影响：微生物将其代谢产物中的色素分泌在化妆品中，如铜绿假单胞菌产生绿色菌素，各种霉菌的作用使得化妆品产生红色、黄色、黑色或白色的霉斑。

b. 气味的变化：微生物在化妆品中的生长繁殖产生胺、硫化物，微生物分解有机物质产生挥发性的硫化物、氨、胺、碳酸气等，引起膏体 pH 下降，造成酸败胀气，使化妆品产生不愉快气味。

c. 结构的变化：微生物代谢过程中，微生物酶系统（如脱羧酶、蛋白酶等）分解化妆品中的脂类、蛋白质，破坏乳化体，致使透明液体变混浊，进而出现分层、变稀、渗水等现象[6]。

(3) 造成品牌形象受损

国内曾有过因化妆品被铜绿假单胞菌污染，造成企业近 1000 kg 膏体损失的报道。2014 年，标称 CSI PRODUCTS Inc 生产的，由国内某公司进口自美国的薰衣草香味洗手液和樱花味洗手液因菌落总数超标被销毁。

3.5 化妆品微生物污染来源和污染途径

3.5.1 化妆品微生物污染来源

化妆品中的微生物来源于自然界。微生物在自然界中的分布极其广泛，它们体积小、重量轻、数量多、到处传播，只要条件合适，就能生存。土壤圈、水圈、大气圈到处都有它们的踪迹。它们可以通过不同的途径直接、间接污染化妆品。

3.5.1.1 土壤中的微生物

土壤是微生物生长、繁殖的温床，是最丰富的微生物资源库。土壤中水分较为充足，即使在缺乏自由水相的干燥土壤中，其表面也总有结合的吸附水，土壤中含有丰富的有机质、矿物质，pH 范围在 3.5～8.5，渗透压适合营养物进出细胞，有利于微生物对营养物的摄取。结构疏松的土壤，空隙中的氧保证了好氧微生物生长的需要，而深层土壤和紧实土壤环境则有利于厌氧微生物的生长，其良好的保温效果，提供了微生物适宜生长繁殖的良好条件。

土壤中的微生物以细菌最多，以好氧和兼性厌氧为主，总数可达 $10^9 \sim 10^{10}$ 个/g，以节杆菌、假单胞菌、芽孢杆菌、梭状芽孢杆菌、微球菌较为多见。土壤中放线菌的主要类群是链霉菌和诺卡氏菌，数量一般比细菌少 1~2 个数量级。霉菌是严格好氧类型，数量一般在 $10^5 \sim 10^6$ 个/g。土壤中酵母菌的含量较少，一般每克含几千个，在含糖丰富的土壤中较多，可达 10^5 个/g。

土壤中微生物的水平取决于有机物的种类和浓度，微生物的数量分布呈现垂直效应，土表受紫外辐照，水分缺乏，微生物容易死亡，数量少；几至几十厘米处微生物数量最多；超过两米，微生物数量大幅下降，一般每克仅含几个。

3.5.1.2　水体中的微生物

水体中溶解有或悬浮着多种无机或有机物质，能供给微生物营养而使其生长繁殖。水体中微生物的数量和分布主要受营养水平、温度、光照、溶解氧、pH 等因素的影响。

水中微生物的来源包括：

a. 水体中固有微生物：主要是硫细菌、铁细菌等化能自养菌。

b. 来自土壤的微生物：主要是氨化细菌、硝化细菌、硫酸还原细菌、芽孢杆菌和霉菌。

c. 来自空气的微生物：雨雪降落时，将附在空气尘埃上的微生物带入水体中。

d. 来自生产和生活的微生物：各种工业废水、农业废水、生活污水、动植物残体等夹带微生物进入水体，主要包括大肠埃希菌、肠球菌、梭状芽孢杆菌以及一些致病微生物。

我国卫生部门对饮用水的微生物种类和数量都有严格规定：1mL 自来水中的细菌总数不可超过 100 个（37℃，培养 24h），1000mL 自来水中的大肠菌群数不能超过 3 个（37℃，培养 48h）。

3.5.1.3　空气中的微生物

空气中虽缺乏微生物生长繁殖必需的营养物和水分，较强的紫外辐射还具有杀菌作用，但空气依然存在着来源于土壤、生物和水等其他微生物源的少量微生物，吸附于尘埃、微粒，以气溶胶的形式存在。

空气中的微生物没有固定的类群，随地区、时间有较大的变化，数量也随人口及动物密度、空气流动程度和高度等变化。霉菌和酵母菌在空气中广泛存在。室外空气中最常见的细菌来自土壤，若环境卫生状况好，绿化程度高，尘埃颗粒少，则空气中的微生物数量少；反之，微生物数量多，常见的是枯草芽孢杆菌、产碱杆菌、八叠球菌和小球菌。室内空气存在多种致病微生物，如葡萄球菌、铜绿假单胞菌、沙门氏菌、大肠埃希菌等，在常用防腐剂、抗生素等环境中，存在耐药菌的概率无论是种类和数量都较大。潮湿空气中所含微生物的数量较干燥空气中少，减少空气中的微生物数量通常采用过滤法。

一些通风系统，特别是中央空调系统是室内空气微生物污染的重要因素，通过减少菌源、尘埃源以及空气过滤和灭菌等措施，可降低空气中的微生物数量。

3.5.1.4　正常人体和动物携带的微生物

正常人体和动物的体表以及内部都有微生物存在，其中一部分是自然进化过程长期适应的结果，这些微生物能长期以共生、寄生的方式存在于人体和动物皮肤、口腔、呼吸道和消化道等部位，正常情况下不侵害个体，称为"正常微生物区系（菌落）"。

人体各部分存在的"正常微生物菌群"包括：

a. 皮肤：主要是葡萄球菌，各种好气杆菌，如微球菌、链球菌、肠杆菌、霉菌等。

b. 口腔：温度适宜，营养丰富（唾液、食物残渣等）的口腔中存在着大量球菌、乳酸杆菌、芽孢杆菌、螺旋体等。

c. 呼吸道：经常有类白喉杆菌、葡萄球菌、甲链球菌及肺炎球菌、流感球菌、腺病毒等致病菌，肺内基本无菌。

d. 胃：呈酸性，pH＝2，可杀菌，故基本无菌；胃壁上常有乳酸菌、链球菌。

e. 肠：呈碱性，适于微生物生长，营养物质丰富，有大量细菌，常见的有大肠埃希菌、产气杆菌、变形杆菌、粪产碱杆菌、产气荚膜梭菌、乳酸杆菌、螺旋体等。

f. 生殖泌尿道：常见的有嗜酸乳杆菌、类白喉杆菌、葡萄球菌、链球菌、大肠埃希菌。

动物的皮毛与外界相通器官也有许多微生物。

a. 皮毛：葡萄球菌、链球菌、双球菌。

b. 肠道：大肠埃希菌、类链球菌、魏氏梭菌、腐败梭菌、纤维素分解细菌等。

正常微生物与人体、动物体之间表现为互生关系。人体、动物体为微生物提供了良好的生态环境，使微生物生长、繁殖。微生物为人体和动物体提供多种营养物质。如人体肠道细菌可以合成人体所需要的硫胺素、核黄素、烟酸、维生素 B_{12}、维生素 K 等。还可合成氨基酸，抑制其他微生物生长繁殖。

在一般情况下，正常菌群与人体和动物保持平衡，正常菌群之间也相互制约，所以不会使人致病。但是当机体机能减弱，某些正常菌群就可能引起疾病，这些细菌称为条件致病菌。有些正常的菌群对某些细胞和组织有着特殊的亲和力。这些正常菌群用水洗涤是不容易除去的，只有用灭菌剂才能有效地清除。

3.5.1.5　植物携带的微生物

微生物和植物之间同样存在着互生、共生、拮抗或寄生等复杂关系[7]。植物内生菌是一类主要生活在植物体内，但不与植物一起形成特殊组织结构的微生物。它们可以从根部表皮或侧根生出的裂隙进入根部，并随根部的发育、分化而进入中柱等组织，在细胞间隙或细胞内生长、繁殖和进行代谢活动，形成互生关系。大部分植物都长有根菌，是真菌与植物根系形成的一类特殊共生体，具有改善植物营养、调节植物代谢和增强植物抗病能力等功能。也有些微生物寄生在植物中，被称为植物病原微生物，行专性寄生或兼性寄生，引起植物病害，以真菌和病毒为主。

3.5.2　化妆品微生物污染途径

化妆品被微生物污染通常是由两个方面造成的[8]。

一是制造过程中引起的微生物污染，称为化妆品的一次污染。这包括所用的原料、设备、工具、包装容器及生产环境的空气不干净，有微生物污染。

二是消费者在使用产品过程中造成二次污染，致使原来没有污染的化妆品受到微生物污染。

根据化妆品微生物污染的具体来源，又可以分为以下三个方面。

3.5.2.1 原料污染

化妆品原料纷繁复杂，来源各异，《国际化妆品标准中文名称目录（2018版）（征求意见稿）》中已收录22620种，其中常用原料超过3000多种。化妆品生产对原料没有绝对无菌的要求，大多数化妆品原料都受到不同程度的微生物污染，如果这些受微生物污染的原料，不经处理而直接用于化妆品生产，必然会造成化妆品较严重的一次污染。在化妆品原料中，最易受污染的是天然动植物成分及提取物；去离子水、维生素等可以促进微生物的生长；增稠剂、成膜剂、粉体、色素、去离子水、维生素等不影响微生物的生长；而油脂、高级脂肪酸、醇等具有杀菌抑菌作用。

随着世界"回归大自然"风潮的涌入，消费者对于合成化学物质的安全性产生怀疑，认为合成化学品副作用大且对人体有害，对化妆品的温和性和环境相容性的要求在不断提高。化妆品"绿色原料"如羊毛脂、磷脂、植物萃取物（比如植物甾醇、酶、植物酸类等）、中草药等在化妆品中使用的比例逐年攀升，融合了DNA重组技术、生物反应器、细胞融合技术、细胞大规模培养技术、蛋白质工程等生物技术开发的新型化妆品原料的使用比例暴涨。这些成分营养丰富，非常有益于微生物的生长繁殖，增加了化妆品通过原料途径污染微生物的风险。

3.5.2.2 化妆品加工过程中微生物污染

化妆品的生产操作单元一般是不连续的，可分为粉碎、研磨、粉末制品混合、乳化和分散、分离和分级、物料输送、加热和冷却、灭菌和消毒、产品的成型和包装、容器的清洗等[9]。如制造设备是敞开式的、原料来源复杂、不是专门的厂家生产、包装容器没有严格有效的消毒、车间空气没有过滤消毒、工人生产时没有严格的卫生制度等都是化妆品生产污染微生物的原因。

例如，有一份来自实验室的报告，发现一份香波样品中含有700CFU/g的细菌污染，经分离鉴定污染菌为日勾维肠杆菌（*E. gergoviae*），属革兰氏阴性菌，肠杆菌类群，该菌通常生活在土壤、水或污水中。经调查发现，此污染是由于夜班工作人员为了怕水流在地面上，而没有遵守标准操作程序（SOP），将软管嘴放入下水道中，然后又用这一软管清洁设备。因此，不干净的软管污染了干净的设备，造成了污染。没能按照GMP标准生产，是产品污染的主要原因。

来自另一个实验室的报告说，在生产的开始、中间和结束等不同时期对微生物APC进行检测，其结果分别为94000CFU/g、<10CFU/g、<10CFU/g。革兰氏染色阴性，氧化酶试验阳性，因此确认为假单胞菌。像这类不均匀的污染，一般是由于在灌装过程中受到污染，而不是半成品的污染。其原因主要是干净的半成品通过污染了的灌装机（如小储缸、运送管线、量筒或灌装头等），且随着灌装时间的推移，污染随成品带出了系统。因此微生物分析的结果是随着时间的推移，成品中的微生物数量APC越来越少（图3-2）。假如污染没有进一步扩大，且随着灌装污染被洁净的成品带出了系统，那么可以销毁部分产品，不必销毁全部产品。比如，污染的产品只存在于前10个地台板（货盘）上，而其他产品没有问题，那么在产品不是药品的前提下，其他无污染的产品就可作为合格产品销售。

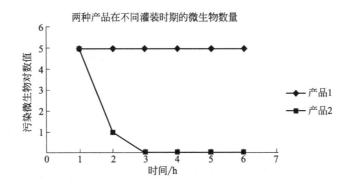

图 3-2　产品在不同灌装时间的微生物数量

产品 1—灌装前已受污染；产品 2—罐装时受到污染

3.5.2.3　消费者使用过程中微生物污染

　　消费者不良卫生习惯、化妆品存放不当等都可能致使原来没有污染的化妆品受到微生物污染。有人测试了睫毛膏在使用前微生物污染率为 1.5％，使用中则急剧增加到 60％。消费者使用过程中造成的污染，主要是消费者使用不当造成的，但包装设计的不科学、防腐剂使用不当也给化妆品的二次污染造成了机会，包括手部接触化妆品后将微生物带入；空气中的微生物落入而被污染；一些美容美发店的化妆品是共用的，更可造成交叉感染。

3.6　化妆品污染微生物原因分析

（1）化妆品防腐体系失效

　　化妆品配方中含有适合微生物生长的成分，配方中的防腐体系可预防微生物污染的发生，延长产品的保质期[10]。如果微生物对防腐剂的耐受性增加，敏感性降低，防腐体系就有可能失效。防腐体系失效的可能原因包括：

　　a. 系统内引入新的微生物菌种，当防腐剂本身存在抗菌谱缺陷时，对新引进的微生物效果不佳。

　　b. 微生物种群的变迁，一些有高最小抑菌浓度（minimal inhibitory concentration，MIC）值的微生物种群，由于系统内低 MIC 值的微生物种群被清除从而成为主要的微生物种群。

　　c. 存在生物膜。生物膜会对微生物进行保护。生物膜是一些微生物细胞由自身产生的多糖聚合物所包围形成，且附着在浸有液体的惰性或生物表面具有结构的群落。生物膜的结构基础是需氧菌在生物膜的外层，而厌氧菌在生物膜的内层，杀菌剂必须穿透生物膜才能对生物膜的微生物起到好的杀灭作用。因此，杀菌剂对生物膜内微生物的作用将比对浮游微生物的作用差。

　　d. 抗药性。主要是防腐剂用量不足引起的。微生物在与其所处环境复杂的相互作用过程中，通过基因突变与环境对突变的选择，以及在其他各种水平上的适应，表现出与原先难于甚至不能生存的环境"和谐相处"或趋利避害的生物性能，即趋向性和抗逆性。

因此，只有了解并掌握微生物，才能有效地控制微生物的污染，确保产品质量，保障消费者的安全与健康。

(2) 生产管理存在漏洞

生产过程中忽略有效控制原材料和整个生产线系统等的微生物污染，是化妆品一次污染的重要原因。表现在：

a. 工厂的卫生监管不足，原料或生产环境中引入大量微生物，消耗了配方中的防腐剂，造成防腐剂含量在有效剂量之下。

b. 工厂内长期污染的微生物对产品中使用的防腐剂产生耐受性，防腐剂在使用剂量下不足以产生防腐效果。

(3) 使用过程中的二次污染

主要原因包括以下几点：

a. 包装设计不科学。

b. 使用方法不当：如用不洁的手涂抹。

c. 容器敞开时空气中微生物进入。

d. 海绵、粉扑、刷子等用具反复使用，可将皮肤上的各种微生物带到商品上。

3.7 影响微生物生长的因素

化妆品质量不合格原因有很大一部分就在于微生物超标。按照国标要求，不同类型的化妆品在控制产品中的微生物总量的基础上，不得检出致病菌。为实现化妆品对皮肤的营养、抗衰等功效，化妆品配方富含大量的蛋白质和维生素等非常适合微生物生长繁殖的营养要素。但微生物生长繁殖除了营养条件外，还受到许多物理化学因素的影响，如温度、氧气、氧化还原电位、pH值、水分活度、渗透压、光和辐射、超声波、化学药剂等。

3.7.1 温度

温度是影响微生物生长和生存最重要的环境因素之一。随着微生物所处环境温度的上升，细胞中的生物化学反应速度加快，微生物生长速率逐渐增大直至达到最大生长速率，当温度继续上升，细胞中对温度较敏感的组分会受到不可逆转的破坏，生长速率迅速下降。与其他生物一样，任何微生物的生长温度尽管有宽有窄，但总有最低生长温度、最适生长温度和最高生长温度这3个重要指标，这就是生长温度三基点（three cardinal point）。如果把微生物作为一个整体来看，其温度的三基点是极其宽的，堪称"生物界之最"（表 3-2）。

表 3-2　若干微生物的生长温度三基点

类型	菌名	温度三基点/℃		
		最低	最适	最高
嗜冷菌	*Polaromonas vacuolata*（液泡极地单胞菌）	−4	4	12
中温菌	*Escherichia coli*（大肠埃希菌）	8	39	48
嗜热菌	*Geobacillus stearothermophilus*（嗜热脂肪芽孢杆菌）	42	60	68
超嗜热菌	*Thermococcus celer*（速生热球菌）	65	88	97
极端超嗜热菌	*Pyrolobus fumarii*（烟孔火叶菌）	90	106	114

最适生长温度（optimum growth temperature）经常简称为最适温度，其含义为某菌分裂代时最短或生长速率最高时的培养温度。必须指出，对同一种微生物来说，最适生长温度并非是其一切生理过程的最适温度，也就是说，最适温度并不等于生长得率最高时的培养温度，也不等于发酵速率或累积代谢产物最高时的培养温度，更不等于累积某一代谢产物最高时的培养温度。例如，*Serratia marcescens*（黏质沙雷菌）的生长最适温度为37℃，而其合成灵杆菌素的最适温度为20～25℃；*Aspergillus niger*（黑曲霉）的生长最适温度为28℃，而产糖化酶的最适温度则为32～34℃。其他菌种都有类似情况（表3-3）。这一规律对于控制微生物污染和指导发酵生产有着重要的意义。

表 3-3　微生物各生理过程的不同最适温度

菌名	生长温度/℃	发酵温度/℃	累计产物温度/℃
Streptococcus thermophilus（嗜热链球菌）	37	47	37
Streptococcus lactis（乳酸链球菌）	34	40	产细胞:25～30 产乳酸:30
Streptomyces griseus（灰色链霉菌）	37	28	—
Corynebacterium pekinense（北京棒杆菌）	32	33～35	—
Clostridium acetobutylicum（丙酮丁醇羧酸）	37	33	—
Penicillium chrysogenum（产黄青霉）	30	25	20

3.7.2　氧气

氧气对微生物的生命活动有着极其重要的影响。按照微生物与氧的关系，可把它们粗分为好氧微生物和厌氧微生物两大类，并可进一步细分为五类（表3-4），包括专性好氧菌（obligate or strict aerobe）、兼性厌氧菌（facultative anaerobe）、微好氧菌（microaerophilic bacteria）、耐氧菌（aerotolerant）和厌氧菌（anaerobe）。

表 3-4　微生物和氧的关系

类型		最适生长的体积分数	代谢类型
好氧	专性好氧	等于或大于20%	有氧呼吸
	兼性厌氧	有氧或无氧	有氧呼吸;无氧呼吸、发酵
	微好氧	2%～10%	有氧呼吸
厌氧	耐氧	不需要氧,但有氧存在无害	发酵
	厌氧	不需要氧,有氧时死亡	发酵、无氧呼吸

将上述不同类型微生物分别培养在含 0.7%琼脂的试管中，就会出现图 3-3 中的生长现象。

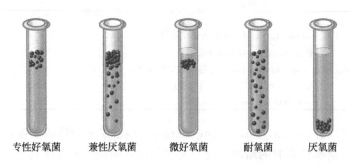

专性好氧菌　　兼性厌氧菌　　微好氧菌　　耐氧菌　　厌氧菌

图 3-3　不同类型微生物生长对氧的要求

专性好氧菌包括绝大多数真菌和多数细菌、放线菌，它们必须在较高浓度分子氧（～0.2mmHg）的条件下才能生长，有完整的呼吸链，以分子氧作为最终氢受体；兼性厌氧菌包括许多酵母菌和肠杆菌科的各种常见细菌等，它们以有氧条件下的生长为主，但也可兼在厌氧条件下生长，有氧时靠呼吸产能，无氧时则借发酵或无氧呼吸产能；微好氧菌也是通过呼吸链并以氧为最终氢受体而产能，但只能在较低的氧分压下才能正常生长，例如霍乱弧菌（*Vibrio cholerae*）、螺杆菌属（*Helicobacter*）等；耐氧菌是一类可在分子氧存在下进行发酵性厌氧生活的厌氧菌，它们的生长不需要任何氧也不具有呼吸链，仅依靠专性发酵和底物水平磷酸化而获得能量。通常的乳酸菌多为耐氧菌。厌氧菌只在无氧处或低氧化还原电势的环境下才能生长，分子氧对它们有毒，细胞内缺乏 SOD 和细胞色素氧化酶，生命所需能量通过发酵、无氧呼吸、循环光合磷酸化或甲烷发酵等过程提供。常见的厌氧菌有梭杆菌属（*Fusobacterium*）、双歧杆菌属（*Bifidobacterium*）以及各种光合细菌和产甲烷菌（*Methanogen*）等。

3.7.3　氧化还原电位

微生物生长还受基质中的氧化还原电位 Eh 影响。Eh 是指在 pH 值为 7.0 时的氧化还原电位。在自然环境中，其上限值为 +0.82V，是指环境中存在高浓度的 O_2，却没有利用 O_2 的电子传递系统（呼吸链）时的情况。下限值为 -0.42V，这是环境中富含 H_2 的情况。一般来说，当 pH 值为 7.0 时，专性厌氧菌开始生长的电位约 -0.3V，需氧菌开始良好生长的电位为 +0.3V。

常见化妆品污染菌以好氧微生物为主，可以通过真空包装，降低化妆品配方氧化还原电位的方式，降低化妆品微生物污染风险。值得注意的是：有些微生物在有氧存在时才能生长，但其基质中添加还原剂，如抗坏血酸、谷胱甘肽、半胱氨酸等，会使 Eh 降低，即使缺氧也能生长。

3.7.4　pH 值

培养基或环境中的 pH 值与微生物的生命活动有着密切的联系。它的影响是多方面的，

pH 通过以下途径影响微生物生长：a. 引起细胞膜电荷的变化，从而影响微生物对营养物质的吸收；b. 影响代谢过程中酶的活性；c. 改变生长环境中营养物质的可给性以及有害物质的毒性（图 3-4）。

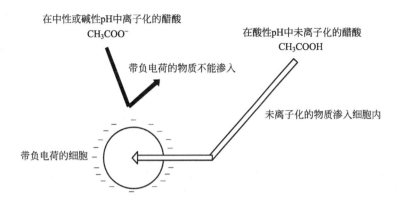

图 3-4　pH 值对有机酸渗入细胞的影响

以微生物作为一个整体来说，其生长的 pH 值范围极广（<2～>10），有少数种类还可超出这一范围。化妆品的 pH 值通常为中性偏酸性，几乎所有的微生物在 pH 4～9 之间都可以生长。与温度的三基点相似，不同微生物的生长 pH 值也存在最低、最适与最高 3 个数值（表 3-5）。

表 3-5　不同微生物生长的 pH 值范围

微生物类型	最低值	最适值	最高值
细菌	5.0	7.0～8.0	10.0
放线菌	5.0	7.0～8.0	10.0
专性嗜酸菌	1.0	3.0～3.4	7.0
酵母	2.0	5.0～6.0	8.0
霉菌	1.5	5.0～6.0	10.0

3.7.5　水分活度和渗透压

各种微生物生长都有最低水分活度的要求（表 3-6），常见微生物生长的 α_w 值在 0.63～0.99 之间。大多数细菌在水分活度 0.90 以上增殖，金黄色葡萄球菌略低为 0.86；大多数的霉菌和酵母菌在水分活度 0.77 以上增殖，水分活度在 0.61 以下，微生物将不能生长繁殖，生长明显受到抑制，甚至出现脱水、质壁分离或死亡。

因此，在研究化妆品的配方组成、选择包装材料时，可结合水分活度降低微生物污染风险。化妆品中控制水分活度可以从两个方面着手：

a. 改变剂型。除了将剂型制备成含水量低的粉剂或膏霜，大部分含水量多的制剂还可以通过乳化剂作为载体，制备成油包水型乳剂等。油包水型乳剂因其外相为油，能够有效阻隔水的逃逸从而降低水分活度。

表 3-6 不同微生物生长的最低水分活度

微生物类群	最低 α_w	微生物类群	最低 α_w
细菌		**霉菌**	
大肠埃希菌	0.935~0.960	黄曲霉	0.90
沙门氏菌	0.945	黑曲霉	0.88
枯草杆菌	0.950	耐旱真菌	0.60
八叠球菌	0.915~0.930	**酵母**	
金黄色葡萄球菌	0.900	酿酒酵母	0.94
嗜盐杆菌	0.75	产朊假丝酵母	0.94
		鲁氏酵母	0.65

　　b. 添加抑制水分活度的成分。在化妆品中添加已知的能控制水分活度的成分，比如丙二醇、二丙二醇、丁二醇、戊二醇、己二醇、甘油、双甘油、山梨（糖）醇等。主要原理是水分活度抑制剂成分中羟基的氢键作用将化妆品中的自由水变成结合水，从而降低水分活度，将水分活度控制在一定范围内。

　　渗透压的大小与溶液浓度即水分活度相关。溶液中溶质含量越高，溶液水分活度越低，即溶液的渗透压越高。一般的微生物生长所适应的渗透压在 3~6 个大气压之间。微生物在等渗溶液（如 0.85%~0.9% NaCl 溶液）中生长时，维持细胞形态不变；微生物在高渗溶液中生长时，会出现质壁分离现象，严重时会导致细胞死亡；微生物在低渗溶液中生长时，细胞会吸水膨胀乃至破裂引起微生物死亡。

3.7.6　光和辐射

　　并不是所有微生物都需要光，只有光能营养型的微生物才需要光，波长在 800~1000nm 的红外辐射可被光合细菌利用作为能源，而波长在 380~760nm 之间的可见光部分被蓝细菌和藻类用作光合作用的主要能源。有的微生物不是光合微生物，但对光有需求，如药用真菌灵芝形成子实体需要散射光的照射。

　　日光中的紫外线对微生物有杀伤作用，UV 的波长在 136~400nm 之间。不同波长的紫外线具有不同程度的杀菌力，一般以 250~280nm 波长的紫外线杀菌力最强（图 3-5），可作为强烈杀菌剂。利用紫外灯管照射，可达到杀菌的效果。

　　X 射线波长为 0.06~13.6nm，γ 射线波长为 0.01~0.14nm，两者均为高能电磁波，有足够的能量使受照射分子逐出电子而使之电离，故称为电离辐射。对微生物也有显著的杀菌作用。γ 射线具有很强的穿透力和杀菌效果，高剂量 γ 射线（300 万伦琴）已广泛应用于不能进行高温处理的产品灭菌。

3.7.7　超声波

　　几乎所有的微生物细胞都能被超声波破坏，只是敏感程度有所不同。强烈的超声波高频振动与细胞振动不协调，造成细胞周围环境的局部真空，引起细胞周围压力的极大变化，这种压力变化使细胞破裂，而导致机体死亡。另外，超声波处理会导致热的产生，热作用也是

图 3-5 紫外线杀菌灯

细胞死亡的原因之一。

超声波的杀菌效果及对细胞的影响与频率，处理时间，微生物种类，细胞大小、形状及数量等均有关系。一般来说，高频率比低频率杀菌效果好，杆菌比球菌、丝状菌比非丝状菌、体积大的菌比体积小的菌更易受超声波破坏，而病毒和噬菌体较难被破坏。细菌芽孢具有更强的抗性，大多数情况下不受超声波影响。

3.7.8 消毒剂、杀菌剂与抗生素

各种化学消毒剂、杀菌剂与抗生素对微生物的抑制与杀毒作用因其胞外毒性、进入细胞的透性、作用的靶位、微生物的种类不同存在差异。其作用效果还同时受其他环境因素的影响。有些杀菌剂在高浓度时是杀菌剂，在低浓度时可能被微生物利用为养料或生长刺激因子。

抗生素（antibiotics）是一类由微生物或其他生物产生的低分子量次生代谢产物，在低浓度时能选择性地抑制或杀灭其他微生物。抗生素抑制微生物生长的机制主要有四种：a. 抑制细胞壁的形成；b. 影响细胞膜的功能；c. 干扰蛋白质合成；d. 阻碍核酸合成。

3.8 化妆品中有害微生物的控制方法

在化妆品生产及周围环境中，生存着各种各样的微生物，其中有一部分是对人类有害的微生物。它们通过多种方式传播到合适的基质或生物对象上而造成种种危害[11]。例如，工农业产品的霉腐变质；实验室中的微生物、动植物组织或细胞纯培养物的污染；培养基、生化试剂、生物制品或药物的染菌、变质；发酵工业中的杂菌污染以及人和动、植物受病原微生物的感染而患各种传染病等。对这些有害微生物必须采取有效的措施来防止、杀灭或抑制它们。目前常采用的控制有害微生物的措施主要有灭菌、消毒、防腐等。

3.8.1 灭菌

其指采用强烈的理化因素使任何物体内外部的一切微生物永远丧失其生长繁殖能力的措施，例如高温灭菌、辐射灭菌等。灭菌实质上还可分杀菌（bacteriocidation）和溶菌（bacteriolysis）两种，前者指菌体虽死，但形体尚存；后者则指菌体被杀死后，其细胞因发生自溶、裂解等而消失的现象。

高温对微生物具有致死作用。高于最高温度界限时，引起微生物原生质胶体的变性，蛋白质和酶的损伤、变性，失去生活机能的协调，停止生长或出现异常形态，最终导致微生物死亡。不同微生物对高温的敏感性不同。多数细菌、酵母菌、霉菌的营养细胞和病毒，50～65℃、10min 可致死；放线菌、霉菌的孢子比较耐热，76～80℃、10min 可致死；细菌的芽孢有抗热性，致死温度和时间视菌而定，如枯草芽孢杆菌100℃、6～17min 可致死，肉毒梭菌120～121℃、10min 可致死。值得注意的是，同一个菌的不同菌龄其抗热性也不相同，一般幼龄菌比老龄菌对温度敏感。高温对微生物的致死作用，现已广泛用于消毒、灭菌。根据杀菌方式的不同，灭菌可以分为干热灭菌、湿热灭菌两种。

3.8.1.1 干热灭菌

（1）灼热灭菌法

此法在火焰上灼烧，灭菌彻底，迅速简便，但使用范围有限。常用于金属性接种工具、污染物品及实验材料等废弃物的处理。

（2）干热灭菌法

主要在干燥箱中利用热空气进行灭菌。通常160℃处理1～2h便可达到灭菌的目的（图3-6）。如果被处理物品传热性差、体积较大或堆积过挤时，需适当延长时间。此法只适用于玻璃器皿、金属用具等耐热物品的灭菌。其优点是可保持物品干燥。

图 3-6　鼓风式干燥箱

3.8.1.2 湿热灭菌

（1）煮沸消毒法

物品在水中煮沸（100℃）15min 以上，可杀死细菌的所有营养细胞和部分芽孢。如延长煮沸时间，并在水中加入1%碳酸钠或2%～5%石炭酸，则效果更好。这种方法适用于注射器、解剖用具等的消毒。

（2）高压蒸汽灭菌法

此法为实验室及生产中常用的灭菌方法。在常压下水的沸点为100℃，如果加压则可提供高于100℃的蒸汽。加之热蒸汽穿透力强，可迅速引起蛋白质凝固变性。所以高压蒸汽灭菌在湿热灭菌法中效果最佳，应用较广。它适用于各种耐热物品的灭菌，如一般培养基、生理盐水、各种缓冲液、玻璃器皿、金属用具、工作服等（图3-7）。常采用 $1.05 kg/cm^2$ 的蒸汽压，121℃的温度下处理15～30min，即可达到灭菌的目的。灭菌所需的时间和温度取决于被灭菌物品的性质、体积与容器类型等。对体积大、热传导性差的物品，加热时间应适当延长。

图 3-7　高压蒸汽灭菌锅

（3）间歇灭菌法

其是用蒸汽反复多次处理的灭菌方法。将待灭菌物品置于阿诺氏灭菌器或蒸锅（蒸笼）及其他灭菌器中，常压下100℃处理15～30min，以杀死其中的营养细胞。冷却后，置于一定温度（28～37℃）保温过夜，使其中可能残存的芽孢萌发成营养细胞，再以同样方法加热处理。如此反复三次，可杀灭所有芽孢和营养细胞，以达到灭菌的目的。此法的缺点是灭菌比较费时，一般只用于不耐热的药品、营养物、特殊培养基等的灭菌。在缺乏高压蒸汽灭菌设备时亦可用于一般物品的灭菌。

（4）巴斯德消毒法

即用较低的温度（如用 62～63℃，处理 30min，若以 71℃则处理 15min）处理牛奶、酒类等饮料，以杀死其中的病原菌如结核杆菌、伤寒杆菌等，但又不损害营养与风味。处理后的物品应迅速冷却至10℃左右即可饮用。这种方法只能杀死大多数腐生菌的营养体而对芽孢无损害。此法是基于结核杆菌的致死条件为62℃、15min而规定的。这种消毒法是巴斯德发明，也称巴斯德消毒法。我们对化妆品原料进行加热搅拌时，实际也是原料进行了巴氏消毒。

在温度和时间相同的情况下，湿热灭菌法相比干热灭菌法效果更好，使用也更普遍。主要原因在于：

① 热蒸汽对细胞的破坏作用更强

水分子的存在有助于破坏维持蛋白质三维结构的氢键和其他相互作用弱的键，更易使蛋白质变性。蛋白质含水量与其凝固温度成反比。湿热灭菌中的菌体蛋白质吸收水分，因此较同一温度的干热空气中的菌体蛋白质更易凝固。

② 蒸汽存在潜热

当气体转变为液体时会放出大量热量，能迅速提高灭菌物体的温度。因而湿热灭菌比干热灭菌所需温度低，如在同一温度下，则湿热灭菌所需时间更短。

③ 湿热的穿透力强、传导快

使物体深部也能快速达到灭菌所需温度，相比干热而言效果更好。

3.8.2　消毒

从字义上看，消毒就是消除毒害，这里的"毒害"专指传染源或致病菌。消毒是一种采用较温和的理化因素，仅杀死物体表面或内部一部分对人体或动、植物有害的病原菌，而对被消毒的对象基本无害的措施。例如，一些常用的对皮肤、水果、饮用水进行药剂消毒的方法等。

3.8.3　防腐

防腐就是利用某种理化因素完全抑制霉腐微生物的生长繁殖，即通过制菌作用（bacteriostasis）防止食品、生物制品等对象发生霉腐的措施。防腐的方法很多，常用的包括低温、缺氧、干燥、高渗、高酸度、高醇度、加防腐剂等。相关内容将在第六章详细介绍。

===== 思考题 =====

1. 分析并讨论化妆品一次污染的来源及防治措施。
2. 分析并讨论化妆品二次的来源及防治措施。
3. 论述影响微生物生长的因素。
4. 在温度和时间相同的情况下，为什么湿热灭菌法的效果比干热法好？

===== 参考文献 =====

[1] 张美祺. 国产化妆品在国内市场的可持续发展 [J]. 现代商业, 2018, 35：127-128.

[2] 蒋丽刚. 化妆品新产品开发流程与管理 [J]. 日用化学品科学, 2018, 41 (4)：58-61.

[3] 王艳波. 祛痘乳霜中乳化剂的优选研究 [D]. 洛阳：河南科技大学, 2017.

[4] 张珊, 赵华, 邓颖妹, 等. 化妆品增稠剂的流变学特性研究进展 [J]. 当代化工, 2014, 43 (4)：580-583＋610.

[5] 王艳萍, 赵虎山. 化妆品微生物学 [M]. 中国轻工业出版社, 2002.

[6]　朱丽华．婴幼儿化妆品防腐体系有效性、稳定性及安全性评价［D］．上海：上海交通大学，2010.

[7]　周德庆．微生物学教程：第3版［M］．北京：高等教育出版社，2011.

[8]　胡芳华，郁琼花，袁海，等．浅析化妆品安全性风险因素［J］．香料香精化妆品，2017（3）：64-68.

[9]　董银卯．化妆品配方设计与生产工艺［M］．中国纺织出版社，2007.

[10]　郑萍，王友斌，丁培，等．化妆品的防腐剂使用情况与微生物污染关系的探讨［J］．中国卫生检验杂志，2015，25（12）：2016-2018.

[11]　王小燕．微生物检验在化妆品检验中的应用［J］．生物化工，2019，5（2）：167-168.

第4章

化妆品工厂微生物污染控制及有效性验证

　　为加强化妆品的卫生监督，保证化妆品的卫生质量和使用安全，保障消费者健康，1989年9月26日国务院批准，1989年11月13日卫生部令第3号发布了《化妆品卫生监督条例》。2020年6月国务院总理李克强签署国务院令，公布《化妆品监督管理条例》，自2021年1月1日起施行，《化妆品卫生监督条例》同时废止。《化妆品监督管理条例》对生产企业提出卫生要求，强调生产企业必须具有能对所生产的化妆品进行微生物检验的仪器设备和检验人员，对直接从事化妆品生产的人员提出健康要求，生产化妆品所需的原料、辅料以及直接接触化妆品的容器和包装材料必须符合国家卫生标准，生产企业在化妆品投放市场前，必须按照国家《化妆品卫生标准》对产品进行卫生质量检验，未经检验或者不符合卫生标准的产品不得出厂。

　　化妆品微生物一次污染的控制，主要涉及8大要素，其中5个工程因素，分别为厂房、设备、仓库、水系统和空气系统，3个操作因素，分别为消毒、清洁措施、员工培训[1]。

4.1　化妆品工厂的基本要求

4.1.1　厂址选择

　　化妆品工厂选址必须遵守《化妆品监督管理条例》及其实施细则、《化妆品生产企业卫生规范》（2007年版）、《化妆品生产许可工作规范》等相关国家法律、法规，符合国家和地方的长远规划和行政布局、国土开发整治规划、城镇发展规划。工厂应建于清洁区内，厂房不能位于污染范围可能波及影响的区域，原则上距离周围有毒有害污染源不少于30m。工厂不得影响周围居民的生活和安全；产生有害物质或者有严重噪声的生产车间与居民区应当有适当的卫生防护距离和防护措施。

厂址的选择应综合考虑生产条件和投资、经济效益两方面因素。应具有一定的工业性原料供应方便的优势，地理环境要能保证化妆品工厂的长久安全性，环境条件主要保证化妆品生产的安全卫生性。在供电距离和容量上应得到供电部门的保证。应有充分的水源，而且水质也应较好。由于化妆品工厂生产使用的水质必须符合卫生部门颁发的饮用水质标准，其中工艺用水的要求较高，需在工厂内对水源提供的水作进一步处理，以保证合格的水质来生产化妆品。所选厂址附近应有便捷的交通，以减少运输成本和投资成本。

4.1.2 厂区规划

化妆品工厂的厂区规划应符合卫生要求，生产区、非生产区设置应能保证生产连续性且不得有交叉污染；生产车间应当置于清洁区内且位于当地主导上风向侧；生产车间内的辅助用房，其房间入口不能设置在生产用房的内部。生产企业应具备与其生产工艺、生产能力相适应的生产、仓储、检验、辅助设施等使用场地。根据产品及其生产工艺的特点和要求，设置一条或多条生产车间作业线，每条生产车间作业线的制作、灌装、包装间总面积不得小于100m²，仓库总面积应与企业的生产能力和规模相适应。

化妆品生产过程中产生粉尘或者使用有害、易燃易爆原料的产品应使用单独生产车间和专用生产设备，并落实相应卫生、安全措施。废水、废气、废渣必须经过处理，达到国家有关环保、卫生要求后方可排放。产生粉尘的生产车间应有除尘设施。生产含挥发性有机溶剂的化妆品（如香水、指甲油等）的车间，应配备相应防爆设施。动力、供暖、空气净化及空调机房、给排水系统和废水、废气、废渣的处理系统等辅助建筑物和设施应不影响生产车间卫生。生产区厕所设在车间外侧，必须为水冲式，有防臭、防蚊蝇昆虫及通风排气等措施。

卫生质量检验室应当建立相应的功能间，包括微生物检验室、理化检验室，微生物检验室的环境控制条件应能确保检测结果准确可靠。

4.1.3 车间设计要求

车间的建筑宜选择钢筋混凝土或钢架结构，以降低漏水、积水、长霉风险。

生产车间布局根据实际生产需要，设置更衣室、缓冲区，原料预进间、称量间、制作间，半成品储存间，灌装间，包装间，容器清洁消毒间、干燥间、储存间，原料仓库，成品仓库，包装材料仓库，检验室，留样室、办公室等各功能间（区），防止交叉污染（图4-1）。

生产车间的地面应平整、耐磨、防滑、无裂缝、接口严密、无脱落物、不渗水，便于清洁消毒。需要清洗的工作区地面应有坡度，并在最低处设置地漏，洁净车间宜采用洁净地漏，地漏应能防止虫媒及排污管废气的进入或污染。生产车间的排水沟应加盖，排水管应防止废水倒流。

生产车间内墙壁及顶棚的表面，应符合平整、光滑、不起灰、便于除尘等要求。应采用浅色、无毒、耐腐、耐热、防潮、防霉、不易剥落材料涂衬，便于清洁消毒。制作间的防水层应由地面至顶棚全部涂衬，其他生产车间的防水层不得低于1.5m。

更衣室内应当有衣柜、鞋架等更衣设施，并应当配备非手接触式流动水洗手及消毒设施。根据生产产品类别及工艺的需要设置二次更衣室。

生产车间通道应当宽敞，采用无阻拦设计，保证运输和卫生安全防护，不得存放与生产

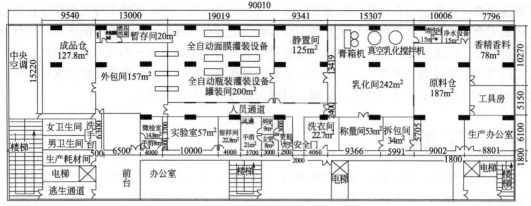

图 4-1　化妆品生产车间平面示意图

无关的物品。按产品工艺环境控制需求分为清洁区、准清洁区和一般区。人员、物料分通道进入生产区，避免交叉污染。可设置用玻璃墙与生产区隔开的参观走廊。生产车间应当有良好的通风设施，保持适宜的温湿度。生产车间应当有良好的采光及照明，生产车间工作面混合照度不得小于 220lx，检验场所工作面混合照度不得小于 500lx。

生产企业仓库内应有货物架或垫仓板，库存的货物码放应离地、离墙 10cm 以上，离顶 50cm 以上，并留出通道；仓库内须设置温湿度记录设备并及时记录；仓库地面应平整，有通风、防尘、防潮、防鼠、防虫等设施，并定期清洁，保持卫生。原料、成品的待检品、合格品、不合格品要分区存放，并设置明显标志。对易燃、易爆、有毒、有腐蚀性等危险品应设置专门区域或设施储存。原料、包装材料应分区储存，确保物料之间无交叉污染，化妆品原料库内不得存放非化妆品原料。

4.2　化妆品生产微生物污染控制及有效性验证

化妆品生产过程中涉及多个环节，很多环节都影响着微生物的数量和种类变化，化妆品生产过程微生物关键控制点，如图 4-2 所示。

4.2.1　化妆品原料类型

化妆品原料种类繁多，有着不同的性能。它主要分为基质原料和辅助原料，而基质原料是化妆品的一类主体原料，占有较大比例，在化妆品中起到主要功能作用。辅助原料用量不大但能起产品成型、赋色、赋香等作用[3]。

（1）油质原料

油质原料主要包括油脂、蜡类、烃类、天然油质原料、合成或半合成油质原料等，是组

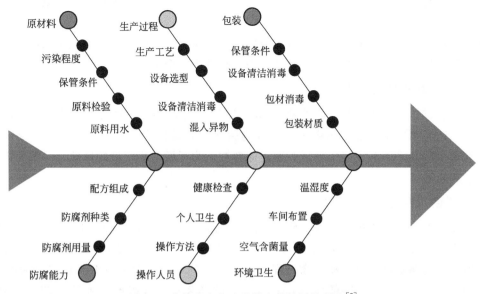

图 4-2　化妆品生产过程微生物关键控制点[2]

成护肤化妆品、唇膏、发用护理品的基质原料。主要起护肤、柔滑、滋润、固化赋体和特效等作用。

（2）粉质原料

粉质原料主要用于粉末状化妆品，例如爽身粉、粉饼、眼影和香粉等。它能够起到遮盖、吸收、调色、填充等作用，赋予化妆品对皮肤的修饰、黏附、爽滑作用。粉质原料包括碳酸钙、钛白粉、滑石粉等。

（3）胶质原料

胶质原料主要用于面膜和凝胶剂类化妆品，它有着成膜、凝胶、增稠等特点，能够让固体粉质原料黏合成型，对乳状液或悬状剂起到乳化作用。胶质原料包括植物凝胶、动物明胶等。

（4）溶剂原料

溶剂原料是很多液体、膏状及浆状化妆品配方中不能缺少的主要组成成分，它能够与配方中其他成分相互配合，使得制品保持一定的物理性质。常见的溶剂原料有水、丙醇、乙酸乙酯等。

4.2.2　原料中的微生物

每类化妆品原料的微生物污染决定于起始时微生物的数量及种类，以及原料中养分可否供应微生物的生长需要，不同种类的原料都具有不同的潜在微生物污染特性[4]。由于水不仅是微生物细胞的重要组成部分，同时还起着溶剂和运输介质的作用，参与细胞内水解、缩合、氧化和还原等反应，无水原料或原料生产过程中没有与水接触的过程，这类原料被微生物污染的可能性极小。

控制原料微生物种类和数量能有效降低防腐体系的压力，降低微生物污染的风险。生产过程中取用原料的工具和容器应当按用途区分，不得混用，应采用塑料或不锈钢等无毒材质制成。

按照原料被微生物污染的概率，可将原料微生物风险进行分级管理，便于采取相应的检测频率和管理措施。通常将原料微生物性污染风险分为五个级别。

(1) 无风险原料 (0 级)

包括酸、碱、醇、防腐剂等，酸碱等原料具有极端 pH 值，不适合微生物的生长，而酒精等醇类和防腐剂则由于会破坏微生物的细胞膜或细胞蛋白质，即原料本身具有杀菌的功能，因此微生物几乎不会在其中存活。这类原料被认为无微生物污染的风险，一般无需日常安排微生物检测。

(2) 轻微风险原料 (1 级)

包括无水的脂类、矿物油、凡士林、长链脂肪酸、色素/香料、pH 值<3.5 或 pH 值>10 的表面活性剂、高浓度表面活性剂（>70％）等，这类原料本身并非微生物良好的营养源，同时微生物酶系进行生长和代谢过程中需要水分的参与，大多数细菌在水分活度 0.90 以上增殖，金黄色葡萄球菌略低为 0.86；大多数的霉菌和酵母在水分活度 0.77 以上增殖，较低的水分活度，限制了微生物酶的作用，当水分活度在 0.61 以下，微生物将不能生长繁殖，生长明显受到抑制，甚至出现脱水、质壁分离或死亡。因此这类原料一般只含有极少量的微生物，微生物存在的可能性<100CFU/mL。这类原料被认为只有轻微的微生物污染风险，一般仅需安排进行一次微生物取样和检测。

(3) 低风险原料 (2 级)

这类原料包括甘油、83％山梨糖醇等，原料中含有微生物量极少，通常小于 100CFU/g，这类原料在高浓度时不利于微生物生长，但一旦被水稀释后，它们即可作为营养源被微生物利用而生长繁殖。这类原料有被微生物污染的记录，但并无致病菌污染史，需要每年安排进行一次微生物取样和检测。

(4) 中风险原料 (3 级)

大部分是水溶液原料，如浓度<30％表面活性剂，天然提取物或者水解蛋白、增泡剂、色浆等，没有合适的防腐系统，就容易被微生物污染；还有部分为固体粉末原料，天然高分子如无水动物胶、黄原胶、淀粉等，其加工过程最初以水溶液状态存在时，容易被微生物污染。在后续加工过程中即使采用喷雾干燥或滚筒干燥杀灭了所有微生物营养体，但芽孢和孢子却由于其抗热性而得以保留，而化妆品制备过程中常加热到 85～90℃，维持 20～30min，可杀灭大部分的微生物，但无法杀灭芽孢和霉菌孢子，因此对这类原料必须小心加以控制，即使芽孢和孢子浓度很低，都有可能在成品中萌发而造成产品污染。这类原料被认为具有中等微生物污染风险，需要配合适当的防腐系统，每批次样品均应安排采样检测，检测标准为液体原料中的微生物总菌数小于 100CFU/mL，固体原料中总菌数也需小于 100CFU/g，同时不得检出致病菌。这类原料每批次均需安排进行微生物检测。

(5) 高风险原料 (4 级)

这类原料多属于水溶液，其高水分活度性能充分支持微生物的生长繁殖，具有极高的微生物污染风险。如生产用水，需纳入每日例行管理系统，每天进行采样检测。此外，很多化妆品中使用的活性成分，例如蜂王浆、蛋白液等也非常适合微生物的生长繁殖，也属于高风险等级原料。

4.2.3 化妆品原料的卫生管理

原料中的微生物种类和数量直接关系到产品的质量,化妆品生产企业或品牌持有方在原料选择的源头环节就必须做好严格的筛选和把关,挑选合格供应商。应重视原料的验收环节。收到原材料时一定检查外包装是否完好,袋子不要被撕破或湿过,桶不应该生锈或有太多的凹痕,如果收到的原料状况不好,就要把它们隔离在一个单独的区域做特殊的处理。对微生物敏感的原材料应放在一个隔离的检疫区域,直到微生物实验检验结果出来,再从待检区中取出放到仓库中备用。原材料的储存会面临各种污染的危险,为了确保其质量稳定,"先进先出"是一条应该遵守的原则。

原料进厂和投入使用前应按照易感程度,设定必要的取样检测步骤,对原料进行微生物污染的风险评估,以采取必要的预防措施,避免由于原料污染而引起产品和生产设备的污染。

无菌抽样应在开包前清洗所有的包装容器,以正确的方法开包和处理原料,一般应控制原料的微生物数低于 100CFU/g,同时不能存在病原菌,这样才能保证产品的微生物指标合格。

对于动植物原料,尤其是蛋白质、淀粉这类原料,进行预防污染的前处理是非常必要的,生产过程中原料的灭菌,可以用热力灭菌法、紫外线灭菌法、辐射灭菌法等。

对于罐装原料,开罐前用潮湿的布擦拭并清洁原料罐或桶顶或包装袋上的灰尘和污物,开罐时防止金属物质落入原料中。对一次没有用完的原料应正确重封,减少把微生物带入原料而导致污染的潜在可能性。发现已损坏了包装容器的原料应确认无污染后,重新包装,方可放回储存室。

4.2.4 原料的微生物检测

4.2.4.1 指标菌及特定菌的选择

一般原料的微生物指标菌同化妆品成品,即:菌落总数、粪大肠菌群、铜绿假单胞菌、金黄色葡萄球菌、霉菌和酵母菌。粉类原料大多数是由土壤矿物质加工而成,而土壤受微生物污染严重。据资料报道,土壤中的致病菌有需氧的炭疽杆菌和厌氧的破伤风杆菌、产气荚膜杆菌等,其检出率很高,产气荚膜杆菌几乎达 100%,恶性水肿杆菌 64%,破伤风杆菌 29%,肉毒杆菌 6%。这些致病菌能在土壤中生存较长时间,例如炭疽杆菌的芽孢能生存 15 年之久;肠道致病菌可生存 100~170d;结核杆菌能生存 1 年左右;破伤风杆菌芽孢和产气荚膜杆菌也能长期在土壤中生存。在滑石粉、高岭土、碳酸钙等粉类原料中,经常检出枯草杆菌、真菌等,因此,在粉类原料中可增加需氧芽孢杆菌、产气荚膜杆菌和破伤风杆菌指标。在某些生物性原料中,如动物内脏及其提取物等可增加沙门氏菌指标。

4.2.4.2 样品的预处理

根据原料性质的不同,选用相应的预处理方法,如油质类原料可按油性或疏水性(油包水化妆品）处理，粉类原料按粉剂化妆品样品处理等。

4.2.4.3　检验方法

各种微生物的检验方法均与化妆品成品检验方法相同，可参见《化妆品安全技术规范》（2015 年版）中微生物检验方法。原料与成品微生物检验方法最根本的区别是检验原料所用的稀释液和培养基中都不含有中和剂（卵磷脂和吐温-80）。如检验菌落总数用普通营养琼脂培养基，铜绿假单胞菌增菌培养液可用普通肉汤，金黄色葡萄球菌增菌培养液用含 7.5％氯化钠肉汤，稀释液均用生理盐水。

4.2.5　包材管理

化妆品的包装材料必须是无毒、无害的，而且必须是清洁卫生的；对包装材料的预处理过程要保持清洁；需要消毒的包装材料消毒操作必须按规定程序进行，不得缩短时间，如接触料体的内包材（瓶子、盖子、喷头、泵头、粉扑、刷子之类）。包材存放必须按照存储要求存放，防潮、防晒、防尘、防污染；合格和不合格的包材必须分开存放，要求明确醒目的标识加以区分。

化妆品容器只能用作它们本来的用途，不要将机器零件、垃圾等放在化妆品箱或其他化妆品容器内。空的废旧原料容器（包装袋、包扎线、包装罐等）应及时清理，并在指定地点存放。

4.3　水的卫生管理

4.3.1　水的微生物污染风险

化妆品工业生产需要大量的水，如水基类化妆品成分大部分是水，有些化妆品尽管是以固体形式存在，但其一系列的生产过程都离不开水，如设备的清洗、加热、冷却等都需要大量用水。大多数化妆品厂的水源都是城市给水系统的自来水（即生活饮用水）。自来水虽沉淀、过滤、氯化（2～5mg/kg）处理，除去了引起消化道感染的革兰氏阴性菌，如大肠埃希菌，水质标准为细菌总数<100CFU/mL，但经过城市供水管网，水中残留氯下降，管道死角、管壁粗糙处附着的微生物，都可能再次污染微生物，某些微生物如铜绿假单胞菌可在蒸馏水中快速繁殖，存活时间达 42d，它们在蒸馏水中比在 TSA 培养基中有更高的抵抗外界压力的能力，它们的尸体在细胞溶解后可以成为其他微生物的营养。在水中生活的洋葱假单胞菌和恶臭假单胞菌常常出现在被污染的水基质化妆品产品中，因此自来水具有潜在的微生物污染可能性，同时自来水中的可溶性盐会影响产品的稳定性，水质的好坏直接影响制品质量，因此，化妆品工业用水必须进行严格的水质管理和必需的水处理。

水处理设备及输送系统的设计、安装、运行、维护应确保工艺用水达到质量标准要求。生产用水水质及水量应当满足生产工艺要求，水质至少达到生活饮用水卫生标准。不同用途的生产用水的管道应有恰当的标识。水处理系统应定期清洗、消毒，并保留相应的记录。

4.3.2　水处理系统和设备

化妆品工业的水处理按目的可分为三个阶段（图 4-3）。

a. 除去水中的固体悬浮物、沉降物和各种大分子有机物等。常采用过滤、沉降等方法。

b. 除去水中各种金属离子或其他离子，即水的软化或除盐。

c. 水的杀菌处理，利用氯、臭氧、紫外线等杀灭水中微生物，制得无菌纯水。

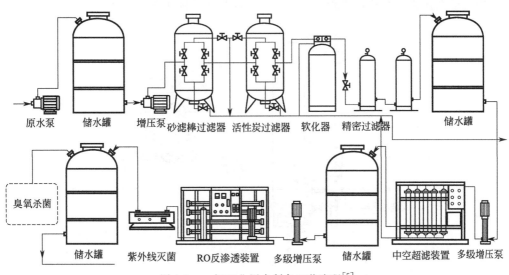

图 4-3　一级工业用水制备工艺流程[5]

4.3.3　水的过滤

在水进一步纯化前，原水可能受到较严重的微生物污染。经过水塔或贮水池的水中，一类对营养需要较低的细菌（大多数为革兰氏阴性细菌），短期内可增殖至 $10^5 \sim 10^6$ 个 CFU/mL。同时还存在另一类细菌，自来水氯气消毒时残存的芽孢细菌，在获得合适培养介质时也会继续繁殖。

水的过滤实际包含两个过程，即过滤和冲洗。过滤为水的净化过程，冲洗是从过滤介质上冲洗掉污物，使之恢复过滤能力的过程。多数情况下，过滤和冲洗的水流方向相反。

过滤是一系列过程的综合效应，包括筛滤、深层效应和静电吸附等。水中粒子直径大于过滤层的孔径时，离子被阻挡在过滤层的表面，称为表面过滤。而小于过滤层孔径的离子进入滤层深处，由于滤层孔隙弯曲，形状大小不断变化，最终使小粒子被截留，这种作用属深层过滤。过滤介质所带电荷与水中离子的电荷相异，离子被吸附在介质表面，称静电吸附作用。

目前用于水的过滤装置有砂滤棒过滤器、活性炭过滤器、中空纤维超滤装置等。砂滤棒过滤器外壳是由铝合金铸成锅形的密闭容器，器内分上下两层，中间以孔板分开，若干根砂滤棒紧固于上，孔板上（下）为待滤水，其下（上）为砂滤水。操作时，水由泵打入容器内，在外压作用下，水通过砂滤棒的微小孔隙进入棒孔体内，水中离子则被截留在砂滤表面，滤出的水可达到基本无菌。砂滤棒又称砂芯，系由硅藻土在高温下熔制成半圆的过滤介质，或由硬质玻璃烧结而成。砂滤棒在使用前需要进行灭菌处理，用75%酒精注入砂滤棒内，堵住出水口震荡数分钟，凡与滤出水接触部分均用酒精擦洗。砂滤棒使用一段时间后，砂芯外壁逐渐挂垢而降低滤水能力。这时必须停机清洗，卸出砂芯，堵住滤芯出水口，浸泡在水中，用水砂纸轻轻擦去砂芯表面被污染层，至砂芯恢复原色，即可安装重新使用。砂滤棒过滤常用于水量较小，原水中含有少量固体粒子的场合。

用于水处理的活性炭微孔径为2～5nm，常用于离子交换法和电渗析法的前处理，可有效地保护离子交换树脂，防止树脂污染。活性炭过滤器结构如图4-4所示。

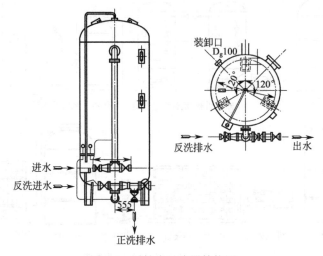

图 4-4　活性炭过滤器结构图

底部装填厚0.2～0.3m，粒径为1～4nm的石英砂层作为支撑层，上面铺装1.0～2.0m厚的活性炭层。活性炭过滤器运行一段时间后，因截污量过多，暂时失去活性，需反洗再生。

中空纤维超滤装置是膜分离设备之一，它利用反渗透原理，能够截留水中盐类、颗粒、胶体、细菌及有机物等，可以达到分子级过滤。

4.3.4　水的软化

除去水中钙、镁离子的过程称为水的软化。除去水中所有阴、阳杂离子则称为水的脱盐。常用的方法有离子交换法、电渗析法、反渗透法等。

4.3.4.1　离子交换法

其是用离子交换剂和水中溶解的某些阴、阳离子发生交换。目前用于水处理的离子交换装置分为固定床和连续床两大类。固定床即将离子交换树脂装填于管柱式容器中，形成固定的树脂层。操作时，交换、反洗、再生、清洗四个过程间歇反复地在同一装置中进行，离子交换树脂本身不移动，也不流动。连续床离子交换装置如图4-5所示。

离子交换树脂装于交换塔中，原水从下部流入，软水从塔上部流出。交换一定时间，一

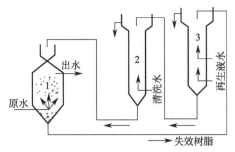

图 4-5　连续床离子交换装置示意图

1—交换塔；2—清洗塔；3—再生塔

般（45～60min）后停止交换，将交换塔中失效树脂送至再生塔还原，同时从清洗塔向交换塔上部补充相同量的已还原清洗的树脂。连续工作，出水水质稳定。通过离子交换的水，微生物的污染会更严重，因为树脂床中停滞水的薄膜面积很大，树脂本身有可能溶入溶液，形成理想的细菌培养基（即碳源、氮源和水），而离子交换树脂吸附并除去各种离子，还完全除去在自来水中起消毒作用的氯元素，所以，由纯水制备装置所制备的纯水一旦蓄积起来，马上就会繁殖细菌。

4.3.4.2　电渗析法

电渗析法是利用阴、阳离子交换膜对水中离子具有选择性和透过性的特点，在外加直流电场的作用下，使原水中阴、阳离子分别通过阴离子交换膜和阳离子交换膜迁移，从而达到除盐的目的。离子交换膜是一种由具有离子交换性能的高分子材料制成的薄膜。电渗析器的基本部件均由交换膜（阳极室、阴极室）、导水板、压紧框、膜堆、压滤机式销紧装置等组成（图 4-6）。

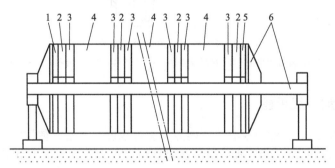

图 4-6　电渗析法装置示意图

1—阳极室；2—导水板；3—压紧框；4—膜堆；5—阴极室；6—压滤机式销紧装置

电渗析器的组装方式取决于进水的水质和对出水的要求。一般来说，要增加出水量，可将各组膜堆并联，要求提高出水水质，应将各组膜堆串联。

4.3.4.3　反渗透法

其是以压力为驱动力，提高水的压力来克服渗透压，使水穿过功能性的半透膜而除盐净化。反渗透法也能除去胶体物质，对水的利用率可达 75% 以上。反渗透法产水能力大，操作简便，能有效使水净化到符合国家标准。

4.3.5 水的杀菌

水的杀菌方法很多，目前常用氯、臭氧及紫外线杀菌。

4.3.5.1 氯杀菌

氯气进入水中可生成次氯酸，次氯酸具有强烈的氧化作用，可以破坏细胞内酶和细菌的生理机能使细菌死亡。中国水质标准规定，在管网末端自由性余氯保持在 0.1～0.3mg/L 之间。常采用的氯杀菌试剂还有活性二氧化氯、漂白粉和次氯酸钠，其中前者具有杀菌能力强、水纯净、不增加水的硬度、杀菌效果好、使用方便等优点，但制备成本较高。

4.3.5.2 臭氧杀菌

臭氧是一种强氧化剂，它能氧化水中的有机物，破坏微生物原生质体，杀死微生物，亦能破坏微生物孢子和病毒，杀灭率更高、速度更快，对水中有机化合物等污染物质去除彻底，而又不产生二次污染，同时用作除去水臭、铁和锰及脱色，杀菌性能优于氯。在欧洲，臭氧已广泛用于水的杀菌，臭氧杀菌系统包括空气净化设备、臭氧发生器和臭氧加注设备（图 4-7）。

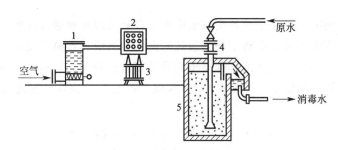

图 4-7　臭氧杀菌装置示意图

1—空气净化降温干燥塔；2—臭氧发生器；3—变压器；4—喷射器；5—消毒水池

4.3.5.3 紫外线杀菌

波长为 200～290nm 的紫外线有杀菌能力，能对水进行杀菌。使用时，紫外灯悬挂在水面上，待杀菌的水以 200nm 厚的薄层缓慢通过照射区，也可将紫外灯沉浸在水中，水慢慢流过以灭菌。杀菌率可达 97% 以上。

4.3.5.4 其他杀菌方式

此外，供水系统的泵、计量仪表、连接管、水管、压力表和阀门都存在一些容易滋长微生物的、水不流动的死角。储罐及分配系统的设计有较多的环节需要考虑，首先是材质的选择，一般推荐使用 316 或 316L 不锈钢，因它的含碳量较低，耐腐蚀性能优越，尤其适用于用热力消毒的管路；为防止储罐上部微生物的滋生，储罐内部水的进口应设计为 360°旋转式喷淋球；顶部应装有疏水性除菌呼吸器，通常为 0.22μm，以阻止空气中的微生物进入储罐；水泵应采用卫生设计，即泵采用无油及无其他污染的端面密封方式，该方式不会对水质造成污染风险。

4.3.6 生产工艺用水的质量标准和微生物检验

4.3.6.1 生产用水标准

根据化妆品生产的特点，化妆品生产用水要求含盐量降到 1.0mg/L 以下，电导率降低到 $1\sim6\mu S/cm^2$。无菌或菌含量极低。

4.3.6.2 化妆品生产用水的微生物检验

对化妆品生产用水的微生物检测指标有菌落总数、粪大肠菌群、霉菌和酵母菌、铜绿假单胞菌、金黄色葡萄球菌等[6]。

(1) 菌落总数

菌落总数是指水样在一定条件下（营养琼脂培养基），37℃、24h 需氧培养后，1mL 水样中所含菌落数。检验方法如下：

无菌操作灭菌吸管吸取 1mL 充分混匀的水样，加到灭菌的平皿内，注入约 15mL 已融化并冷却到 45℃ 左右的营养琼脂培养基，并立即旋转平皿，使水样与培养基充分混匀。每次检验时应做一平行接种，同时另用一个平皿只倾注营养琼脂培养基作为空白对照。待冷却凝固后，翻转平皿，使其底面朝上，置于（36±1）℃培养箱内培养 24h，进行菌落计数，即为 1mL 水样中的菌落总数，以 CFU/mL 报告结果。

(2) 粪大肠菌群

粪大肠菌群是作为粪便污染指标菌提出的，是指一群在 44.5℃ 培养 24h 能发酵乳糖、产酸产气、需氧和兼性厌氧的革兰氏阴性无芽孢杆菌。粪大肠菌群数的高低，表明了粪便污染程度，也反映了对人体健康潜在危害性的大小，是评价化妆品生产用水卫生质量的重要指标之一。因生产用水的洁净度较高，可采用滤膜法检测，即将水样通过孔径为 0.45μm 的滤膜过滤，细菌被阻留膜上，将滤膜贴在 MFC 培养基上，44.5℃ 培养后，计数典型菌落。

① MFC 培养基成分和配制方法

胰蛋白胨 10g，胆盐 3 号（Bile salt No.3 或混合胆盐 1.5g），多胨 5g，酵母浸膏 3g，琼脂 15g，氯化钠 5g，苯胺蓝 0.2g，乳糖 12.5g，蒸馏水 1000mL。

在 1000mL 蒸馏水中先加入玫红酸（10g/L）的氢氧化钠溶液 $[c(NaOH)=0.2mol/L]$ 10mL，混匀后，取 500mL 加入琼脂煮沸溶解，于另外 500mL 蒸馏水中，加入除苯胺蓝以外的其他试剂，加热溶解，倒入已溶解的琼脂，混匀调节 pH 为 7.4，加入苯胺蓝煮沸，迅速离开热源，待冷却至 60℃ 左右，制成平板，不可高压灭菌。制好的培养基应存放于 2～10℃ 环境下，不超过 96h。

② EC 培养基成分和配制方法

胰蛋白胨 20g，磷酸氢二钾 4g，乳糖 5g，磷酸二氢钾 1.5g，胆盐 3 号（Bile salt No.3 或混合胆盐 1.5g），氯化钠 5g，蒸馏水 1000mL。将上述成分溶解于蒸馏水中，115℃ 高压灭菌 20min，冷却至 60℃ 左右时，倾注平皿，备用。

③ 检验方法

滤膜和滤器的灭菌：将滤膜放入烧杯中，加入蒸馏水，置于沸水浴中煮沸灭菌 3 次，每次 15min，前两次煮沸后需更换水洗涤 2～3 次，以除去残留溶剂；滤器可用点燃的酒精棉球火焰灭菌，也可用高压灭菌。

水样过滤：用无菌镊子夹取灭菌滤膜的边缘，贴放在滤床上，固定好滤器，100mL 水样，在－0.5atm（1atm＝101.325kPa）下抽滤。

将滤膜截留细菌面朝上，贴放在 MFC 培养基上，中间不得有气泡，将平皿倒置于 44.5℃培养箱中培养 24h。粪大肠菌群菌落为蓝色，非粪大肠菌群菌落为灰色至奶油色。

将可疑菌落接种于 EC 培养基上，44.5℃培养 24h，如产气则证实为粪大肠菌群。

④ 结果计算

粪大肠菌群数（CFU/100mL）＝经证实粪大肠菌群菌落数×100/过滤的水样体积

(3) 霉菌和酵母菌

霉菌和酵母菌广泛分布于自然界中，也可存在于水中，可引起化妆品变质发霉，有些霉菌还可产生有毒毒素，所以控制生产用水中的霉菌和酵母菌极为重要。在固体培养基上，霉菌呈放射状生长，孢子有各种颜色；酵母菌在培养基表面多呈圆形凸起，边缘整齐，表面光滑湿润，在培养基深部生长的酵母菌多呈铁饼形、三角形或多角形，在虎红培养基上呈粉红色。

① 检验方法

样品梯度稀释，吸取 1mL 水样、1∶10 稀释水样各 1mL，分别注入灭菌平皿中，每个稀释度各用 2 个平皿，注入熔化并冷却至 45℃的虎红培养基，充分摇匀，凝固后倒置于 28℃培养箱培养 72h，计数平板内生长的霉菌和酵母菌数，如有霉菌蔓延生长，可于 48h 时将此平板取出计数。

② 计数方法

霉菌和酵母菌菌落数（CFU/mL）＝每个稀释度的平均菌落数×稀释倍数

(4) 铜绿假单胞菌（绿脓杆菌）

检验方法：将过滤器和滤膜灭菌备用。过滤 100mL 水样，将截留细菌的滤膜置 90mL 肉汤培养基中，37℃培养 18～24h，如有铜绿假单胞菌生长，培养液多呈黄绿色或蓝绿色，表面有一层薄菌膜。

分离培养、染色镜检、氧化酶试验、绿脓菌素试验、硝酸盐还原产气试验、明胶液化试验、42℃生长试验操作过程可见第五章铜绿假单胞菌检验方法。

结果报告：被检水样通过增菌分离培养后，经证实为革兰氏阴性杆菌，氧化酶及绿脓菌素试验阳性，即可报告被检水样中每 100mL 中检出铜绿假单胞菌；或绿脓菌素试验阴性而液化明胶、硝酸盐还原产气和 42℃生长试验三者皆为阳性时，也可报告被检水样中检出铜绿假单胞菌。反之，可报告 100mL 水样中未检出铜绿假单胞菌。

(5) 金黄色葡萄球菌

检验方法：将过滤器和滤膜灭菌备用。

过滤 100mL 待检水样，将截留细菌的滤膜置于 90mL 7.5％氯化钠肉汤培养基中，置于 37℃培养箱培养 24h。

用接种环挑取增菌培养液，划线接种在 Baird-Parker 培养基或血琼脂培养基上，置 37℃培养箱培养 24～48h。

如有典型菌落生长，可进行染色镜检、甘露醇发酵试验、血浆凝固酶试验（详见化妆品中金黄色葡萄球菌的检验方法）。

结果报告：凡在上述选择平板上有可疑菌落生长，经染色镜检，证明为革兰氏阳性葡萄球菌，并能发酵甘露醇产酸，血浆凝固酶试验阳性，可报告 100mL 水样中检出金黄色葡萄球菌；否则报告 100mL 水样中未检出金黄色葡萄球菌。

4.4 空气的微生物污染风险评估与无菌工厂

4.4.1 化妆品工业对无菌空气的要求

空气是微生物污染化妆品的重要途径。《化妆品生产企业卫生规范》（2007 年版）规定化妆品生产车间按照生产流程应划分为制造室，半成品存放室，罐装室，包装室和容器清洁、消毒、干燥、存放室以及仓库，检验室和办公区等，做到上下工序衔接，人流、物流分开，避免交叉污染[7]。在生产区域内应划分洁净等级，内容物制造、充填等内容物有暴露可能的生产环节应设在洁净等级较高的洁净区内，洁净区内的空气必须经过净化过滤处理，其进风口应当远离排风口，进风口距地面高度不少于 2 米，附近不得有污染源。而且需要维持一定的压差，不同等级洁净区之间的压差应不小于 49Pa，与室外的压差应不小于 9.8Pa。化妆品车间要求空气洁净度在 10000～100000 级。生产眼部用护肤类、婴儿和儿童用护肤类化妆品的半成品储存间、灌装间、清洁容器储存间应达到 30 万级洁净要求。

4.4.2 空气净化除菌和消毒

4.4.2.1 空气净化除菌流程

空气的洁净度按每升空气中所含有的大于 $0.5\mu g$ 尘粒的平均数来表示级别，如表 4-1 所示。

表 4-1 空气洁净度分类

空气洁净度级别	大于 $0.5\mu g/(L$ 空气)尘粒的平均数
100 级（Ⅰ级）	<3.5 粒/L
1000 级（Ⅱ级）	<35 粒/L
10000 级（Ⅲ级）	<350 粒/L
100000 级（Ⅳ级）	<3500 粒/L

常用的净化流程为：气流→初效空气处理→中效空气处理→表冷→风机送风→净化管道→高效送风口→洁净室→带走尘埃（细菌）→回风夹道→新风、初效空气处理。重复以上过程，即可达到净化目的。

4.4.2.2 空气的消毒

化妆品车间一般采用臭氧强化空间的消毒，其公式为：

$$W=CV/S$$

式中　W——实际选用臭氧发生器的产量，g/h；

　　　　C——车间消毒需保持的臭氧浓度，mg/m^3；

　　　　V——实际臭氧消毒体积，m^3；

　　　　S——臭氧衰退系数，0.4208。

三十万级取 $C=2.55$ppm$=5$mg/m^3；十万级取 $C=5$ppm$=10$mg/m^3；万级取 $C=15$ppm$=30$mg/m^3；百级取 $C=20$ppm$=40$mg/m^3。

在实际应用中，影响臭氧消毒效果的因素主要有以下几方面：

(1) 臭氧投放量

在一个车间内，如果臭氧的投放总量达不到预定数值，那么这个车间内的臭氧浓度也达不到要求的标准，消毒效果必然受影响。在计算臭氧投放量时，必须考虑臭氧在输送过程中的损耗、其他空间的占用、门窗泄露等综合因素，同时，也必须保证所选用的臭氧发生器能够达到设计的臭氧产量指标。

(2) 臭氧投放的均匀度

在被消毒车间内，必须保证所有部位的臭氧浓度都能够达到设计标准，否则，在臭氧浓度低的区域，消毒效果就会差。为此，在设计消毒方案时，必须周密考虑车间结构、臭氧投放方式、臭氧消毒机性能等因素。特别是选用独立式臭氧消毒机时，臭氧消毒机必须具有远距离投送臭氧的能力，否则距离臭氧消毒机较远的地方没有臭氧到达，根本就谈不上消毒。

(3) 臭氧消毒的时间

在车间内臭氧浓度达到要求后，如果消毒时间不够，消毒效果也会受影响，所以必须保证消毒时间。

(4) 臭氧消毒机的性能

如果臭氧消毒机的稳定性较差，在使用一定时间后，臭氧产量急剧减少，那么消毒效果将无从保证。同时，生产车间通常都是长度远、跨度大，为保证车间内所有区域都有臭氧到达，所以臭氧消毒机必须具有较强、较远的输送臭氧气体的能力。

(5) 其他

车间内环境温度、湿度、设备数量、密封程度、空气洁净度等，都会影响臭氧的消毒效果。

采用紫外线消毒的生产车间，紫外线消毒灯的强度不得小于 70μW/cm^2，并按照 30W/10m^2 设置，离地 2.0m 吊装。每天不少于两次紫外灯照射，每次不少于 30min。

4.4.3　生产环境的清洁管理

车间地面一般使用不渗水、不吸水、无毒害的材料，表面平整、耐磨、防滑。墙面应用浅色、无毒、耐热、防潮、防霉的涂料，表面光滑、不起灰，便于清洁和消毒。

① 维护洁净的生产环境，应关注以下四个方面（图 4-8）。

② 环境清洁消毒的频率，可按表 4-2 实施。

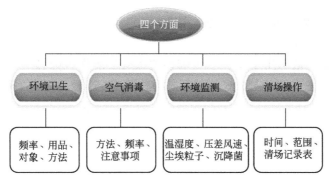

图 4-8　维护洁净的生产环境注意的四个方面

表 4-2　环境清洁消毒的频率

频率	范围	方法
每天工作前后	洁净室地面、室内用具及设备外壁污迹	用纯化水擦拭地面、室内用具及设备外壁污迹；直接接触产品设备表面清洁后再消毒
每周工作前后	洁净室内所有部位(如墙面、门窗、地面、废物贮器、地漏、灯具、排风口、顶棚等)	用纯化水擦洗室内所有部位，包括地面、墙面、门窗、废物贮器、地漏、灯具、排风口、顶棚等；清洁完后消毒
每月工作前后	洁净室内所有部位，包括拆洗设备附件及其他附属装置	进行大清洁并消毒 1 次

③ 清洁消毒的方法，见表 4-3。

表 4-3　环境清洁消毒的方法

清洁对象	工具、介质	清洁方法
天花板	丝光毛巾 T 型架 5%清洁液	1. 将丝光毛巾在清洁液中荡洗干净，提起，折叠拧至半干，再均匀缠绕在 T 型架上。 2. 用 T 型架按由里向外的顺序用匀力擦拭天花板。 3. 每擦拭一段时间取下丝光毛巾清洁后，继续清洁，使清洁实际有效
灯具	丝光毛巾 5%清洁液	1. 灯具的擦拭必须在完全关闭电源且灯具降温后进行；将洁净半丝光毛巾折成方块，由灯具内向外擦拭至洁净，再用干丝光毛巾重新擦拭至干。 2. 灯具清洁后要停 10min 后开启电源开关，试用正常
门窗 墙壁 台面桌椅	丝光毛巾 5%清洁液	1. 将丝光毛巾在清洁液中荡洗干净，提起，折叠拧至半干；然后将半干丝光毛巾平开，沿中线折叠两次，使其成为四层，将折叠好的丝光毛巾平展在手掌中；视情况反折丝光毛巾，使清洁实际有效。 2. 按由上向下、由里向外的顺序对其内外壁进行清洁
传递窗	丝光毛巾 毛刷 5%清洁液	1. 将丝光毛巾在清洁液中荡洗干净，提起，折叠拧至半干；然后将半干丝光毛巾平整开，沿中线折叠两次，使其成为四层，将折叠好的丝光毛巾平展在手掌中；视情况反折丝光毛巾，使清洁实际有效。 2. 按由上向下、由里向外的顺序擦拭清除传递窗、各角落、紫外灯灰尘污迹，污垢堆积处用毛刷、清洁液刷洗清除污垢

环境清洁时应注意以下几点：

a. 清洁时不能干扫或干擦，以免起尘造成污染。

b. 不能用水直接冲洗地面。

c. 从上往下、由里到外清洁，以重叠的长直线方向擦拭，从最干净的区域向最脏的区域清洁。

    d. 灯具清洁后要停 10min 后开启电源开关。

    e. 清洁用具及时清洁后定置存放。

地面、墙面消毒一般采用 0.02%～0.05% 的次氯酸钠及 0.05%～0.2% 的新洁尔灭等，操作室一般在密闭状态下采用 1%～5% 的福尔马林及 0.05%～0.2% 的新洁尔灭等喷雾后保持 1～2d。

4.4.4　人员出入路线图

在洁净区与非洁净区之间设立缓冲间，操作者进入洁净区必须经过更衣、风淋。通过严格的管理人员出入路线，防止区域间的交叉污染（图 4-9）。

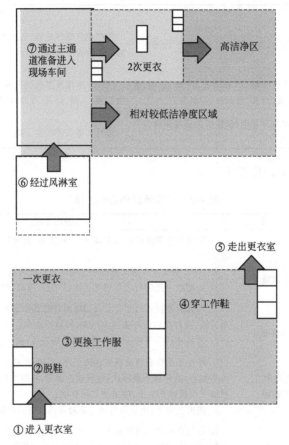

图 4-9　化妆品车间人员出入路线图

4.4.5　化妆品工厂空气微生物检验方法

4.4.5.1　自然沉降法（平板暴露法）

自然沉降法是利用空气微生物粒子的重力作用，在一定时间内将微生物粒子收集到带有培养基的平皿内，在适宜的温度下培养生长成为菌落并进行生物学观察、计数和评价。本方法较撞击法经济简便，不需特殊采样器，但此方法的检测结果受空气气流和带菌颗粒大小的影响较大，所收集的只是一部分较大的微生物粒子，采样条件难以控制。检测步骤如下。

a. 根据待测空间大小及通风口的位置选择有代表性的点采样点，通常设 5 个或 3 个采样点，采样高度为 1.2～1.5m，采样点应离墙 1m 以上，并避开空调、门窗等空气流通处。

b. 将营养琼脂平板（平皿直径为 9cm）置于采样点，暴露 10～30min（根据空气的洁净度）后，置 37℃培养 24h，记录每个平板上的菌落数，并求出全部采样点的平均菌落数。按下列公式计算 1m³ 的菌数：

$$菌数 = 50000N/AT$$

式中，N 为平板计数的平均菌落数，CFU；A 为平板面积，cm^2；T 为平板暴露的时间，min。

如暴露时间为 5min，所用平板直径为 9cm，则公式可简化为：菌数 = 157N。

4.4.5.2 仪器法

空气微生物采样器种类很多，根据采样的原理可分为滤过式、撞击式、静电式、离心式和液体冲击式等[8]。这些采样器各有优缺点，目前国际上公认的定量采样方法是裂隙撞击式采样器（图 4-10），如 Cassela 采样器、Andersen、NBS 采样器、仿安德森 2 级和仿安德森 6 级空气微生物采样器等均属于此类。

图 4-10　裂隙撞击式采样器

检测步骤：

a. 选用对空气中细菌捕获率大于 95% 且性能稳定、便于消毒的撞击式空气采样器。

b. 选择有代表性的位置设置采样点，将采样器按操作说明安装、消毒，根据空气污染情况确定采样量，进行采样。三十万级洁净度的最小采样量为 100L/次。

c. 采样完毕后，将带菌平板倒置于 37℃ 培养箱内 48h，计数菌落数，根据采样流量和采样时间，换算成每立方米空气中的菌落数，以 CFU/m³ 报告结果。

4.4.6　空气的质量要求

尽管《化妆品生产企业卫生规范》规定：生产过程中半成品储存间、灌装间、清洁容器储存间和更衣室空气中细菌菌落总数应 ≤1000CFU/m³，但一般企业的内控设定的极限值要低得多（表 4-4）。

表 4-4 车间不同地点空气微生物指标

车间地点	制作间	通道	男更衣室	女更衣室	静置间	灌装间	灌装间
控制极限（细菌）	≤262	≤262	≤262	≤262	≤131	≤131	≤131
车间地点	制作间	通道	男更衣室	女更衣室	静置间	灌装间	灌装间
控制极限（霉菌）	≤79	≤79	≤79	≤79	≤53	≤53	≤53

注：空气（霉菌）单位为 CFU/m^3。

连续三次出现空气微生物超标需进行停产整顿。出现一次空气微生物超标，品保部则须将不合格结果交由工厂进行纠正，如对空气进行消毒或进行局部的重点消毒；连续两次出现空气微生物超标，则必须采取切实有效的纠正预防措施消除不合格原因；半成品必须按规定时间进行存放，不得提前灌装。

4.5 生产设备的卫生管理

生产设备如搅拌机、灌装机等设备的角落、接头处，微生物极易隐藏在其中，而使化妆品带上微生物，容易积存残渣的地方包括阀门、出口和入口、过滤器、灌装机的活塞和泵等。如生产工艺要求的消毒温度和时间不够，未能将微生物全部灭除，另加上上岗操作工人卫生状况不良等都可使化妆品产品污染上微生物。生产期间料斗和槽等搅拌类设备应尽可能加盖，防止异物（如墙皮、悬浮的粉尘、昆虫等）落入。

工作结束后及时将余料卸下并整理设备，所有垃圾和其他无用的废料必须放在适当的容器内，禁止将其放或黏附在工作台上。

不允许坐、站、踏、蹬、踩在设备上，包括传送带和机架、原料、包装材料和成品包装容器上。

4.5.1 生产设备的设计与选型

生产设备的设计及选型必须满足产品特性要求，所有与原料、产品直接接触的设备、工器具、管道等的材质应得到确认，不得对产品质量产生影响。设备的设计与安装应易于操作，方便清洁消毒。与内料直接接触的设备及零配件的设计选择、设计的生产设备类型需确保不会对产品产生污染，设备自身的材料不能和产品、清洗消毒试剂起反应，设备材料应耐受清洁、消毒和生产过程中出现的温度和压力，表面焊接处光滑无凹陷、应避免的材料是铸件（表面粗糙）、铝（化学性质活泼）、塑料（多孔性）等。

生产设备、工具、容器、场地等在使用前后应当彻底清洗、消毒。屋顶房梁、管道应尽量避免暴露在外。暴露在外的管道不得接触墙壁，宜采用托架悬挂或支撑，与四周有足够的间隔以便清洁。

应根据生产工艺需求及车间平面要求，合理布置生产设备，设备摆放应避免物料和设备移动、人员走动对质量造成影响。所选用的润滑剂、清洁剂、消毒剂不得对产品或容器造成污染。

生产企业固定设备，电路管道和水管的安装应当防止水滴和冷凝物污染化妆品容器、设备、半成品、成品。不同用途的管道应用颜色区分或标明内容物名称和流向。提倡企业生产自动化，管道化，设备密闭化。

4.5.2　设备的清洗与消毒

化妆品生产的主要设备包括：半成品配制锅、贮料桶、贮料锅、泵、过滤器和相关的阀门、管道、泵、软管、周转桶、管装置、夹钳、O形环、连接头、勺子、长柄勺、毛刷或任何其他非系统设备和工具。

要杀灭生产设备及管道中的微生物，首先必须将设备和管道清洗干净，彻底去除黏附的污垢，以免污垢成为微生物的保护伞，影响消毒灭菌的效果。一般采用物理或化学方法去除设备和设施表面的泥土、灰尘、油脂、产品残留和其他残留物。特别注意一些死角的位置，容易积累残渣，需要拆卸后才可清除干净，而这些残渣正是滋生微生物的重要来源，容易积存残渣的地方包括阀门、出口、入口和过滤器等。

设备和管道常用的消毒方法有蒸汽消毒、热水消毒和化学消毒。进行物理或化学消毒时需要考虑与设备材料的相容性、消毒时间和消毒剂用量等。

4.5.2.1　蒸汽消毒

采用蒸汽消毒时，被消毒的设备必须是耐热的，消毒的效果与接触时间有关，敞口容器消毒一般需要30min。如果是耐压容器，使用高压消毒，接触时间可适当缩短至5~15min。蒸汽消毒的优点是效果好，消毒后不需冲洗；缺点是能源消耗较大，要有锅炉。

4.5.2.2　热水消毒

一般用90℃的热水进行循环，对管路消毒较合适。

4.5.2.3　化学消毒

传统的化学消毒是利用各种化学消毒剂进行消毒，是一种冷消毒，不需加热。常用于化妆品管道与设备的化学消毒剂有乙醇、二氧化氯、过氧乙酸、次氯酸钠等。进行化学消毒时必须充分了解设备的材质和消毒剂的性能，按照合适的消毒剂浓度和作用时间，保证消毒效果。要注意有的消毒剂例如次氯酸钠等具有较强的氧化性，长期使用会对设备和管道带来腐蚀。选用化学消毒剂用于工厂的设备和管道消毒，应选择符合《化妆品安全技术规范》的消毒剂，快速，广谱，容易生物降解，降解后产物为二氧化碳和水，不会对配方和设备产生影响的杀菌剂，同时注意产品的最高使用限量。

采用80℃以上的水或水/表面活性剂溶液冲洗，除去设备表面的产品残留物。清洁剂溶液应保持温度循环一段时间清除所有残留的污垢，然后使用微生物含量合格的纯净水冲洗清洁剂。

4.5.2.4　消毒液有效性结果判断

在无菌条件下，用无菌吸管吸取1.0mL被检样液，加入含9.0mL相应中和剂的采样管内混匀（表4-5）；使用中消毒液细菌菌落数应≤100CFU/mL，并且未检出致病菌。

表 4-5　常用消毒液的中和剂

消毒剂	中和剂	浓度/%
碘伏、碘酊	1%硫代硫酸钠＋吐温-80	0.5＋2.0
戊二醛	1%甘氨酸＋吐温-80	2.0＋2.0
含氯消毒剂	硫代硫酸钠	0.2—1.0
醇类	吐温-80	2.0

4.5.3　生产设备及操作台表面微生物检验

4.5.3.1　生产设备表面采样

对储存罐、灌装机、输送管道等生产设备一般采用灭菌生理盐水棉拭子，在上述设备内侧相对面各 $25cm^2$（5cm×5cm）面积范围，来回均匀涂抹，并转动拭子，剪去手接触部位后，将棉拭子放入 10mL 生理盐水试管内振荡 80 次，根据细菌的污染程度，可作适当稀释，取 2mL 分别注入两块平皿，每皿 1mL，倾注普通营养琼脂，置 37℃培养 48h，进行活菌计数，计算被检设备表面污染细菌的数量。如检验机器的沟缝等处时，将机器拆卸，直接用棉拭子涂抹，涂抹面积可依据被检物的形状及大小而定。

污染细菌菌落总数(CFU/cm^2)＝平均菌落数×稀释度×采样面积(cm^2)×10

凡接触化妆品原料和半成品的设备、工具、管道必须用无毒、无害、抗腐蚀材料制作，内壁应当光滑，便于清洁和消毒。所有生产设备、工具在使用前后应当彻底清洁、消毒。

4.5.3.2　操作台采样

在台面对角线设两点（工人操作处），各 $25cm^2$ 面积，用灭菌生理盐水棉拭子，来回均匀涂抹，并转动拭子，剪去手接触部位后，将棉拭子放入 10mL 生理盐水试管内振荡 80 次，根据细菌的污染程度，可作适当稀释，取 2mL 分别注入两块平皿，每皿 1mL，倾注普通营养琼脂，置 37℃培养 48h，进行活菌计数，计算操作台表面污染细菌的数量。

污染细菌菌落总数(CFU/cm^2)＝平均菌落数×稀释度×采样面积(cm^2)×10

4.5.4　检验方法

对上述设备如需检验致病菌时，可将涂抹采样的棉拭子放入 10mL 肉汤管中，置 37℃培养 18~24h，检验铜绿假单胞菌时可划线接种到十六烷三甲基溴化胺或乙酰胺琼脂平板，以下步骤同化妆品铜绿假单胞菌检验；检验金黄色葡萄球菌时，可划线接种到血琼脂平板或 Baird-Parker 琼脂平板，以下步骤同化妆品金黄色葡萄球菌检验；检验粪大肠菌群，可将棉拭子连同生理盐水倒 10mL 双倍浓度的乳糖胆盐培养基中，以下步骤同化妆品粪大肠菌群检验。

《化妆品生产企业卫生规范》规定，灌装间工作台表面细菌菌落总数应≤20CFU/m²。

生产过程的各项原始记录（包括工艺规程中各个关键因素的检查结果）应当妥善保存，保存期应当较该产品的保质期延长六个月。

4.6 人员的卫生管理

《化妆品生产企业卫生规范》中明确规定：从业人员应每年至少进行一次健康检查，取得健康证后方可参加工作。从业人员应勤洗头、勤洗澡、勤换衣服、勤剪指甲。

直接从事化妆品生产的人员不得戴首饰、手表以及染指甲、留长指甲，不得化浓妆、喷洒香水。禁止在生产区吸烟、进食及进行其他有碍化妆品卫生的活动（图 4-11）。

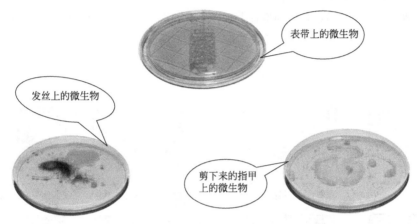

图 4-11　化妆品工厂工作人员的卫生状况

操作人员手部有外伤时不得接触化妆品半成品膏体和原料。不得穿戴生产车间的工作服、帽和鞋离开生产区（表 4-6），不得进入非生产场所（如卫生间），不得将个人生活用品带入车间。

表 4-6　化妆品车间的卫生管理要求

区分	着装	卫生管理步骤
称量室,制造间,灌装间	规定着装,帽子,鞋,口罩,手套	更换工作服→手部消毒→风淋→二次更衣→口罩,手套→手部消毒→作业
包装间	规定着装,帽子,鞋,手套	更换工作服→手部消毒→风淋→手套→手部消毒→作业

4.6.1　手部的清洁

生产车间的洗手盆或洗手池应每班清洁。消毒液每班进行更换、添加。所用的清洗剂、消毒剂以及其他清洁工具均应当有明确标识，并建立台账由专人妥善管理；更衣缓冲区应配备手部消毒设施（图 4-12）。

4.6.1.1　洗手场景

a. 进入车间生产前。

图 4-12　手部的清洁

b. 操作时间过长, 操作一些容易污染的产品时。

c. 接触与产品生产无关的物品后。

d. 上卫生间后。

e. 感觉手脏时。

4.6.1.2 手部清洁手法和步骤

a. 卷起袖管。

b. 用流动水湿润双手, 擦肥皂 (最好用液体皂、洗手液), 双手反复搓洗, 清洁每一个手指和手指之间, 最好用刷子刷指尖。

c. 用流动水把泡沫冲净, 并仔细检查手背、手指和手掌, 对可能遗留的污渍重新进行清洗。

d. 必要时, 按规定使用皮肤消毒液喷淋或浸泡, 完成手消毒。

e. 将手彻底干燥。

具体见图 4-13。

①取适量产品于手心

②掌心相对揉搓

③手指交叉, 掌心对手背揉搓

④手指交叉, 掌心相对揉搓

⑤弯曲手指关节在掌心揉搓

⑥拇指在掌中揉搓

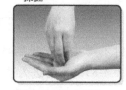
⑦指尖在掌心中揉搓

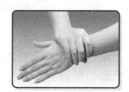
⑧如有必要, 揉搓手腕, 交换进行

图 4-13 手部清洗示意图

4.6.1.3 手清洁效果的检查

(1) 采样

被检人洗手消毒后, 五指并拢, 用浸有无菌洗脱液的棉拭子从双手指屈面从指根到指端往返涂擦 2 次, 并随之转动采样棉拭子, 剪去操作者手接触部位, 将棉拭子投入 10mL 无菌洗脱液试管内。

(2) 手卫生合格判定

计算公式:

$$细菌总数(CFU/cm^2) = \frac{平皿上菌落数 \times 稀释倍数}{采样面积(cm^2)}$$

式中, 采样面积为 60cm² (两只手指根到指端面积)。

卫生手消毒细菌总数≤10CFU/cm², 大肠埃希菌、铜绿假单胞菌、金黄色葡萄球菌均不得检出。

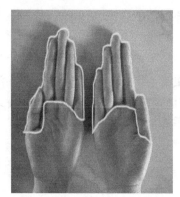

4.6.2 着装规范

直接接触原料/内容物区域人员应规定着装（衣服、帽子、鞋），口罩，手套，不直接接触原料/内容物区域人员应规定着装（衣服、帽子、鞋）（图 4-14）。

帽子
口罩

白大褂

工作鞋
（安全鞋）

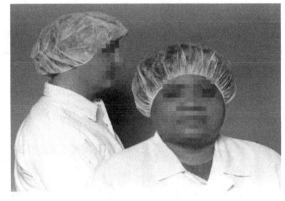

图 4-14　普通洁净区对着装的要求

工作服要保持清洁，定期清洗。发罩应卫生干净完全罩住头发包括鬓角，盖住耳朵，每天更换，损坏或弄脏时马上更换。一次更衣时（图 4-15），进入更鞋室后，坐在更鞋柜上，将一般生产区工作鞋放在更鞋柜外侧指定位置，抬起双脚，转向更鞋柜内侧，在指定位置取出洁净区工作鞋换上。穿净化鞋时，鞋跟一定要拔上，不能踩在脚跟下面。

①脱鞋　　　　　　　　②将鞋放入鞋柜　　　　　　　③转身

④穿拖鞋　　　　　　　⑤将衣服饰物放入衣柜　　　　⑥关柜门

图 4-15　一次更衣程序图

进入高度洁净区，通常需要二次更衣，换连体洁净衣。洁净服穿戴程序如图 4-16。

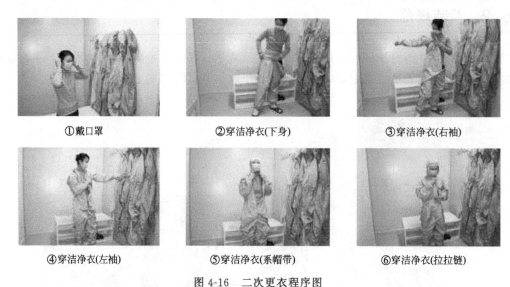

①戴口罩　　　　　　　②穿洁净衣(下身)　　　　　③穿洁净衣(右袖)

④穿洁净衣(左袖)　　　⑤穿洁净衣(系帽带)　　　　⑥穿洁净衣(拉拉链)

图 4-16　二次更衣程序图

其中口罩正确的佩戴步骤和要求如图 4-17。

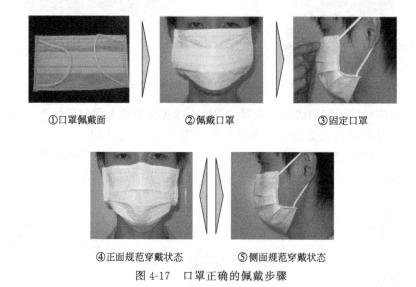

①口罩佩戴面　　　　　②佩戴口罩　　　　　　　　③固定口罩

④正面规范穿戴状态　　　　　　⑤侧面规范穿戴状态

图 4-17　口罩正确的佩戴步骤

4.6.3　人员的健康与卫生控制

对于生产期间，员工患有传染疾病应及时通报，并安排治疗，在取得健康合格证明后，方可安排生产任务。对于生产期间，手部受伤，应立即通报，并由加工主管调离生产岗位，并安排治疗；如不影响操作，应粘贴含与产品有明显颜色区别的创可贴（如蓝色），并带指套或手套方可从事生产工作。

出现感冒、流感（不严重时，可通过戴手套和口罩来保护）、发烧、霍乱、肝炎、伤寒热、痢疾、肺结核、结膜炎等状况时，应及时报告，同时不得接触产品、产品接触面或包装材料，甚至不能进入生产区域。

4.7 虫害管理

虫害管理是企业生产管理内容永恒的主题之一。虫害生存的三大要素：食物、水、栖息环境。老鼠、蟑螂、苍蝇等也会带来其他的微生物隐患，因而虫害的管理十分必要。

4.7.1 常见的虫害

(1) 老鼠

化妆品工厂常见老鼠特征见表 4-7。

表 4-7 化妆品工厂常见老鼠特征

常见老鼠特征	小家鼠	黄胸鼠	褐家鼠
体长/体重	1~10cm,14~28g	1~10cm,220g	18~25cm,340g
尾部特征	尾部>体长	尾部>体长	尾部<体长
活动范围	靠近滋生点	常见于天花板	常于地沟中活动
常见侵入方式	被动入侵，携带进入	多为主动入侵	多为主动入侵

(2) 蟑螂

化妆品工厂常见蟑螂特征见表 4-8。

表 4-8 化妆品工厂常见蟑螂特征

常见蟑螂特征	德国小蠊 German Cockroach	美洲大蠊 American Cockroach
成虫体长	1~2cm	2~4cm
虫体颜色	褐色	红褐色
滋生场所	厨房、仓库、食品加工区	垃圾堆、下水道
侵入方式	常见为被动入侵，携带进入	常见为经下水道主动入侵

(3) 苍蝇

卵 1~2 天可发育成幼虫，幼虫 5~6 天可发育成蛹，5 天可羽化成蝇，共 13 天左右。但受气温的影响，据观察春季（20℃）为 14~18 天；夏季（28.1℃）为 7~9 天；秋季（23.1℃）为 9~15 天；冬季（16.4℃）为 23~29 天。

4.7.2 虫害的控制

车间、仓库的外墙无孔洞（<0.6cm），应具有密闭性，贴墙根刷 30cm 宽的白漆，外墙不宜安装照明系统，灯柱距离入口>10m，墙基周边无灌木，排水口安装防鼠闸。保持门窗关闭，加强厂区内垃圾房的管理，盖好垃圾桶，安装灭蝇灯。

4.8 废弃物处置与污水处理

化妆品的生产是一个由多种原料混合复配的物理过程,产品质量和效果主要取决于配方技术,生产工艺相对比较简单。制造环节基本上没有化学反应,生产过程中基本不产生废水和废气。一般化妆品厂的污水主要是反应容器、灌装设备、生产过程的容器和包装容器的洗涤水。由于化妆品品种和系列很多,生产时使用原料种类繁多,从而使得其废水中成分相对复杂,其特征污染物是石油类、动植物油脂、阳离子表面活性剂和阴离子表面活性剂、苯胺类(如染发剂)和悬浮物(一些颜料粉体)。此外,生产特殊用途化妆品所用的活性组分种类较多,也较复杂。工业废水必须经处理后方可排放。相对而言,其排放量占全国污染物排放总量的比例比较低。

目前我国的环境标准体系还不够完善,就化妆品行业而言,化妆品工业水污染物排放标准执行的是《污水综合排放标准》(GB 8978—1996)。有关化妆品工业水污染排放标准目前处于已发布征求意见稿。

化妆品工厂的排水包括冷却水、包装容器洗涤水、反应容器和管道洗涤水、生活用水。为了降低排水处理装置的基建成本,应尽可能地减少必须处理的排水量,尽量做到用水合理化。另外,应使冷却用水和包装容器洗涤用水之类不必处理的水系统分开,可以直接排放或再利用。在生产中,同样配方的产品应尽可能地连续投放生产,以减少洗涤次数。尽量减少冲洗时用水量。

无论哪一种废水的处理工艺都是以一些基本的单元技术为基础组合而成。包括预处理、物理分离、化学处理与消毒、活性污泥法、生物膜法和厌氧生物处理工艺等(图4-18,图4-19)。

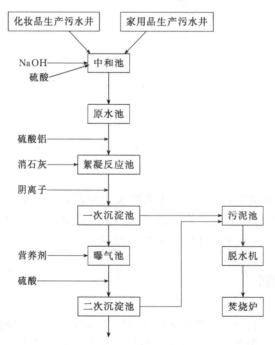

图 4-18　化妆品废水处理工艺流程

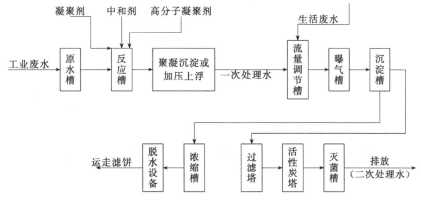

图 4-19　化妆品厂污水处理工艺流程

4.9　化妆品生产相关质量管理体系

由于各行业需要各有不同，质量体系的设计和实施当然必须受具体的组织目标、产品和过程及其具体实践的影响。在医药工业，各国政府管理部门或行业协会制定了药品生产"药品生产管理规范"（GMP）。在化妆品工业方面，1992年，美国FDA颁布了化妆品GMP指引，以引导化妆品生产企业规范其化妆品的生产，从而保证化妆品的卫生和安全。1994年7月，欧盟化妆品、盥洗用品、香精工业联合会（COLIPA）公布化妆品GMP。2003年，东南亚国家发布化妆品GMP。2007年11月，国际标准化组织（ISO）发布化妆品GMP。2005年，欧洲化妆品原料联合会（EFfCI）制定化妆品原料GMP。

我国1989年卫生部发布《化妆品卫生监督条例》，1991年发布《化妆品卫生监督条例实施细则》。2007年发布《化妆品生产企业卫生规范》（2007年版）。2020年6月，国务院总理李克强签署国务院令，公布《化妆品监督管理条例》，自2021年1月1日起施行，《化妆品卫生监督条例》同时废止。目前，我国化妆品GMP正在编制中。这些条例和规范的目的是加强化妆品生产企业的卫生管理，保障化妆品卫生质量和消费者的使用安全。也是我国化妆品企业申请《化妆品生产企业卫生许可证》，卫生部门对化妆品企业实施管理和监督的依据。

2007年，国际标准化组织（ISO）发布化妆品GMP（ISO 22716：2007）。在欧盟2009年发布的化妆品法规中，规定化妆品产品生产应遵循GMP规定，进一步促进各国加快化妆品GMP的制定和实施。化妆品GMP将成为化妆品企业生产管理不可缺少的重要标准。下面简略讨论各国化妆品生产管理规范的要点。主要从实际生产的角度，通过一些例子讨论如何实现化妆品生产良好操作规范（GMP）各方面的要求。由于化妆品生产良好操作规范只是指南，阐明、推荐或建议的文件，达到规范要求的方法是多种多样的。哪种方法最好，具有动态性和相对性，使用者需根据生产需要选用[9,10]。

4.9.1　ISO 22716

ISO 22716：2007《化妆品生产良好操作规范》（化妆品GMP）主要内容如图4-20所

示。它是根据 ISO/IEC 指令提供的规则起草国际标准。ISO 22716 是技术委员会 ISO/TC217 为化妆品制定。

图 4-20　ISO 22716：2007 化妆品 GMP 的主要内容

ISO 22716：2007《化妆品生产良好操作规范》是为化妆品工业考虑的，并考虑到了这部门特殊需要。这些指南对人员管理、技术和影响产品质量的管理因素提供组织方面和实际的建议，允许人们把它应用于跟踪由接收到运输的产品物流。此外，为了阐明该文件达到其目的的方法，每一主要章节添加了"原则"部分。GMP 通过可靠科学判断和风险评估为基础的工厂活动描述成为质量保证概念实际发展的本质。这些 GMP 指南的目的是规定能够获得符合确定特性产品的活动。

ISO 22716：2007《化妆品生产良好操作规范》提出化妆品产品生产、控制、储存和运输的指南。指南包括产品质量问题，但不包括工厂聘用人员的安全问题，也不包括环境保护问题。安全和环境方面问题是公司固有的责任，并受地方法律和法规的管辖。这些指南不用于研究和发展活动及成品销售。

ISO 22716：2007《化妆品生产良好操作规范》是按照 ISO 系统格式排列，文字较严谨和清晰。

尽管各国化妆品生产良好操作规范（GMPC）的条目和编排有一些差别，但主要核心部分是相近的，其主要的引导作用包括：确保产品安全；提高产品质量；降低产品对消费者造成伤害的风险；降低产品公众回收的风险；符合法规和贸易准则（OEM 和 ODM）；有效控制成本和国际认可。

如图 4-21 列出美国 FDA 化妆品 GMP 主要内容。

美国化妆品 GMP 包括图中所列 10 项内容。每项列出检查内容，如何达到检查内容的要求，由每个公司自行采取合适的方法，比较灵活。对记录和文件的规定只列出所需文件，未作具体规定。化妆品公司采用符合 GMP 指引的不同管理体系。

4.9.2　SSOP

SSOP 即卫生操作标准程序，是化妆品加工企业为了保证 GMP 所规定的要求，为了保证所生成加工的化妆品符合卫生要求而制定的指导化妆品生产加工过程中如何实施清洗、消毒和卫生保持的作业指导文件。化妆品企业推行 GMP 标准，必须执行 SSOP。

SSOP 至少应包括以下方面：

化妆品接触或与化妆品接触物表面接触的水（冰）的安全；

与化妆品接触的表面的清洁度；

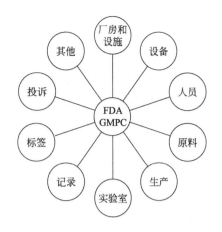

图 4-21　美国 FDA 化妆品 GMP 主要内容

防止发生交叉污染;

手的清洗与消毒设施以及卫生间设施的维护与卫生保持;

防止化妆品被污染物污染;

有毒化学物质的标记、储存和使用;

员工的健康与卫生控制;

虫害的防治。

4.9.3　HACCP

HACCP 是一种建立在良好操作规范(GMP)和卫生标准操作规程(SSOP)等基础之上的控制危害的预防性体系。它的主要控制目标是产品的安全性。传统的产品质量管理侧重于最终的成品检验,事实上这种方法无法有效控制产品安全卫生质量。HACCP 体系虽然不是一个零风险体系,但是它侧重于对生产过程涉及安全的关键点进行重点监控,设法将安全危害的风险降到最低限度,有效提高企业的化妆品质量安全水平。

该体系主要包括:危害分析;关键控制点确定;建立关键控制点的关键限制;关键控制点监控;关键控制点偏离时采取纠偏措施;监控记录;建立验证程序和文件保存。

4.9.4　三种管理体系的关系

ISO 22716、SSOP 是制定和实施 HACCP 计划的基础和前提。没有 ISO 22716、SSOP,实施 HACCP 计划将成为一句空话。ISO 22716 计划中的某些内容也可以列入 HACCP 计划内加以重点控制。ISO 22716、SSOP 控制的是一般的卫生方面的危害,HACCP 重点控制安全方面的显著性危害。仅仅满足 ISO 22716 和 SSOP 的要求,企业要靠繁杂的、低效率和不经济的最终产品检验来减少化妆品安全危害给消费者带来的健康伤害(即所谓的事后检验);而企业在满足 ISO 22716 和 SSOP 的基础上实施 HACCP 计划,可以将显著的化妆品安全危害控制和消灭在加工之前或加工过程之中(即所谓的事先预防)。ISO 22716、SSOP、HACCP 的最终目的都是为了使企业具有充分、可靠的化妆品安全卫生质量保证体系,生产加工出安全卫生的化妆品，保障化妆品消费者的使用安全和身体健康。

思考题

1. 请设计一个实验方案：从化妆品厂用水中中分离细菌，方案中要包括三方面内容：（1）需要准备的材料；（2）准备所需主要材料的操作方法；（3）主要的操作步骤。

2. 如何进行化妆品工厂微生物控制的有效性验证？

3. 简述化妆品生产相关质量管理体系及其相互关系。

参考文献

[1] 王艳萍，赵虎山. 化妆品微生物学 [M]. 北京：中国轻工业出版社，2002.

[2] 裘炳毅，高志红. 现代化妆品科学与技术 [M]. 北京：中国轻工业出版社，2016.

[3] 王培义. 化妆品——原理·配方. 生产工艺 [M]. 北京：化学工业出版社，2006.

[4] 尼尼卓嘎. 化妆品安全性风险因素分析 [J]. 北京：化工设计通讯，2019，45（11）：133-134.

[5] 陶兴无. 生物工程设备 [M]. 北京：化学工业出版社，2017.

[6] 章真真，陆建林，彭建兵，等. 化妆品生产用水的微生物污染控制 [J]. 顺德职业技术学院学报，2010，8（1）：16-18.

[7] 钟巍，郭重山，李小晖，等. 化妆品生产车间空气细菌的分布特征 [J]. 环境与健康杂志，2005，22（6）：60-63.

[8] 钟巍，郭重山，李小晖，等. 自然沉降法和撞击法在空气细菌总数测定中的应用和比较 [J]. 环境与健康杂志，2004（3）：149-152.

[9] 刘丽红. LB公司一体化质量管理系统设计研究 [D]. 西安：西北大学，2018.

[10] 刘洋，董树芬. 我国化妆品行业现状、监管体系及发展趋势 [J]. 日用化学品科学，2007（3）：34-39.

第5章

化妆品微生物的检验方法

5.1 化妆品微生物监督管理法规体系

我国目前的监管体系主要是"行政许可，政府监管"，采取方式主要是"注册和许可管理及检验监管"。我国化妆品监督管理法规体系主要包括技术法规、部门规章、规范性文件和技术标准等部分。我国化妆品不良反应监测工作在 2008 年以前由卫生部管理，目前化妆品监管职能划转国家药品监督管理局（隶属于国家市场监督管理总局），监测工作也随之划转。我国目前的化妆品管理体制由于历史的原因，存在着多头管理的特点，国家和行业的管理水平亟待提高，化妆品质量和安全迫切需要有统一的监管部门管理。法律体系不完善、法规滞后不易操作，也迫切需要制定新法规来完善化妆品监管法律依据，增强法规的可操作性[1]。

国外目前的监管体系各国情况不一。美国化妆品监管的法律依据是《食品药品化妆品法案》和《公平包装及标签法》，FDA 根据法律授权对化妆品进行管理；欧盟成员国对化妆品管理的主要法规是欧盟委员会 2009 年发布的《化妆品法规》；日本对化妆品和医药部外用品监管的主要法律依据是《药事法》。

以上国家对化妆品的安全监管均有统一的法律体系和统一的监管部门。美国、欧盟和日本等主要依赖于企业的自律，强调企业是化妆品质量安全的第一责任人，能更有力地在源头上控制化妆品质量安全。行业协会在政府部门和企业之间起到了桥梁和纽带作用，对企业发挥了指导和管理作用。政府的职责在于制定统一标准并监督企业按照标准进行生产、经营活动。

5.1.1 技术法规

为保障人民群众的健康，辅助化妆品法规的有效实施，建立化妆品法规标准体系尤为重要。化妆品的技术法规及技术标准原来主要由卫生部"化妆品卫生标准委员会"，质检总局国家标准化管理委员会下的"全国香精香料化妆品标准化技术委员会"制定。根据其各自的章程，不定期召开会议，研究国内外法规现状和企业技术进步状况，制定和修改相应的规范或标准，然后由有关国家机关审批公布[2]。而目前，相关技术法规主要由国家市场监督管理总局制定。

所谓技术法规，是指强制执行的涉及产品的特性、加工程序、生产方法，包括可以适用的管理性规定的文件。当适用于某一产品、工艺和生产方法时，技术法规也可以包括或仅仅涉及术语、符号、包装、标志或标签要求。而标准则是由公认机构批准、反复或不断使用的，并非强制性执行的技术文件。

技术法规，主要有《化妆品卫生监督条例》，1989年9月26日由国务院批准，1990年1月1日起实施。这些法规和标准的制定和实施，规范了企业的生产经营行为，强化了依法监督管理，促进了行业自律，使企业管理步入法治轨道。2020年6月，国务院总理李克强签署国务院令，公布《化妆品监督管理条例》，自2021年1月1日起施行，《化妆品卫生监督条例》同时废止。

5.1.2　部门规章

所谓部门规章，是指国务院各组成部门和具有行政管理职能的直属机构制定的规定和办法等。

为了更好地执行《化妆品卫生监督条例》（简称《条例》），1991年3月27日卫生部发布了第13号令《化妆品卫生监督条例实施细则》（简称《细则》），将《化妆品卫生监督条例》规定的化妆品卫生监督工作程序化、制度化和具体化，使《条例》在卫生监督实际工作中便于执行，具有操作性，满足了化妆品卫生监督工作的实际需要。

部门规章主要有《化妆品卫生监督条例实施细则》、国家质量监督检验检疫总局《进出口化妆品检验检疫监督管理办法》（总局令第143号）、《化妆品标识管理类规定》（2007年7月24日国家质量监督检验检疫总局令第100号）、《化妆品广告管理办法》（1993年7月13日国家工商行政管理局令第12号）[3]。

5.1.3　规范性文件

主要有《化妆品安全技术规范》（2015年版），还有《关于印发化妆品行政许可申报受理规定的通知》（国食药监许［2009］856号）、《关于印发化妆品命名规定和命名指南的通知》（国食药监许［2010］72号）、《关于印发化妆品行政许可检验管理办法的通知》（国食药监许［2010］82号）、《关于印发化妆品生产经营日常监督现场检查工作指南的通知》（食药监办许［2010］89号）、《关于印发化妆品技术审评要点和化妆品技术审评指南的通知》（国食药监许［2010］393号）、《关于印发国际化妆品原料标准中文名称和目录（2010版）的通知》（国食药监许［2010］479号）、《关于印发国产非特殊用途化妆品备案管理办法的通知》（国食药监许［2011］181号）、《关于印发化妆品新原料申报与审评指南的通知》（国食药监许［2011］207号）、《化妆品生产企业卫生规范》（2007年版）等规范性文件。

5.1.4　技术标准

《中华人民共和国标准化法》针对我国标准的体制,从法的角度将标准分为强制性标准和推荐性标准两种属性。强制性标准实际上发挥着技术法规的作用,然而强制性标准毕竟不同于技术法规。严格意义上说,标准本身并不存在强制的问题,强制性是法律赋予的[4]。

化妆品标准制定和修订工作近年来取得了明显成效,从 1985 年 7 月,卫生部会同有关部门着手制定化妆品管理法规和卫生标准,开始了我国化妆品卫生管理立法工作和卫生标准制定工作,到如今,初步形成了化妆品标准化的体系。目前关于化妆品微生物的国家标准,是卫生部于 1987 年 5 月正式颁布的一系列化妆品卫生标准,即《化妆品卫生质量标准》(GB 7916—87),包括与微生物相关的《化妆品卫生化学标准检验方法》(GB 7917—87)、《化妆品微生物标准检验方法》(GB 7918—87)、《化妆品安全性评价程序和方法》(GB 7919—87)。

5.1.5　化妆品卫生标准体系

主要由卫生部(现国家市场监督管理总局)"化妆品卫生标准专家委员会"负责组织制定,如图 5-1。

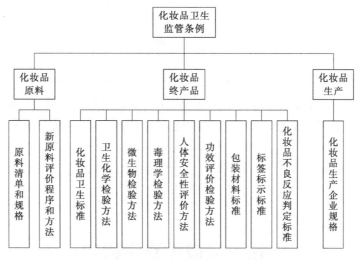

图 5-1　化妆品卫生标准体系

5.1.6　近年来我国化妆品技术标准的演变

随着人们生活水平的不断提高,为了确保广大消费者使用化妆品的安全,保障人民身体健康,经国家标准化行政主管部门批准,卫生部于 1987 年 5 月正式颁布了一系列化妆品卫生标准,并于 1987 年 10 月 1 日开始实施。标准分为基础标准、方法标准、(卫生检验方法标准)、产品标准和安全卫生标准等。

为了进一步完善化妆品安全技术法规体系,结合我国化妆品行业发展和监管实际,卫生部(现国家市场监督管理总局)加大对化妆品的卫生管理,从 1987 年至今,先后对《化妆品卫生规范》进行了 5 次修订，不断满足人民对化妆品使用的安全要求。最近一次将《化妆品卫生规范》（2007 年版）进行修订，形成了《化妆品安全技术规范》（2015 年版），于 2016 年 12 月 1 日起实施。该规范主要明确了名词术语的释义，细化了化妆品安全技术通用要求，对化妆品禁限用组分表等进行修订，对化妆品检验及评价方法中理化检验方法进行了修订。《化妆品卫生规范》的修订历程见表 5-1，目前化妆品的卫生指标检测使用的基本标准为《化妆品安全技术规范》（2015 年版）[5]。

表 5-1　《化妆品卫生规范》的修订历程

项目	禁用物质/种	限用物质/种	防腐剂/种	防晒剂/种	着色剂/种	染发剂/种
1987 年版	359	57	66	36	67	—
1999 年版	494	67	55	22	157	—
2002 年版	496	67	55	24	157	—
2007 年版	1286	73	56	28	156	93
2015 年版	1290	47	51	27	157	75

按照《化妆品安全技术规范》（2015 年版），化妆品中微生物指标要求，见下表 5-2。

表 5-2　化妆品中微生物指标限值

微生物指标	限值	备注
菌落总数/(CFU/g 或 CFU/mL)	≤500	眼部化妆品，口唇化妆品和儿童化妆品
	≤1000	其他化妆品
霉菌酵母菌总数/(CFU/g 或 CFU/mL)	≤100	
耐热大肠菌群/g(或 mL)	不得检出	
金黄色葡萄球菌/g(或 mL)	不得检出	
铜绿假单胞菌/g(或 mL)	不得检出	

目前我国化妆品存在多个标准（见附录 3：化妆品相关标准一览表，截至 2019 年总计 226 项），包括《化妆品安全技术规范》《化妆品卫生标准》，相关质量标准、产品标准等多个技术要求，且由不同部门制定颁布，在实际工作中难以执行，需进一步统一。在功效评价方面，祛斑美白类、健美（美乳）类、育发类、保湿抗皱类化妆品的人体安全性及功效性试验方法目前暂无统一的技术标准，也是今后努力的方向。

5.2　化妆品微生物学检验方法

化妆品含有多种复杂的营养成分，且 pH 约为 4~7，适合微生物的生长（pH 4~6），故其在生产、储藏及使用过程中极易受外界微生物污染[6]。当消费者使用化妆品时，可能会反复地受到唾液、不干净的手、洗脸水中微生物的污染。常在浴室中存放的化妆品（睫毛膏、眼影、香波、香粉和护肤液）和化妆用具易受热受湿，使微生物得以生存。微生物的生长繁殖引起化妆品的腐败变质，甚至会产生毒素或代谢物，从而有可能导致对化妆品的施用部位产生致敏或刺激，引起痤疮、光感性皮炎、毛发损害等化妆品皮肤病。污染化妆品的微生物主要包括肠杆菌属、克雷伯菌属、沙雷菌属和假单胞菌属等几种类型[7]。

微生物对化妆品的污染极易影响消费者的健康安全，故世界各国均积极制定关于化妆品中微生物的卫生标准，以期控制及预防微生物对化妆品产生的污染。目前，最主要的关于化妆品中微生物控制指标有两个：一是细菌总数；二是化妆品中不得含有致病菌（化妆品中不得检出的特定微生物）。关于特定菌的确定标准，目前世界各国尚无统一规定，各国均有不同[8-12]：

a. 世界卫生组织 WHO 规定的特定菌有两种：铜绿假单胞菌和金黄色葡萄球菌。

b. 美国规定的特定菌则有十种：大肠埃希菌、克雷伯菌、铜绿假单胞菌、金黄色葡萄球菌、沙门氏菌、变形杆菌、无硝不动杆菌、黏质沙雷菌、嗜麦芽假单胞菌、多嗜假单胞菌。

c. 欧洲一些国家规定的特定菌为三种：铜绿假单胞菌、金黄色葡萄球菌、大肠埃希菌。

d. 中国与日本的标准相同，规定的特定菌为：铜绿假单胞菌、金黄色葡萄球菌和粪大肠菌群。

化妆品微生物学的检验包括两种类型的检验，其一是检验原料和产品中微生物数量是否达到执行标准的要求；其二是检验用于化妆品和药品中的防腐剂的防腐效能[13]。前者最典型的是直接法的好氧平板计数法（APC 法）测定菌落总数或增菌后测定有无微生物生长。尽管各种产品的原材料的使用标准可能不同，加工过程不同，但含水化妆品最终都应有一定的 APC 要求，比如我国规定洗发液的 APC 小于 1000CFU/g，用于婴幼儿的洗发产品小于500CFU/g，而美国规定化妆品的 APC 应小于 100CFU/g，以防止由于微生物的生长而引起的产品变质，美国个人护理产品协会（PCPC）在对化妆品的检验中允许无水化妆品中有一定微生物的存在，这是因为缺少了水分，抑制了微生物的生长。另一种应用于化妆品和药品中的防腐剂效能的检验，是决定在保存药品和化妆品时所需的最低抗菌防腐剂的浓度。

化妆品种类不同，其成分也不相同，有的成分有利于微生物的生长繁殖；有的成分不适宜微生物的生存，对微生物有抑制作用甚至有杀灭作用[14]。因此可根据化妆品的主要成分来决定是否需要微生物检验（表 5-3）。

表 5-3　化妆品主要成分及微生物检验情况[15]

分类	主要成分及微生物检验情况
①香水类化妆品（包括香水、古龙水和花露水）	主要成分为酒精和香料 酒精浓度均在 70% 以上，恰为杀菌浓度，但曾有过在这类化妆品中检出霉菌的报道。微生物在此类化妆品中生存的时间很短。因此，此类化妆品酒精浓度≥75% 者可不做微生物检验
②染发化妆品	主要成分为对苯二胺和氧化剂 对苯二胺不适于微生物的生长繁殖，而氧化剂特别是强氧化剂如过氧化氢等本身即为杀菌剂
③除臭化妆品	主要成分为抑菌剂和抑制汗腺分泌的收敛剂
④烫发化妆品	主要成分为硫基乙酸，为较强碱性
⑤脱毛化妆品	为强碱性
⑥美容修饰类化妆品中的指甲油	主要成分为丙酮
⑦育发化妆品	成分多数为中草药。中草药多数为植物，在其生长过程中由于施肥等极易被微生物污染，此外在运输、储存等环节中也难免受到微生物污染，然而在配制此种化妆品时多用酒精提取，由于使用酒精的浓度不同，其染菌的可能性也不同。在此类化妆品中规定含酒精浓度≥75% 者不检验微生物

注：①～⑥化妆品的主要成分均不适宜微生物的生长繁殖，有的甚至有抑菌作用，故通常情况下可不做微生物检验，但有些染发和烫发化妆品中附有护发和洗发系列产品，对此类产品要做微生物检验

为了规范化妆品的微生物检验，我国颁布了一系列微生物检验标准方法，有：《化妆品微生物标准检验方法》——总则（GB 7918.1—87）[16]、细菌总数测定（GB 7918.2—87）[17]、粪大肠菌群（GB 7918.3—87）[18]、绿脓杆菌（GB 7918.4—87）[19]、金黄色葡萄球菌（GB 7918.5—87）[20] 等 5 项标准。而目前我国对国内使用及进出口化妆品规定按《化妆品安全技术规范》（2015 年版）进行检验，它较以前的标准检验方法有明显改进，增加了霉菌和酵母菌的检验方法。下面我们就化妆品微生物学检验的基本要求、革兰氏染色试验、化妆品中菌落总数、耐热大肠菌群、铜绿假单胞菌、金黄色葡萄球菌、霉菌和酵母菌等其他致病菌的检验方法以及检验结果进行详细阐述。

5.2.1　微生物检验方法总则

本部分规定了化妆品微生物学检验的基本要求，适用于化妆品样品的采集、保存及供检样品的制备。

5.2.1.1　仪器和设备

天平（0～200g，精确至 0.1g），高压灭菌器，振荡器，三角瓶（250mL、150mL），玻璃珠，玻璃棒，灭菌刻度吸管（10mL、1mL），恒温水浴箱，均质器或研钵，灭菌均质袋。

5.2.1.2　培养基和试剂

(1) 生理盐水

成分：氯化钠 8.5g，蒸馏水加至 1000mL。制法：溶解后，分装到加玻璃珠的三角瓶内，每瓶 90mL，121℃高压灭菌 20min。

(2) SCDLP 液体培养基

成分：酪蛋白胨 17g，大豆蛋白胨 3g，氯化钠 5g，磷酸氢二钾 2.5g，葡萄糖 2.5g，卵磷脂 1g，吐温-80 7g，蒸馏水 1000mL。制法：先将卵磷脂在少量蒸馏水中加温溶解后，再与其他成分混合，加热溶解，调 pH 为 7.2～7.3 分装，每瓶 90mL，121℃高压灭菌 20min。注意振荡，使沉淀于底层的吐温-80 充分混合，冷却至 25℃左右使用。如无酪蛋白胨和大豆蛋白胨，也可用日本多胨代替。

(3) 灭菌液体石蜡

制法：取液体石蜡 50mL，121℃高压灭菌 20min。

(4) 灭菌吐温-80

制法：取吐温-80 50mL，121℃高压灭菌 20min。

5.2.1.3　样品的采集及注意事项

所采集的样品，应具有代表性，一般视每批化妆品数量大小，随机抽取相应数量的包装单位。检验时，应从不少于 2 个包装单位的样品中共取 10g 或 10mL。包装量小于 20g 的样品，采样时可适当增加样品包装数量。

供检样品，应严格保持原有的包装状态。容器不应有破裂，在检验前不得打开，防止样品被污染。

接到样品后，应立即登记，编写检验序号，并按检验要求尽快检验。如不能及时检验，样品应置于室温阴凉干燥处，不要冷藏或冷冻。

若只有一个样品而同时需做多种分析，如微生物、毒理、化学等，则宜先取出部分样品做微生物检验，再将剩余样品做其他分析。

在检验过程中，从打开包装到全部检验操作结束，均须防止微生物的再污染和扩散，所用器皿及材料均应事先灭菌，全部操作应在符合生物安全要求的实验室中进行。

5.2.1.4　供检样品的制备

(1) 液体样品

水溶性的液体样品：用灭菌吸管吸取 10mL 样品加到 90mL 灭菌生理盐水中，混匀后，制成 1∶10 检液（图 5-2）。

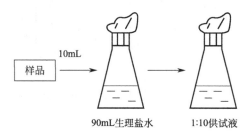

图 5-2　水溶性液体样品的制备

油性液体样品：取样品 10mL，先加 5mL 灭菌液体石蜡混匀，再加 10mL 灭菌的吐温-80，在 40～44℃水浴中振荡混合 10min，加入灭菌的生理盐水 75mL（在 40～44℃水浴中预温），在 40～44℃水浴中乳化，制成 1∶10 的悬液（图 5-3）。

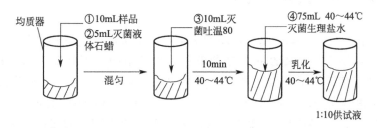

图 5-3　油溶性液体样品的制备

(2) 膏、霜、乳剂半固体状样品

亲水性的样品：称取 10g，加到装有玻璃珠 90mL 灭菌生理盐水的三角瓶中，充分振荡混匀，静置 15min。用其上清液作为 1∶10 的检液（图 5-4）。

疏水性样品：称取 10g，置于灭菌的研钵（均质器）中，加 10mL 灭菌液体石蜡，研磨成黏稠状，再加入 10mL 灭菌吐温-80，研磨待溶解后，加 70mL 灭菌生理盐水，在 40～44℃水浴中充分混合，制成 1∶10 检液（图 5-5）。

(3) 固体样品

称取 10g，加到 90mL 灭菌生理盐水中，充分振荡混匀，使其分散混悬，静置后，取上

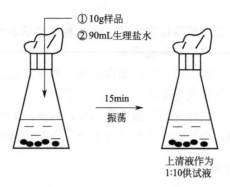

图 5-4　亲水性半固体（膏、霜、乳剂）样品/固体样品的制备

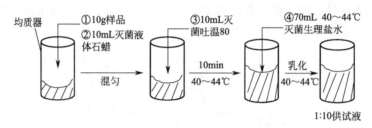

图 5-5　疏水性半固体样品的制备

清液作为 1∶10 的检液。

使用均质器时，则采用灭菌均质袋，将上述水溶性膏、霜、粉剂等，称 10g 样品加入 90mL 灭菌生理盐水，均质 1~2min；疏水性膏、霜及眉笔、口红等，称 10g 样品，加 10mL 灭菌液体石蜡，10mL 吐温-80，70mL 灭菌生理盐水，均质 3~5min。

5.2.2　细菌的革兰氏染色试验

革兰氏染色法（Gram staining）是细菌学中广泛使用的一种鉴别染色法。革兰氏染色反应是细菌分类和鉴定的重要性状。这种染色方法利用细菌细胞壁上的生物化学性质不同，可将所有的细菌区分成两类，即革兰氏阳性（Gram positive）与革兰氏阴性（Gram negative），此法由丹麦病理学家汉斯·克里斯蒂安·革兰（Hans Christian Gram，1853—1938）于 1884 年发明。最初用于鉴别肺炎球菌与克雷白氏肺炎菌之间的关系，后推广为鉴别细菌种类的重要特性之一，对由细菌感染引起的疾病的临床诊断及治疗有着广泛用途。

未经染色的细菌，由于其与周围环境折光率差别甚小，故在显微镜下极难观察。通过染色后细菌与环境形成鲜明对比，可以清楚地观察到细菌的形态、排列及某些结构特征，而用以分类鉴定。

革兰氏染色法属复染法，可用于标本涂片或菌落涂片，染色结果将细菌分为革兰氏阳性菌（紫色）和革兰氏阴性菌（红色）两大类，见图 5-6。

金黄色葡萄球菌、溶血性链球菌、产气荚膜梭菌、粪链球菌、炭疽杆菌等属革兰氏阳性菌。沙门氏菌、大肠埃希菌、志贺菌、铜绿假单胞菌、霍乱弧菌均属革兰氏阴性菌。所以根据细菌的革兰氏染色性质，可以缩小鉴定范围，有利于进一步分离鉴定。

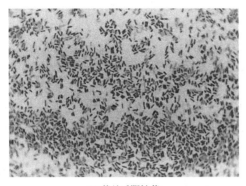
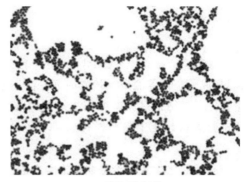

(a) 革兰氏阴性菌　　　　　　　　　　　　　(b) 革兰氏阳性菌

图 5-6　革兰氏染色图

5.2.2.1　染色步骤

革兰氏染色法一般包括初染、媒染、脱色、复染等四个步骤，具体操作方法如下。

a. 涂片：液体培养基，左手持菌液试管，在酒精灯火焰附近 5cm 左右打开管盖；右手持接种环在火焰中烧灼灭菌，等冷却后从试管中蘸取菌液一环，在洁净无脂的载玻片上涂直径 2mm 左右的涂膜，最后将接种环在火焰上烧灼灭菌。固体培养基，先在载玻片上滴一滴无菌水，再用接种环取少量菌体，涂在载玻片上，使其薄而均匀。

b. 晾干：让涂片在空气中自然干燥。

c. 固定：让菌膜朝上，通过火焰 2～3 次固定（以不烫手为宜）。

d. 初染：在涂片薄膜上滴加草酸铵结晶紫 1～2 滴，使染色液覆盖涂片，染色约 1min。

e. 水洗：用蒸馏水缓慢冲洗涂片上的染色液，用吸水纸吸干。

f. 媒染：滴加革兰氏碘液，媒染 1min，水洗。

g. 脱色：吸去残留水，连续滴加 95％乙醇脱色约 20～30s 至流出液不现紫色为止，随即水洗。

h. 复染：在涂片上滴加沙黄等复染液复染 1min，水洗，然后用吸水纸吸干。

i. 干燥，镜检：镜检时先用低倍镜，再用高倍镜，最后用油镜观察，并判断菌体的革兰氏染色反应阴阳性。

j. 实验完毕后的处理：清洁显微镜。先用擦镜纸擦去镜头上的油，然后再用擦镜纸蘸取少许二甲苯擦去镜头上的残留油迹，最后用擦镜纸擦去残留的二甲苯。看后的染色玻片用废纸将香柏油擦干净。

5.2.2.2　注意事项

a. 革兰氏染色成败的关键是脱色。如脱色过度，G^+ 菌也可被脱色而被误认为是 G^- 菌。如脱色时间过短，G^- 菌也会被误认为是 G^+ 菌。脱色时间的长短还受涂片厚薄及乙醇用量多少等因素影响，难以严格规定。

b. 在染色的过程中，不可使染液干涸。用水冲洗后，应吸去玻片上的残水，以免染色液被稀释而影响染色效果。

c. 选用幼龄的细菌。若菌龄太老，由于菌体死亡或自溶常使 G^+ 菌转呈阴性反应。

5.2.3　菌落总数

菌落总数（aerobic bacterial count）是指化妆品检样经过处理，在一定条件下培养后（如培养基成分、培养温度、培养时间、pH 值、需氧性质等），1g（或 1mL）检样中所含菌落的总数。所得结果只包括本方法规定的条件下生长的嗜中温的需氧性和兼性厌氧菌落总数。测定菌落总数便于判明样品被细菌污染的程度，是对样品进行卫生学总评价的综合依据。

我国现行对化妆品菌落总数的检验方法按《化妆品安全技术规范》（2015 年版）所规定的操作进行检验。而国外相关项目检测标准按 ISO 21149：2006《化妆品微生物检测——嗜温需氧菌的计数检测》执行。

以下将重点介绍我国《化妆品安全技术规范》（2015 年版）的微生物操作检验方法（图 5-7）。

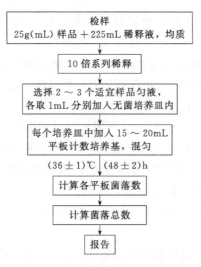

图 5-7　菌落总数实验流程

5.2.3.1　仪器和设备

三角瓶（250mL），量筒（200mL），pH 计或精密 pH 试纸，高压灭菌器，试管（18mm×150mm），灭菌平皿（直径 90mm），灭菌刻度吸管（1mL、10mL），酒精灯，恒温培养箱（36±1）℃，放大镜，恒温水浴箱（55±1）℃。

5.2.3.2　培养基和试剂

（1）生理盐水（见总则）

（2）卵磷脂、吐温-80——营养琼脂培养基

成分：蛋白胨 20g，牛肉膏 3g，氯化钠 5g，琼脂 15g，卵磷脂 1g，吐温-80 7g，蒸馏水 1000mL。制法：先将卵磷脂加到少量蒸馏水中，加热溶解，加入吐温-80，将其他成分（除琼脂外）加到其余的蒸馏水中，溶解。加入已溶解的卵磷脂、吐温-80，混匀，调 pH 为 7.1～7.4，加入琼脂，121℃高压灭菌 20min，储存于冷暗处备用。

（3）0.5％氯化三苯四氮唑（2,3,5-triphenyl terazolium chloride，TTC）

成分：TTC 0.5g，蒸馏水 100mL。制法：溶解后过滤除菌，或 115℃高压灭菌 20min，装于棕色试剂瓶，置 4℃冰箱备用。

5.2.3.3 操作步骤

a. 用灭菌吸管吸取 1:10 稀释的检液 2mL，分别注入两个灭菌平皿内，每皿 1mL。另取 1mL 注入 9mL 灭菌生理盐水试管中（注意勿使吸管接触液面），更换一支吸管，并充分混匀，制成 1:100 检液。吸取 2mL，分别注入两个灭菌平皿内，每皿 1mL。如样品含菌量高，还可再稀释成 1:1000，1:10000，…，每个稀释度应换 1 支吸管。

b. 将融化并冷至 45～50℃的卵磷脂吐温-80——营养琼脂培养基倾注到平皿内，每皿 15mL，随即转动平皿，使样品与培养基充分混合均匀，待琼脂凝固后，翻转平皿，置 (36±1)℃培养箱内培养（48±2）h。另取一个不加样品的灭菌空平皿，加入约 15mL 卵磷脂吐温-80——营养琼脂培养基，待琼脂凝固后，翻转平皿，置（36±1）℃培养箱内培养（48±2）h，为空白对照。

c. 为便于区别化妆品中的颗粒与菌落，可在每 100mL 卵磷脂吐温-80——营养琼脂中加入 1mL 0.5％的 TTC 溶液，如有细菌存在，培养后菌落呈红色，而化妆品的颗粒颜色无变化。

5.2.3.4 菌落计数方法

先用肉眼观察，点数菌落数，然后再用 5～10 倍的放大镜检查，以防遗漏。记下各平皿的菌落数后，求出同一稀释度各平皿生长的平均菌落数。若平皿中有连成片状的菌落或花点样菌落蔓延生长时，该平皿不宜计数。若片状菌落不到平皿中的一半，而其余一半中菌落数分布又很均匀，则可将此半个平皿菌落计数后乘以 2，以代表全皿菌落数。

5.2.3.5 菌落计数及报告方法

首先选取平均菌落数在 30～300 之间的平皿，作为菌落总数测定的范围。当只有一个稀释度的平均菌落数符合此范围时，即以该平皿菌落数乘其稀释倍数报告之（见表 5-4 中例次 1）。

若有两个稀释度，其平均菌落数均在 30～300 之间，则应求出两菌落总数之比值来决定，若其比值小于或等于 2，应报告其平均数，若大于 2 则以其中稀释度较低的平皿的菌落数报告之（见表 5-4 中例次 2 及例次 3）。

若所有稀释度的平均菌落数均大于 300，则应按稀释度最高的平均菌落数乘以稀释倍数报告之（见表 5-4 中例次 4）。

若所有稀释度的平均菌落数均小于 30，则应按稀释度最低的平均菌落数乘以稀释倍数报告之（见表 5-4 例次 5）。

若所有稀释度的平均菌落数均不在 30～300 之间，其中一个稀释度大于 300，而相邻的另一稀释度小于 30 时，则以接近 30 或 300 的平均菌落数乘以稀释倍数报告之（见表 5-4 中例次 6）。

若所有的稀释度均无菌生长，报告数为每 g 或每 mL 小于 10CFU。

菌落计数的报告，菌落数在 10 以内时，按实有数值报告之，大于 100 时，采用二位有效数字，在二位有效数字后面的数值，应以四舍五入法计算。为了缩短数字后面零的个数，可用 10 的指数来表示（见表 5-4 报告方式栏）。在报告菌落数为"不可计"时，应注明样品的稀释度。

表 5-4　细菌计数结果及报告方式

| 例次 | 不同稀释度平均菌落数 | | | 两稀释度菌数之比 | 菌落总数 /(CFU/mL 或 CFU/g) | 报告方式 /(CFU/mL 或 CFU/g) |
	10^{-1}	10^{-2}	10^{-3}			
1	1365	164	20	—	16400	16000 或 1.6×10^4
2	2760	295	46	1.6	38000	38000 或 3.8×10^4
3	2890	271	60	2.2	27100	27000 或 2.7×10^4
4	不可计	4650	513	—	513000	510000 或 5.1×10^5
5	27	11	5	—	270	270 或 2.7×10^2
6	不可计	305	12	—	30500	31000 或 3.1×10^4
7	0	0	0	—	$<1 \times 10$	<10

注：CFU 为菌落形成单位。

按重量取样的样品以 CFU/g 为单位报告；按体积取样的样品以 CFU/mL 为单位报告。

5.2.4　耐热大肠菌群

耐热大肠菌群（thermotolerant coliform bacteria），系一群需氧及兼性厌氧革兰氏阴性无芽孢杆菌，在 44.5℃培养 24～48h 能发酵乳糖产酸并产气。该菌作为一种卫生指标菌，主要来自人和温血动物粪便，与大肠菌群、大肠埃希菌相似，主要以其检出情况来判断食品是否受到了粪便污染，可作为粪便污染指标来评价化妆品的卫生质量，推断化妆品中有否污染肠道致病菌的可能。

耐热大肠菌群在不同的检验方法中有不同的定义，它指的是具有某些特性的一群细菌，而非生物学分类概念。北美国家一般使用"粪大肠菌群"（fecal coliform bacteria）概念，如 AOAC、FDA。SN 中的"粪大肠菌群"概念为等同采用 AOAC 方法，故而使用粪大肠菌群概念；而欧洲使用"耐热大肠菌群"概念，较少使用"粪大肠菌群"。一般欧洲学者认为，"粪大肠菌群"的提法不太科学，耐热大肠菌群的范围比粪大肠菌群范围大。我国按《化妆品安全技术规范》（2015 年版）统一使用耐热大肠菌群表述。

我国现行对化妆品耐热大肠菌群的检验方法按《化妆品安全技术规范》（2015 年版）所规定进行检验，具体见图 5-8。而国外相关项目检测标准按 ISO 21150：2006《化妆品微生物检测——大肠杆菌的检测》执行。

5.2.4.1　仪器和设备

恒温水浴箱或隔水式恒温箱（44.5±0.5）℃，温度计，显微镜，载玻片，接种环，电磁炉，三角瓶（250mL），试管（18mm×150mm），小倒管，pH 计或 pH 试纸，高压灭菌器，灭菌刻度吸管（1mL、10mL），灭菌平皿（直径 90mm）。

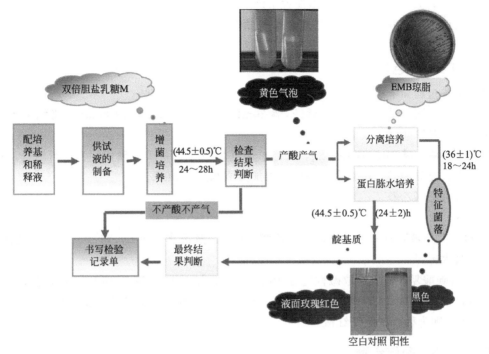

图 5-8 粪大肠菌群检测流程图

5.2.4.2 培养基和试剂

(1) 双倍乳糖胆盐（含中和剂）培养基

成分：蛋白胨 40g，猪胆盐 10g，乳糖 10g，0.4%溴甲酚紫水溶液 5mL，卵磷脂 2g，吐温-80 14g，蒸馏水 1000mL。制法：将卵磷脂、吐温-80 溶解到少量蒸馏水中。将蛋白胨、猪胆盐及乳糖溶解到其余的蒸馏水中，加到一起混匀，调 pH 到 7.4，加入 0.4%溴甲酚紫水溶液，混匀，分装试管，每管 10mL（每支试管中加一个小倒管）。115℃高压灭菌 20min。

(2) 伊红美兰（EMB）琼脂

成分：蛋白胨 10g，乳糖 10g，磷酸氢二钾 2g，琼脂 20g，2%伊红水溶液 20mL，0.5%美蓝水溶液 13mL，蒸馏水 1000mL。制法：先将琼脂加到 900mL 蒸馏水中，加热溶解，然后加入磷酸氢二钾、蛋白胨，混匀，使之溶解。再以蒸馏水补足至 1000mL。校正 pH 为 7.2~7.4，分装于三角瓶内，121℃高压灭菌 15min 备用。临用时加入乳糖并加热熔化琼脂。冷却至 60℃左右无菌操作加入灭菌的伊红美蓝溶液，摇匀。倾注平皿备用。

(3) 蛋白胨水（作靛基质试验用）

成分：蛋白胨（或胰蛋白胨）20g，氯化钠 5g，蒸馏水 1000mL。制法：将上述成分加热融化，调 pH 为 7.0~7.2，分装小试管，121℃高压灭菌 15min。

(4) 靛基质试剂

柯凡克试剂：将 5g 对二甲氨基苯甲醛溶解于 75mL 戊醇中，然后缓慢加入浓盐酸 25mL。

试验方法：接种细菌于蛋白胨水中，于（44.5±0.5）℃培养（24±2）h。沿管壁加柯凡克试剂 0.3～0.5mL，轻摇试管。阳性者于试剂层显深玫瑰红色。

注：蛋白胨应含有丰富的色氨酸，每批蛋白胨买来后，应先用已知菌种鉴定后方可使用。

（5）革兰氏染色液

染液制备过程如下。

结晶紫染色液：结晶紫 1g，95％乙醇 20mL，1％草酸铵水溶液 80mL，将结晶紫溶于乙醇中，然后与草酸铵溶液混合。

革兰氏碘液：碘 1g，碘化钾 2g，蒸馏水加至 300mL，将碘与碘化钾先进行混合，加入蒸馏水少许，充分振摇，待完全溶解后，再加蒸馏水至 300mL。

脱色液：95％乙醇。

复染液：

① 沙黄复染液：沙黄 0.25g，95％乙醇 10mL，蒸馏水 90mL，将沙黄溶解于乙醇中，然后用蒸馏水稀释。

② 稀石碳酸复红液：称取碱性复红 10g，研细，加 95％乙醇 100mL，放置过夜，滤纸过滤。取该液 10mL，加 5％石碳酸水溶液 90mL 混合，即为石碳酸复红液。再取此液 10mL 加水 90mL，即为稀石碳酸复红液。

5.2.4.3 操作步骤

取 10mL 1∶10 稀释的检液，加到 10mL 双倍乳糖胆盐（含中和剂）培养基中，置 (44.5±0.5)℃培养箱中培养 24h，如既不产酸也不产气，继续培养至 48h，如仍既不产酸也不产气，则报告为耐热大肠菌群阴性。

如产酸产气，划线接种到伊红美蓝琼脂平板上，置 (36±1)℃培养 18～24h。同时取该培养液 1～2 滴接种到蛋白胨水中，置 (44.5±0.5)℃培养 (24±2)h。

经培养后，在上述平板上观察有无典型菌落生长。耐热大肠菌群在伊红美蓝琼脂培养基上的典型菌落呈深紫黑色，圆形，边缘整齐，表面光滑湿润，常具有金属光泽。也有的呈紫黑色，不带或略带金属光泽，或粉紫色，中心较深的菌落，亦常为耐热大肠菌群，应注意挑选。

挑取上述可疑菌落，涂片作革兰氏染色镜检。

在蛋白胨水培养液中，加入靛基质试剂约 0.5mL，观察靛基质反应。阳性者液面呈玫瑰红色；阴性反应液面呈试剂本色。

5.2.4.4 检验结果报告

根据发酵乳糖产酸产气，平板上有典型菌落，并经证实为革兰氏阴性短杆菌，靛基质试验阳性，则可报告被检样品中检出耐热大肠菌群。

5.2.5 铜绿假单胞菌

铜绿假单胞菌（*Pseudomonas aeruginosa*），也称绿脓杆菌，属于假单胞菌属，为革兰氏阴性杆菌，氧化酶阳性，能产生绿脓菌素。此外还能液化明胶，还原硝酸盐为亚硝酸盐，在 (42±1)℃条件下能生长。

它在自然界分布甚广，空气、水、土壤中均有存在，在潮湿处可长期生存，对外环境的抵抗力比其他细菌强，抗干燥的能力也强。含水分较多的原料、化妆品易受其污染，铜绿假单胞菌对人类有致病力，常引起人体的眼、皮肤等处感染，特别是烧伤、烫伤及外伤患者感染上铜绿假单胞菌常使病情恶化，严重时可引起败血症，眼睛受伤感染后可使角膜溃疡并穿孔，严重时可致失明。目前，铜绿假单胞菌已是防止感染、药品和化妆品及水等必须严加控制的重要病原菌之一。我国《化妆品安全技术规范》（2015年版）规定在化妆品中不得检出此菌。

我国现行对化妆品铜绿假单胞菌的检验方法按《化妆品安全技术规范》（2015年版）所规定进行检验，具体见图5-9。而国外相关项目检测标准按 ISO 22717：2006《化妆品微生物检测——铜绿假单胞菌的检测》操作。

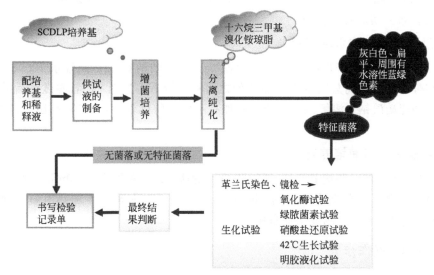

图 5-9　铜绿假单胞菌的检测流程图

5.2.5.1　仪器和设备

恒温培养箱（36±1）℃、（42±1）℃，三角瓶（250mL），试管（18mm×150mm），灭菌平皿（直径90mm），灭菌刻度吸管（1mL、10mL），显微镜，载玻片，接种针、接种环，电磁炉，高压灭菌器，恒温水浴箱。

5.2.5.2　培养基和试剂

(1) SCDLP 液体培养基（见总则）

(2) 十六烷基三甲基溴化铵培养基

成分：牛肉膏3g，蛋白胨10g，氯化钠5g，十六烷基三甲基溴化铵0.3g，琼脂20g，蒸馏水1000mL。制法：除琼脂外，将上述成分混合加热溶解，调pH为7.4~7.6，加入琼脂，115℃高压灭菌20min后，制成平板备用。

(3) 乙酰胺培养基

成分：乙酰胺10g，氯化钠5g，无水磷酸氢二钾1.39g，无水磷酸二氢钾0.73g，硫酸镁（MgSO$_4$·7H$_2$O）0.5g，酚红 0.012g，琼脂 20g，蒸馏水 1000mL。制法：除琼脂和酚红外，将其他成分加到蒸馏水中，加热溶解，调 pH 为 7.2，加入琼脂、酚红，121℃高压灭菌 20min 后，制成平板备用。

（4）绿脓菌素测定用培养基

成分：蛋白胨 20g，氯化镁 1.4g，硫酸钾 10g，琼脂 18g，甘油（化学纯）10g，蒸馏水 1000mL。制法：将蛋白胨、氯化镁和硫酸钾加到蒸馏水中，加温使其溶解，调 pH 至 7.4，加入琼脂和甘油，加热溶解，分装于试管内，115℃高压灭菌 20min 后，制成斜面备用。

（5）明胶培养基

成分：牛肉膏 3g，蛋白胨 5g，明胶 120g，蒸馏水 1000mL。制法：取各成分加到蒸馏水中浸泡 20min，随时搅拌加温使之溶解，调 pH 至 7.4，分装于试管内，经 115℃高温灭菌 20min 后，直立制成高层备用。

（6）硝酸盐蛋白胨水培养基

成分：蛋白胨 10g，酵母浸膏 3g，硝酸钾 2g，亚硝酸钠 0.5g，蒸馏水 1000mL。制法：将蛋白胨和酵母浸膏加到蒸馏水中，加热使之溶解，调 pH 为 7.2，煮沸过滤后补足液量，加入硝酸钾和亚硝酸钠，溶解混匀，分装到加有小倒管的试管中，115℃高压灭菌 20min 后备用。

（7）普通琼脂斜面培养基

成分：蛋白胨 10g，牛肉膏 3g，氯化钠 5g，琼脂 15g，蒸馏水 1000mL。制法：除琼脂外，将其余成分溶解于蒸馏水中，调 pH 为 7.2～7.4，加入琼脂，加热溶解，分装试管，121℃高压灭菌 20min 后，制成斜面备用。

5.2.5.3 操作步骤

增菌培养：取 1∶10 样品稀释液 10mL 加到 90mL SCDLP 液体培养基中，置（36±1）℃培养 18～24h。如有铜绿假单胞菌生长，培养液表面多有一层薄菌膜，培养液常呈黄绿色或蓝绿色。

分离培养：从培养液的薄膜处挑取培养物，划线接种在十六烷三甲基溴化铵琼脂平板上，置（36±1）℃培养 18～24h。凡铜绿假单胞菌在此培养基上，其菌落扁平无定型，向周边扩散或略有蔓延，表面湿润，菌落呈灰白色，菌落周围培养基常扩散有水溶性色素。

在缺乏十六烷三甲基溴化铵琼脂时也可用乙酰胺培养基进行分离，将菌液划线接种于平板上，置（36±1）℃培养（24±2）h，铜绿假单胞菌在此培养基上生长良好，菌落扁平，边缘不整，菌落周围培养基呈红色，其他菌不生长。

染色镜检：挑取可疑的菌落，涂片，革兰氏染色，镜检为革兰氏阴性者应进行氧化酶试验。

氧化酶试验：取一小块洁净的白色滤纸片置于灭菌平皿内，用无菌玻璃棒挑取铜绿假单胞菌可疑菌落涂在滤纸片上，然后在其上滴加一滴新配制的 1%二甲基对苯二胺试液，在 15～30s 之内，出现粉红色或紫红色时，为氧化酶试验阳性；若培养物不变色，为氧化酶试验阴性。

绿脓菌素试验：取可疑菌落 2～3 个，分别接种在绿脓菌素测定培养基上，置（36±1）℃培养（24±2）h，加入氯仿 3～5mL，充分振荡使培养物中的绿脓菌素溶解于氯仿液内，待氯仿提取液呈蓝色时，用吸管将氯仿移到另一试管中并加入 1mol/L 的盐酸 1mL

左右，振荡后，静置片刻。如上层盐酸液内出现粉红色到紫红色时为阳性，表示被检物中有绿脓菌素存在。

硝酸盐还原产气试验：挑取可疑的铜绿假单胞菌纯培养物，接种在硝酸盐胨水培养基中，置（36±1）℃培养（24±2）h，观察结果。凡在硝酸盐胨水培养基内的小倒管中有气体者，即为阳性，表明该菌能还原硝酸盐，并将亚硝酸盐分解产生氮气。

明胶液化试验：取铜绿假单胞菌可疑菌落的纯培养物，穿刺接种在明胶培养基内，置（36±1）℃培养（24±2）h，取出放置于（4±2）℃冰箱10～30min，如仍呈溶解状或表面溶解时即为明胶液化试验阳性；如凝固不溶者为阴性。

42℃生长试验：挑取可疑的铜绿假单胞菌纯培养物，接种在普通琼脂斜面培养基上，置于（42±1）℃培养箱中，培养24～48h，铜绿假单胞菌能生长，为阳性，而近似的荧光假单胞菌则不能生长。

5.2.5.4　检验结果报告

被检样品经增菌分离培养后，经证实为革兰氏阴性杆菌，氧化酶及绿脓菌素试验皆为阳性者，即可报告被检样品中检出铜绿假单胞菌；如绿脓菌素试验阴性而液化明胶、硝酸盐还原产气和42℃生长试验三者皆为阳性时，仍可报告被检样品中检出铜绿假单胞菌。

5.2.6　金黄色葡萄球菌

金黄色葡萄球菌（*Staphylococcus aureus*），为革兰氏阳性球菌，显微镜下排列成葡萄串状，无芽孢、鞭毛，无荚膜，能分解甘露醇，血浆凝固酶阳性。金黄色葡萄球菌具有抗干燥、耐热、耐低温、耐高渗的特性。在干燥环境中存活数月；空气中存在，但不繁殖。

该菌在自然界中无处不在，空气、水、灰尘及人和动物的排泄物中都可找到。并且是葡萄球菌中对人类致病力最强的一种，能引起人体局部化脓性病灶，严重时可导致败血症。国内外膏霜类化妆品中曾检出此种细菌，因此，在化妆品中检测金黄色葡萄球菌具有重要卫生意义。我国《化妆品安全技术规范》（2015年版）规定：在化妆品中不得检出金黄色葡萄球菌。

我国现行对化妆品金黄色葡萄球菌的检验方法按《化妆品安全技术规范》（2015年版）所规定进行检验，具体见图5-10。而国外相关项目检测标准按ISO 22718：2006《化妆品微

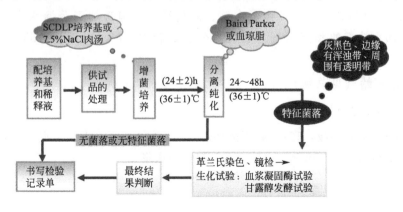

图 5-10　金黄色葡萄球菌的检测流程图

生物检测——金黄色葡萄球菌的检测》执行。

5.2.6.1 仪器和设备

显微镜，恒温培养箱（36±1）℃，离心机，灭菌刻度吸管（1mL、10mL），试管（18mm×150mm），载玻片，酒精灯，三角瓶（250mL），高压灭菌器，恒温水浴箱。

5.2.6.2 培养基和试剂

（1）SCDLP 液体培养基（见总则）

（2）营养肉汤

成分：蛋白胨 10g，牛肉膏 3g，氯化钠 5g，蒸馏水加至 1000mL。制法：将上述成分加热溶解，调 pH 值为 7.4，分装，121℃高压灭菌 15min。

（3）7.5％的氯化钠肉汤

成分：蛋白胨 10g，牛肉膏 3g，氯化钠 75g，蒸馏水加至 100mL。制法：将上述成分加热溶解，调 pH 为 7.4，分装，121℃高压灭菌 15min。

（4）Baird Parker 平板

成分：胰蛋白胨 10g，牛肉膏 5g，酵母浸膏 1g，丙酮酸钠 10g，甘氨酸 12g，氯化锂（LiCl·6H₂O）5g，琼脂 20g，蒸馏水 950mL，pH（7.0±0.2）。增菌剂的配制：30％卵黄盐水 50mL 与除菌过滤的 1％亚碲酸钾溶液 10mL 混合，保存于冰箱内。制法：将各成分加到蒸馏水中，加热煮沸完全溶解，冷至（25±1）℃校正 pH。分装每瓶 95mL，121℃高压灭菌 15min。临用时加热溶化琼脂，每 95mL 加入预热至 50℃左右的卵黄亚碲酸钾增菌剂 5mL，摇匀后倾注平板。培养基应是致密不透明的。使用前在冰箱贮存不得超过（48±2）h。

（5）血琼脂培养基

成分：营养琼脂 100mL，脱纤维羊血（或兔血）10mL。制法：将营养琼脂加热融化，待冷至 50℃左右无菌操作加入脱纤维羊血，摇匀，制成平板，置冰箱内备用。

（6）甘露醇发酵培养基

成分：蛋白胨 10g，氯化钠 5g，甘露醇 10g，牛肉膏 5g，0.2％麝香草酚蓝溶液 12mL，蒸馏水 1000mL。制法：将蛋白胨、氯化钠、牛肉膏加到蒸馏水中，加热溶解，调 pH 7.4，加入甘露醇和指示剂，混匀后分装试管中，68.95kPa、115℃、20min 灭菌备用。

（7）液体石蜡（见总则）

（8）兔（人）血浆制备

取 3.8％柠檬酸钠溶液，121℃高压灭菌 30min，1 份加兔（人）全血 4 份，混匀静置；2000～3000r/min 离心 3～5min。血球下沉，取上面血浆。

5.2.6.3 操作步骤

增菌：取 1∶10 稀释的样品 10mL 接种到 90mL SCDLP 液体培养基中，置（36±1）℃

培养箱，培养（24±2）h。（注：如无此培养基也可用7.5%氯化钠肉汤。）

分离：自上述增菌培养液中，取1～2接种环，划线接种在Baird Parker平板培养基，如无此培养基也可划线接种到血琼脂平板，置（36±1）℃培养48h。在血琼脂平板上菌落呈金黄色，圆形，不透明，表面光滑，周围有溶血圈。在Baird Parker平板培养基上为圆形，光滑，凸起，湿润，颜色呈灰色到黑色，边缘为淡色，周围为一混浊带，在其外层有一透明带。用接种针接触菌落似有奶油树胶的软度。偶然会遇到非脂肪溶解的类似菌落，但无混浊带及透明带。挑取单个菌落分纯在血琼脂平板上，置（36±1）℃培养（24±2）h。

染色镜检：挑取分纯菌落，涂片，进行革兰氏染色，镜检。金黄色葡萄球菌为革兰氏阳性菌，排列成葡萄状，无芽孢，无荚膜，致病性葡萄球菌，菌体较小，直径约为0.5～1μm。

甘露醇发酵试验：取上述分纯菌落接种到甘露醇发酵培养基中，在培养基液面上加入高度为2～3mm的灭菌液体石蜡，置（36±1）℃培养（24±2）h，金黄色葡萄球菌应能发酵甘露醇产酸。

血浆凝固酶试验：吸取1∶4新鲜血浆0.5mL，置于灭菌小试管中，加入待检菌（24±2）h肉汤培养物0.5mL。混匀，置（36±1）℃恒温箱或恒温水浴中，每半小时观察一次，6h之内如呈现凝块即为阳性。同时以已知血浆凝固酶阳性和阴性菌株肉汤培养物及肉汤培养基各0.5mL，分别加入无菌1∶4血浆0.5mL，混匀，作为对照。

5.2.6.4 检验结果报告

凡在上述选择平板上有可疑菌落生长，经染色镜检，证明为革兰氏阳性葡萄球菌，并能发酵甘露醇产酸，血浆凝固酶试验阳性者，可报告被检样品检出金黄色葡萄球菌。

5.2.7 霉菌和酵母菌

霉菌（mould）是真菌的一种，其特点是菌丝体较发达，无较大的子实体。同其他真菌一样，也有细胞壁，以寄生或腐生方式生存。构成霉菌体的基本单位称为菌丝，呈长管状，宽度2～10μm，可不断自前端生长并分枝。无隔或有隔，具1至多个细胞核。

酵母（yeast）是一种单细胞真菌，在有氧和无氧环境下都能生存，属于兼性厌氧菌，细胞宽度（直径）约2～6μm，长度5～30μm，有的则更长，个体形态有球状、卵圆、椭圆、柱状和香肠状等。

霉菌和酵母菌数测定（Determination of mould and yeast count）：化妆品检样在一定条件下培养后，1g或1mL化妆品中所污染的活的霉菌和酵母菌数量，借以判明化妆品被霉菌和酵母菌污染程度及其一般卫生状况。

我国现行对化妆品霉菌和酵母菌的检验方法按《化妆品安全技术规范》（2015年版）所规定进行检验，具体操作见图5-11。而国外相关项目检测标准按ISO 16212：2008《化妆品微生物检测——霉菌和酵母菌计数》执行。

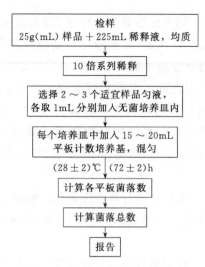

图 5-11　霉菌和酵母菌检测流程图

5.2.7.1　仪器和设备

恒温培养箱（28±2）℃，振荡器，三角瓶（250mL），试管（18mm×150mm），灭菌平皿（直径 90mm），灭菌刻度吸管（1mL、10mL），量筒（200mL），酒精灯，高压灭菌器，恒温水浴箱。

5.2.7.2　培养基和试剂

(1)　生理盐水（见总则）

(2)　虎红（孟加拉红）培养基

成分：蛋白胨 5g，葡萄糖 10g，磷酸二氢钾 1g，硫酸镁（含 $7H_2O$）0.5g，琼脂 20g，1/3000 虎红溶液 100mL，蒸馏水加至 1000mL，氯霉素 100mg。制法：将上述各成分（除虎红外）加入蒸馏水中溶解后，再加入虎红溶液。分装后，121℃高压灭菌 20min，另用少量乙醇溶解氯霉素，溶解过滤后加入培养基中，若无氯霉素，使用时每 1000mL 加链霉素 30mg。

5.2.7.3　操作步骤

样品稀释：见菌落总数测定。

取 1∶10、1∶100、1∶1000 的检液各 1mL 分别注入灭菌平皿内，每个稀释度各用 2 个平皿，注入溶化并冷至（45±1）℃左右的虎红培养基，充分摇匀。凝固后，翻转平板，置（28±2）℃培养 5d，观察并记录。另取一个不加样品的灭菌空平皿，加入约 15mL 虎红培养基，待琼脂凝固后，翻转平皿，置（28±2）℃培养箱内培养 5d，为空白对照。

计算方法：先点数每个平板上生长的霉菌和酵母菌菌落数，求出每个稀释度的平均菌落数。判定结果时，应选取菌落数在 5～50 个范围之内的平皿计数，乘以稀释倍数后，即为每 g（或每 mL）检样中所含的霉菌和酵母菌数。其他范围内的菌落数报告应参照菌落总数的报告方法报告之。

每 g（或每 mL）化妆品含霉菌和酵母菌数以 CFU/g（mL）表示。

5.2.8 其他菌的检测

化妆品微生物检测项目除上述五节介绍的常规检测项外还有一些其他检测项目,常见的有需氧芽孢杆菌和蜡样芽孢杆菌(SN/T 2206.2—2009)[21]、洋葱伯克霍尔德菌(SN/T 4485—2016)[22] 等。

5.3 化妆品微生物实验室的建立与评价

5.3.1 化妆品微生物实验室概况

化妆品微生物实验室主要用于各类化妆品中微生物项目的检测,目前主要检测项目有菌落总数、耐热大肠菌群、铜绿假单胞菌、金黄色葡萄球菌、霉菌和酵母菌等。化妆品微生物实验室的生物安全防护等级为二级,以 BSL-2 表示。所检测微生物为第三类病原微生物,即对人或者动物能够引起疾病,但一般情况下对人、动物或者环境不构成严重危害,传播风险有限,实验室感染后很少引起严重疾病,并且具备有效预防和治疗措施的微生物。

化妆品微生物实验室应设置成独立的区域,与其他实验室分开,门口设有门禁,非相关人员不得进入,各室根据工作内容合理布局,既方便工作又互不影响。

5.3.2 化妆品微生物实验室功能分区

化妆品微生物实验室总体布局设计应遵循"单方向工作流程"原则,减少和避免潜在的污染和生物危害。不同功能的实验区域要有效隔离,同时,实验室张贴与检测活动生物安全等级相对应的生物危害标识。

化妆品微生物实验室主要由样品室、配制室、清洗室、消毒灭菌室、无菌室、培养室、普通实验室和报告登记室组成。这些房间的共同特点是地板和墙壁的质地光滑坚硬,选用易于清洁、不易起尘的难燃材料,仪器和设备的陈设简洁,同时便于卫生打扫。

(1) 样品室

用于存放待检测样品、在检及检毕样品的房间。样品要有状态标识。

(2) 配制室

配制室是用于培养基的配制等。室内应设有药品试剂柜、存放器皿或耗材的专柜、实验台、电磁炉、冰箱、纯水机、pH 计等设施。

(3) 清洗室

清洗室是用于器皿耗材的清洗等。由于使用过的器皿耗材存在被微生物污染的风险,所以需及时灭菌消毒清洗。清洗室内应备有超声清洗器、加热器、蒸锅,洗刷器皿用的盆、桶等,还应有各种瓶刷、去污粉、肥皂、洗衣粉等。

（4）消毒灭菌室

消毒灭菌室主要用于培养基的灭菌和各种器具的灭菌。室内应备有高压蒸汽灭菌锅、干燥箱等灭菌设备及设施。其中，应设置废弃物高压蒸汽灭菌锅，专门用于废弃物的灭菌处理。此外，已灭菌物品与待灭菌物品应明显区分隔离开。

（5）无菌室

无菌室是用于系统接种、纯化菌种等无菌操作的专用实验室。净化要求级别为万级。采用人流、物流分开原则，减少实验污染，保证安全。无菌室内温度常年保持在 20～24℃，湿度保持在 45%～60%。

无菌室应有内、外两间，内间是无菌室，外间是缓冲间，且房间容积不宜过大。缓冲间与无菌室之间应设置风淋室，能有效清除人体所带灰尘，减少无菌室的灰尘量，同时风淋室也起到了气闸的作用，防止不洁净空气由门进入无菌区。

缓冲间设置一级、二级缓冲间，一级缓冲间设置挂衣装置，满足将普通工作服与实验室工作服分开挂放的要求以及一个更鞋柜。二级缓冲间内应设有洗手池，且配备自动感应水龙头，下方不带柜体，做到不留死角，以便于清洗。无菌间应开一个小窗，作为传递舱，用于无菌作业期间内外物品传递的通道，以减少人员进出无菌间的次数，降低污染程度。

无菌室应有一定比例的新鲜空气供给，所以应安装独立的送排风系统以控制无菌室气流方向和压力梯度，保证正压及工作人员需要。排风口装有高效过滤器，送风口装有高效过滤静压箱，室内送排风由上送下排方式，使无菌室内的气流死角和涡流降至最低程度。

无菌室内应安装紫外灯。内室的紫外灯应安装在经常工作的座位正上方，外室的紫外线灯可安装在外室中央。在每次使用无菌室前进行紫外灯照射杀菌消毒，通常紫外灯照射30～60min。

无菌室内应配备相应仪器设备，如电子天平、均质器、水浴锅、水浴恒温摇床、生物安全柜等。

（6）培养室

培养室是用于样品的培养。培养室内应设有安装有效控制温湿度的恒温恒湿机以及安装空气过滤装置的通风口，保证样品培养条件。小规模的培养也可在恒温恒湿培养箱中进行。化妆品微生物一般使用 36℃、44.5℃培养温度。

同时，设置霉菌培养专用培养室或培养箱，防止霉菌孢子四散污染培养环境。一般使用28℃培养箱培养霉菌。

（7）普通实验室

普通实验室是进行微生物的观察、计数和生化鉴定工作的场所。一般均配备实验台、显微镜、柜子及凳子等。有条件的可配备其他仪器设备，如全自动菌落计数仪、革兰氏染色仪、全自动微生物鉴定仪等。实验台要求平整、光滑，实验柜要足以容纳日常使用的用具及药品等。

（8）报告登记室

用于工作人员登记、出具检测结果报告、处理相关文件资料的地方。

化妆品微生物检测实验室典型布局图，见图 5-12。

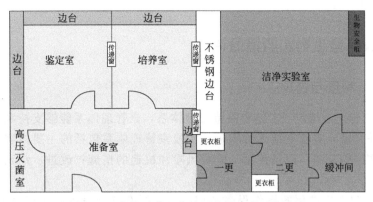

图 5-12　化妆品微生物检测实验室典型布局图

5.3.3　化妆品微生物实验室常用仪器及功能

化妆品微生物实验室常用的仪器及功能，见表 5-5。

表 5-5　化妆品微生物实验室常用仪器及功能

常用仪器名称	主要功能
电子天平	用于样品、试剂、培养基的称量
纯水机	用于制备实验用二级纯水
pH 计	用于培养基、试剂等 pH 的测定和调整
冰箱	用于样品和试剂的保存等
电磁炉	用于培养基、试剂的加热溶解等
超声清洗机	用于玻璃试管的清洗等
高压灭菌锅	用于培养基、器皿等的灭菌消毒
干燥箱	用于玻璃器皿、吸管等的烘干、干燥等
生物安全柜	为实验的开展提供一个相对无菌的操作台
均质器	用于固体或半固体样品的均质
水浴锅	用于培养基的冷却保温等
水浴恒温摇床	用于微生物培养和一些生理生化反应等
恒温培养室	用于微生物的培养
恒温恒湿培养箱	用于微生物的培养
全自动菌落计数仪	用于微生物菌落计数及区分
革兰氏染色仪	用于微生物革兰氏染色
荧光显微镜	用于观察微生物的形态和动力等
全自动微生物鉴定仪	用于微生物的鉴定

5.3.4　化妆品微生物实验室建设相关标准

化妆品微生物实验室建设相关标准，主要可参考以下标准：

《洁净室施工及验收规范》（GB 50591—2010）[23]；《洁净厂房设计规范》（GB 50073—2013）[24]；《生物安全实验室建筑技术规范》（GB 50346—2011）[25]；《实验室生物安全通用

要求》（GB 19489—2008）[26]。

5.3.5 化妆品微生物实验室的评价

5.3.5.1 制度与管理

① 实验室应建立、编制、实施和保持管理体系，该管理体系能够支持和证明实验室持续满足要求，并且保证实验室结果的质量。实验室管理体系包括的主要内容有管理体系文件；管理体系文件的控制；记录控制；应对风险和机遇的措施；改进、纠正措施；内部审核；管理评审等。

② 实验室应建立标准化的操作程序和规程，主要有仪器设备操作程序规程；配制室、无菌间、消毒灭菌室操作程序规程等。

③ 实验室应有日常的监控记录和使用记录，主要有检验原始记录；培养基配制验收记录；高压灭菌记录；废弃物处理记录；培养室培养箱温度监控记录；无菌室消毒灭菌、温湿度监控记录等。

5.3.5.2 环境与设施

① 建立符合要求的污水处理系统，废弃物按有关规定由专人管理，并定时移交有资质的医疗废弃物处理公司处理，不影响周边环境及居民。

② 实验室布局合理，各区有明显警示标识，形成有效阻隔。实验室的走廊和通道不妨碍人员和物品通过。紧急出口有明显的标识。实验室内温度、湿度、照度、噪声和洁净度等室内环境参数符合工作要求和卫生等相关要求。

③ 实验室的门有可视窗并可锁闭，门锁及门的开启方向不妨碍室内人员逃生。

④ 实验室门口处装有挂衣装置，可将个人服装与实验室工作服分开放置。

⑤ 每个实验室应设置洗手池，设置在靠近出口处。

⑥ 实验室台和座椅等稳固，边角圆滑，实验台面为防水、耐腐蚀、耐热和坚固的材料。

⑦ 设置洗眼装置，紧急喷淋装置。有应急照明装置。

⑧ 实验室配备消毒液、一次性手套、工作服、护目镜等防护用品。

5.3.5.3 人员与培训

① 实验室设置生物安全责任人和生物安全监督员，负责咨询、指导、评估、监督实验室的生物安全相关事宜，预防生物安全事故的发生。

② 实验室人员需进行生物安全培训，充分认识和理解所从事工作的风险。

③ 实验室人员应自觉遵守实验室的管理规定和要求，按照规定正确使用设施、设备和个体防护装备。

5.4 化妆品微生物检测的质量控制

化妆品微生物检验质量控制是为了保证化妆品微生物学实验室检验结果客观、真实、实事求是地反映检验结果而建立的操作程序体系，可有效保证细菌的培养、分离、鉴定及血清学试验等的准确性，避免因操作变化导致检验结果错误。微生物实验室检验是化妆品质量控制与安全评价的重要内容，以微生物实验室检验的结果和质量控制结果作为各项卫生行政执法行为的重要依据[27]。合理有效的质量控制措施是微生物检验的重要保障，实验室检测的质量控制将直接影响到最终实验检测结果的可靠性以及准确性。化妆品微生物检测的质量要求主要依据有《检验检测机构资质认定能力评价检验检测机构通用要求》（RB/T 214—2017）[28]、CNAS-CL01：2018《检测和校准实验室能力认可准则》[29]、CNAS-CL01-G001：2018《检测和校准实验室能力认可准则应用要求》以及 CNAS-CL01-A001：2018《检测和校准实验室能力认可准则在微生物检测领域的应用说明》，在人员、场所环境、设备设施、管理体系等方面对检测实验室提出了通用要求，也是化妆品微生物检验质量控制的重要内容，我们将从这些方面进行重点阐述。

5.4.1　基本要求

① 检验检测机构及其人员从事检验检测活动，应遵守国家相关法律法规的规定，遵循客观独立、公平公正、诚实信用原则，恪守职业道德，承担社会责任。

② 检验检测机构应建立和保持维护其公正和诚信的程序。检验检测机构及其人员应不受来自内外部的、不正当的商业、财务和其他方面的压力和影响，确保检验检测数据、结果的真实、客观、准确和可追溯。检验检测机构不得使用同时在两个及以上检验检测机构从业的人员。

③ 检验检测机构应建立和保持保护客户秘密和所有权的程序，该程序应包括保护电子存储和传输结果信息的要求。检验检测机构及其人员应对其在检验检测活动中所知悉的国家秘密、商业秘密和技术秘密负有保密义务，并制定和实施相应的保密措施。

④ 实验室应制定规章制度与员工守则，严守实验室机密和公正制度。任何人员必须对送检样品的检测结果和客户提供的原料配方、检验方法等技术资料严格保密，严禁擅自提供、通报给第三方。

⑤ 适用时，当样品中检出致病菌（包括客户要求以外的致病菌），实验室应及时通知客户，必要时上报相关的主管部门。

⑥ 涉及生物安全实验室，应符合相应国家、行业、地方的标准和规定。在本实验室固定设施以外场所，如在临时实验室、移动实验室、抽样现场或野外现场进行检测和抽取样品，应在适当的技术控制和有效监督下进行。

⑦ 实验室应设置负责生物安全的责任人和生物安全监督员、规定了生物安全责任人的作用和职责。实验室技术管理者中至少包括一名成员，具有微生物或与微生物密切相关专业本科以上学历以及三年以上微生物检测工作经历。该成员应负责指导或培训检验人员常规微生物实验。

5.4.2　资源要求

5.4.2.1　人员

所有可能影响实验室活动的人员，应熟悉生物检测安全操作知识和消毒灭菌知识，应行为公正、有能力、并按照实验室管理体系要求工作。

实验室从事微生物检测的关键检测人员应至少具有微生物或相关专业专科以上的学历，或者具有 10 年以上微生物检测工作经历。授权签字人应具有微生物相关专业本科以上学历，并具有 3 年以上相关技术工作经历。如果不具备上述条件，应具有微生物相关专业专科以上的学历和 10 年的微生物相关领域检测工作经历。

实验室人员应熟悉生物检测安全操作知识和消毒灭菌知识。实验室选用检测人员时，应考虑有颜色视觉障碍的人员不能执行某些涉及辨色的试验。

如实验室使用的高压蒸汽灭菌器不属于简单压力容器（定义参见《简单压力容器安全技术监察规程》TSG R0003—2007）时，操作人员应持有特种作业人员证书。

人员能力确认记录包括对其当前工作的描述、资历（所学专业、学历学位、技术职称）和培训情况、岗位确认、确认人/确认日期等信息。必备理论知识包括实验室认可通用准则及其应用说明、测量不确定度评估基本知识、计量溯源基本知识、管理体系内审员资格、生物安全知识。专业知识包括掌握检验、检疫、检测、鉴定微生物专业基本技能，掌握相关仪器设备操作技能，熟悉各检验检疫技术领域的方法，包括国家标准（例如食品安全国家标准、产品标准、卫生标准、检测方法标准等）、行业标准、地方标准、国际/区域性标准、行业规范、公告、便函、文献、技术书籍等，具备对从事检验、检疫、检测、鉴定对象总体技术的专业水平评估和判断能力，具备采抽样、合同评审、证书编制等关键支持岗位的工作技能。

人员能力确认记录相关信息见表 5-6，人员能力确认记录见表 5-7。

表 5-6　人员能力确认记录相关信息表

一、质量控制要求

基本要求		理解/掌握的途径（可多选）
必备理论知识	实验室认可通用准则及其应用说明	□CL01□CL09□CL10
	化妆品安全及相关知识培训	□涉及□不涉及 □单位培训□实验室培训 □自学
	测量不确定度评估基本知识	□涉及□不涉及 □单位或授权的机构培训
	计量溯源基本知识	□涉及□不涉及 □单位或授权的机构培训
	管理体系内审员资格	□涉及□不涉及 □单位或授权的机构培训
	生物安全知识	□病原微生物实验室生物安全管理条例 □其他

二、技术能力要求

基本要求		大型仪器设备操作技能（可多选）
微生物检验检测专业要求	□器皿洗涤及消毒 □培养基配制 □常规微生物指标菌检测 □化妆品微生物计数 □化妆品致病菌检测 □化妆品防腐剂功效检测 □化妆品抑菌率检测 □化妆品防腐挑战试验 □培养基性能检测 □抗菌性能检测	□VITEK 全自动微生物鉴定系统 □VIDAS 全自动微生物鉴定系统 □基因芯片 □酶标仪 □高压灭菌设备 □荧光 PCR 仪 □普通 PCR 及凝胶成像系统

表 5-7　人员能力确认记录

序号	姓名	所学专业	学历学位	技术职称	岗位职责	确认人/确认日期	备注
01	＊＊＊	微生物学	博士	研究员	技术负责人/授权签字人/内审员/生物安全责任人/监督员	李××20××.××.××	

实验室应制定人员培训和继续教育计划。计划内容应包括常规微生物检测、无菌操作、生物防护、生物安全柜维护等方面知识的专门培训，并掌握相关的知识和具备专业技能。微生物检验不能完全依赖全自动鉴定仪器，检测的每一步骤均需要有高度的主观分析和判断能力，与个人经验、技能和微生物检验的基础知识水平密切相关。除了要求检验人员必须具备严肃认真的工作态度、精密细致的观察和操作习惯，还必须熟悉掌握微生物检验技术。检验人员应该主动参加学习、培训、讲座，学习新技术，掌握微生物检验方法、标准和相关法律法规。实验室负责人定期对检验人员进行专业知识和操作手段程度考核，提高检验人员的素质。

实验室应通过内部质量控制、能力验证或使用实验室间比对等方式评估检测人员的能力和确认其资格。检验人员通过参加各类水平测试和盲样测试，提高检测水平和分析问题、解决问题的能力。新上岗人员以及间隔一定时间重新上岗的人员应重新评估。当检测人员或授权签字人职责变更或离开岗位 6 个月以上再上岗，应重新考核确认。

实验室要制定人员能力监控方案对检验员的能力进行持续监控，监控方案包括监控员、被监控人员、能力监控内容/项目、监控方式、监控日期、监控结果评价依据、监控结果偏离采取措施等，见表 5-8。

表 5-8　人员能力监控方案

监控员	被监控人员	能力监控内容/项目	监控方式	监控日期	监控结果评价依据	监控结果偏离采取措施	备注

5.4.2.2　设施和环境条件

实验室环境安全、卫生条件、生物安全都关系到检验工作的质量，实验室应制定相关规章制度，确保检验工作在符合有关检验技术规范要求的环境下实施。微生物检验均在实验室进行，既不能让微生物散布出去，又必须保证样品不再受污染，更不能允许病原菌感染检验人员，因此实验室的环境要求和卫生管理制度非常重要，实验室总体布局和各部位安排应减少对样本潜在的污染和对人潜在的危害。

实验室安全设施，实验室水、煤气、仪器使用，载气的管道铺设以及电源线路的接驳必须遵守上级单位的要求；每间实验室和仪器分析室内均必须配备在使用有效期内的消防灭火器材。

实验室的建设、总体布局和设施应能满足从事微生物检验工作的需要，且符合所开展微生物检测活动生物安全等级的要求。微生物检验应制定合理完善的卫生管理制度，工作人员必须每天坚持做好环境卫生工作，防止灰尘飞扬。对各个环节进行消毒，对经培养的微生物或者培养液、用过的检样及其他废弃物应投入指定的容器内，经过无害化处理方可排放，禁止乱扔乱放，以防某些病菌微生物的散播。

化妆品等生产区与实验室应有相应的物理隔断，确保实验室和生产区不能有交叉污染。办公室应与实验室有效隔离，有措施防止交叉污染。

对影响检测结果或涉及生物安全的设施和环境条件的技术要求应制定成文件。微生物检验过程中，检验工作环境保持无菌状态是检验过程的关键控制点。为了预防环境中微生物的污染，为此特别对无菌工作区域、用具进行标识，以控制和保证检验工作质量。

① 对需要在洁净条件下工作的区域，实验室应能有效地监控和记录环境条件。当条件不满足检测方法要求或者可能影响到检测的结果时，实验室应停止检测。实验室温/湿度记录见表 5-9。

表 5-9　实验室温/湿度记录

房间号				房间号			
日期	温/湿度状况	记录人	备注	日期	温/湿度状况	记录人	备注
1				1			
2				2			
3				3			
4				4			
5				5			
6				6			
7				7			
8				8			
9				9			
10				10			
11				11			
12				12			
13				13			
14				14			
15				15			
16				16			
17				17			
18				18			
19				19			
20				20			
21				21			
22				22			
23				23			
24				24			
25				25			
26				26			
27				27			
28				28			
29				29			
30				30			
31				31			

注："√"表示温度在 15～25℃为正常；湿度在 20%～80%为正常。

② 对需要使用的无菌工器具和器皿应能正确实施灭菌。无菌工器具和器皿应有明显标识以与非无菌工器具和器皿加以区别。

③ 实验室不同的功能区域应有清楚的标识，例如洗涤室、培养室、无菌室等，能正确使用与检测活动生物安全等级相对应的生物危害标识，实验室应对授权进入的人员采取严格控制。实验室应明确以下内容：特殊区域的特定用途；特殊工作区域的限制措施；采取这些限制措施的原因。

④ 实验室总体布局应减少和避免潜在的污染和生物危害，即实验室布局设计应遵循"单方向工作流程"原则，防止潜在的交叉污染。主要包括以下几点：

a. 适用时，实验室应限定在某个工作区域专门使用的物品如防护服、移液器、离心管等。

b. 检测样品中的霉菌时，实验室应该有适当的措施控制孢子在空气中的扩散。

c. 实验室应有妥善处理废弃样品和废弃物（包括废弃培养物）的设施和制度。

d. 实验室应配备满足要求的生物安全柜。

e. 进入实验室应穿工作服，禁止穿着从事检测活动的工作服到实验室以外的地方。

为了保证实验室不受外界环境的污染，应制定有关无菌区域，包括无菌室、超净/生物安全柜工作台等操作管理规程，主要包括以下几点：

a. 非检验人员不得进入无菌室。

b. 无菌室、超净/生物安全柜工作台平时应保持整齐清洁，无关的杂物严禁放入。

c. 进入无菌室，必须更换工作衣及工作专用拖鞋，佩戴口罩和工作帽。

d. 无菌室和超净/生物安全柜工作台在使用前 2 小时打开紫外线灯，进行 1 小时的工作室预消毒，之后在工作前半小时打开空气过滤装置，经半小时过滤后，方可进行操作。

e. 为确保无菌区域，包括无菌室、超净/生物安全柜工作台、传递仓等的卫生安全，规定每半月由专人负责监测无菌室内和超净/生物安全工作台的环境含菌量［即在紫外灯关闭后、净化通风装置启动后 30min，分别用空白的营养琼脂培养皿暴露 30min 后加盖，置 30～35℃、48h 培养，检测菌落总数；用空白孟加拉红培养皿暴露 30min 后加盖，置（28±1）℃、5d 培养，检测霉菌总数］及监测紫外灯强度。当发现含菌数超过标准或紫外灯强度不符合要求时，则必须立即采取有效措施（如化学熏蒸、调换新的紫外线灯管、更新清洗空气过滤屏网等）直至环境的卫生指标达到标准为止，以确保操作环境的净化，依据 GB/T 16294—2010 进行判定。

f. 为保证检测霉菌样品时霉菌不被扩散，检验员试验整个过程中，包括培养、观察及处理培养物时不得打开平皿及纸片，并定期监测相关环境，做好使用记录。

实验室无菌室环境监控记录见表 5-10，无菌室使用情况登记见表 5-11。

表 5-10　实验室无菌室环境监控记录

无菌室号	设备运转	紫外灯状况	平皿菌落数(GB/T 16294—2010)	实验人	日期	评价

5.4.2.3　设备

实验室应配备满足检测工作要求的仪器设备，如培养箱、水浴锅、冰箱（如菌种用冰箱、冷冻样品缓化用的冰箱、试剂用的冰箱等）、均质器、显微镜。其中培养箱的配置应考虑到用途、控温范围、控温精度和数量的要求。实验室培养箱/房温度监测记录参见表5-12，主要包括以下几点：

a. 对设备的维护应考虑生物安全，避免生物危害和交叉污染。

b. 用于检测和抽样的设备及其软件应达到要求的准确度，并符合检测和相应的规范要求。

表 5-11　无菌室使用情况登记

20__年__月	紫外灯消毒时间	进出无菌室时间	登记人	20__年__月	紫外灯消毒时间	进出无菌室时间	登记人
1				16			
2				17			
3				18			
4				19			
5				20			
6				21			
7				22			
8				23			
9				24			
10				25			
11				26			
12				27			
13				28			
14				29			
15				30			
				31			
备注							

表 5-12　实验室培养箱/房温度监测记录表

设备名称		设备型号		设备编号	

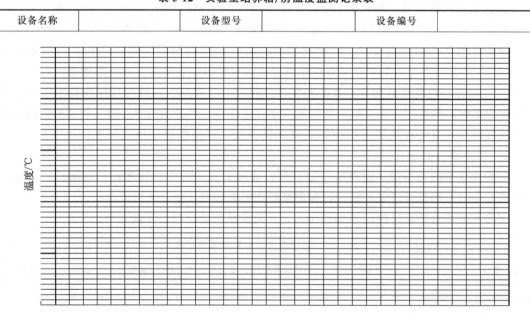

实验室应获得正确开展实验室活动所需的并能影响结果的设备，例如生物安全柜、培养箱、冰箱、显微镜、灭菌设备（高压灭菌锅）、水浴锅等，并根据要求对结果有重要影响的仪器的关键量或值，纳入设备的校准/检定计划，进行计量、维护等，以满足检测工作要求。如果温度直接影响分析结果或对设备的正确性能来说是至关重要的，实验室应监控这类设备（如培养箱）的运行温度，并保存记录。实验室的冷藏、冷冻箱内均配置温度计或温度表。每支温度计/表保证在有效控制状态，相关资料由仪器设备管理员保管，归入仪器设备档案。样品管理员和菌种管理员应经常观察箱内温度变化情况。对放置培养物的恒温培养箱/房及样品的冷藏、冷冻箱实施温度监控记录。应保证校准/检定设备的修正因子/误差得到及时更新和正确使用。应对校准/检定证书进行确认，以证实其能够满足实验室的规范要求和相应的标准规范。

实验室计量器具/检测设备校准周期计划见表 5-13，计量仪器评价一览表见表 5-14。

表 5-13　实验室计量器具/检测设备校准周期计划表

序号	设备编号	设备名称	型号	校准单位	周期	计划校准日期

表 5-14　计量仪器评价一览表

仪器名称/型号/编号	测量范围/校正因子	实验要求	评价	评价人/日期	复核人/日期

实验室应定期使用生物指示物检查灭菌设备的效果并记录。指示物应放在不易达到灭菌的部位。

实验室应保存有满足试验需要的标准菌种/菌株（标准培养物）。即除检测方法（如药物敏感试验、抗菌性能测试）中规定的菌种外，应还包括应用于培养基（试剂）验收/质量控制、方法确认/证实、阳性对照、阴性对照、人员培训考核和结果质量的保证等所需的菌株，主要包括以下几点：

① 标准菌种或标本应从认可的菌种或标本收集途径获得。

② 实验室应有文件化管理标准菌种（原始标准菌种、标准储备菌株和工作菌株），涵盖菌种申购、保管、领用、使用、传代、存储等各方面的程序，来确保溯源性和稳定性。该程序应包括以下内容：

a. 保存菌株应制备成储备菌株和工作菌株。标准储备菌株应在规定的时间传种传代，并做确认试验，包括存活性、纯度、实验室中所需要的关键特征指标，实验室应加以记录并予以保存。

b. 每一支标准菌种都应以适当的标签、标记或其他标识方式来表示其名称、菌种号、接种日期和所传代数。

c. 记录中应包括（但不限于）以下内容：从原始菌种传代到工作用菌种的代数；菌种生长的培养基及孵育条件；菌种生存条件。

③ 所有的标准菌种从原始标准菌种到储备菌株和工作菌株传代培养次数应小于或等于5

次。如大于 5 次，标准方法中应有明确要求或实验室能够证明其相关特性没有改变。

④ 实验室应有程序和措施以保证标准菌种/菌株的安全，防止污染、丢失或损坏，确保其完整性。

标准菌种保存记录见表 5-15，实验室工作用菌传代记录见表 5-16，菌种使用记录见表 5-17。

表 5-15　标准菌种保存记录

菌种名称	菌种号	来源	数量	类别	血清型/生物型	购买日期	领用原因	领用人	领用日期	保管人	备注

表 5-16　实验室工作用菌传代记录

名称	标准号	菌种代数:第　　代							
		培养基	培养温度时间	生化反应	血清型	保存培养基	保存温度	保存期限	传代日期

表 5-17　菌种使用记录

菌种名称	菌种编号	用途	领用人	领用日期	销毁日期	备注

此外，对实验室自制的培养基即实验室制备个别成分培养基，实验室应有培养基质量控制程序。该程序应包括培养基的性能测试、实验室内部的配制规范等。即应监控基础材料的质量，保证培养基验收合格，确保不同时期制备的培养基性能的一致性和符合检测的要求。

5.4.2.4　外部提供的产品和服务

对本检测机构外部提供的产品和服务进行评估、选择及控制，并对采购活动进行有效地控制，确保外部提供的产品和服务符合要求。这里的产品可包括测量标准和设备、辅助设备、消耗材料和标准物质；服务可包括校准服务、抽样服务、检测服务、设施和设备维护服务、能力验证服务以及评审和审核服务。

微生物检验中培养基是十分重要的关键材料，对外部提供的培养基进行必要的评价是十分必要的。各种微生物用培养基的质量必须达到有关标准，应在规定条件下保存，超过保质期严禁使用。实验室应建立和保持有效的适合试验范围的培养基（试剂）验收程序。该程序应包括对即用型培养基、商品化脱水合成培养基（包括完全培养基和需添加补充物的基础培养基）进行评估的方式、储存的规定和拒收的标准。主要包括以下几点：

① 对于关键培养基和试剂，实验室应进行技术性验收。验收的技术性指标减少时，应有足够数据证明其可信性。实验室应有关键培养基（试剂）的批号、入库日期、开启日期等的记录。

② 针对即用型培养基、商品化脱水合成培养基，实验室应对每批培养基用标准菌

株进行测试验收。适用时，实验室应用人工污染实际样品进行检测，以更好地验证培养基的适用性。含有指示剂或选择剂的培养基，应使用能证明其指示或选择作用的菌株进行试验。

实验室应保留生产厂商提供的培养基质量测试报告，并要求厂商在培养基有任何配方改变时及时告知实验室。采购时，每次可采购 6 个月左右的使用量，尽可能购买同一批号、同一生产商的产品。

培养基配制过程中应佩戴防护眼镜、口罩和手套，避免接触性和吸入性的危害。

制备好的培养基应加以标识，注明名称、配制日期和配制人。并根据不同培养基的保存条件妥善保存，于有效期内使用。

实验室培养基验收记录见表 5-18。

表 5-18　实验室培养基验收记录

名称	数量	批号	供应商	开瓶日期	使用效果	记录人/日期

培养基质量控制评估记录参见表 5-19，培养基制备/灭菌记录见表 5-20。

表 5-19　培养基质量控制评估记录

质控培养基名称	＊＊＊＊＊增菌液
质控培养基批号	
干粉培养基生产商	
参照标准	GB 4789.＊＊-＊＊＊＊
感官性状	
配制及验证日期	

配制记录：
　　称取干粉培养基____克,加热溶于____毫升蒸馏水中,测 pH 为____,分装____mL 于各□锥形瓶□试管(□加小倒管)中,瓶口加盖或塞并以纸包扎,置于高压蒸汽消毒器中,于 121℃杀菌____分钟,pH 为____妥存备用。

验证记录：
　　所用干粉培养基在有效期内,配制后外观透明度:无杂质及絮状物□/有少量杂质及絮状物□ 。经(36±1)℃孵育 24h,呈无菌状态□/浑浊□。同时经采用下列标准菌质控菌株试验,结果如下:

菌种名称:金黄色葡萄球菌(*S. aureus*)　　　大肠埃希菌(*E. coli*)
　　　　　(ATCC 25923)　　　　　　　　　　(ATCC 35218)
　　　　　副伤寒沙门氏菌(*S. paratyphi*)铜绿假单胞菌(*P. aerugimosa*)[CMCC(B)50094]　　　　[CMCC(B)10101]

生长性状:肉汤□混浊□清澈　　　　　　　　肉汤□混浊□清澈
　　　　　小倒管内□产气□不产气　　　　　小倒管内□产气□不产气
　　　　　肉汤□混浊□清澈　　　　　　　　肉汤□混浊□清澈
　　　　　小倒管内□产气□不产气　　　　　小倒管内□产气□不产气

其他：

评估结论:□符合实验要求 /□ 不符合实验要求

检测人：　　　　　　　复核人：　　　　　　　　　　日期：

表 5-20　培养基制备/灭菌记录表

日期	培养基名称	生产商	批号	制备量(mL)/分装体积	灭菌时间、温度	pH前/后	配置人	灭菌人	备注
					___℃ ___min				
					___℃ ___min				
					___℃ ___min				

5.4.3　过程要求

5.4.3.1　要求、标书和合同的评审

在客户或其代表合理进入实验室的相关区域观察为其开展的检测时，实验室应严格按照相关管理规定，确保对检测环境和检测结果没有造成影响，并确保观察人员的安全。

5.4.3.2　方法的选择、验证和确认

① 适用时，应至少每两个月在国家卫生和健康委员会网站上对食品安全国家标准微生物检测方法进行方法查新。

② 当有几种方法可供选择，或标准化方法提供多种可选程序时，实验室应有相应的选择规定。

③ 标准方法在引入检测之前，实验室应证实能够正确地运用这些方法。

在进行方法证实时，样品的选择应尽可能采用了自然污染样品或人为添加目标微生物的样品进行方法证实试验。

④ 当微生物检验非标准方法确认时，应参照标准进行。

方法标准查新确认表见表 5-21。

表 5-21　方法标准查新确认表

标准名称	
最新标准号	原确认标准号

新标准在原理上、所用试剂、仪器设备、测试方法等有何区别？

确认本科室或本中心有能力执行最新标准。否则申述理由。

第一确认人		复核人		科室审核	
年　月　日		年　月　日		年　月　日	

5.4.3.3　抽样

① 对于有完整包装的样品，应整件抽取，减少操作过程，避免污染。

对于无完整包装或需要打开包装抽取的样品，应无菌取样，监控并记录需要控制的因素，包括相关的环境条件如采样时间、采样点的环境状况等。

② 运输和储存应在一定的条件下（如合适的冷藏或冰冻），以保持样品的完整。同时应监测条件并保存记录。如果条件合适，应有从取样到送达检测实验室的运输和储存的详细的责任档案。样品的检测应尽可能在取样之后及时进行，应符合相关标准。检验人员对样品是否污染变质、数量能否满足检测需要核查记录，并确认要求检测的项目及其限量后，安排检测工作。

5.4.3.4 检测和校准物品的处置

实验室应在致病菌检测项目的结果报告发出后再处理剩余的微生物样品，并满足实验室对样品保存的规定要求。检出致病菌的样品以及疑似病原微生物污染的样品应经过无害化处理。所接收的样品应盛装于清洁无菌的容器或塑料袋中，要求密封无破损，以免外界污染。样品接收后48h内检验，在无菌室内进行无菌操作。样品制备过程中所使用的各种器具必须经过充分洗涤，严格消毒处理，保证不污染试样。

实验室应建立样品的标识系统，确保样品在传递过程中不会对测试结果造成影响、不会混淆和误用，保护样品的完整性及实验室与客户的利益。样品标识系统中应包括样品检测过程中涉及的增菌液和培养皿等的标识规定，确保在容器上和培养皿上等的标记要安全可见并可追溯。

样品储存和运输过程中诸如温度、持续时间等因素对微生物定量检测的结果会有影响，实验室应核查并记录所接受样品的状态。

样品贮存设备应保存足够的所有试验样本，并具备保持样本完整性和不会改变其性状的条件。如在试验样本需要低温保存时，冷冻冷藏设备应有足够的容量和满足样本保存所要求的条件。

留存样品保存期限：一般阴性样品，发出报告后可及时处理；阳性样品，在发出报告后应单独封存6个月或至结案，方可处理。阳性样品应有单独存放区域，以避免交叉污染。

样余处理：

① 按实验室样余处理办法执行。凡经检验并已出具检验结果的样品，除特殊需要保存或退还报验单位的以外，本实验室按规定的保存期限保存。样余处理必须有详细的记录，核对并经领导签字确认。

② 检出的阳性致病菌以及疑似病原微生物污染的样品，应经高压灭菌（121℃，20min）和用生物指示剂监测合格后，方可送至合同单位进行处理。

实验室废弃物、阳性致病菌以及疑似病原微生物污染的样品灭菌记录见表5-22。

表 5-22 干热消毒灭菌记录

设备编号	设定温度	灭菌时间	消毒/消毒灭菌物	记录人	日期

5.4.3.5 技术记录

对实验室自制的培养基，均应监控各种基础培养基的质量，包括性能测试、实验室内部的配制规范，确保不同时期制备的培养基性能一致并符合检测的要求。对自制培养基的配制应严格按其制备程序填写相关的配制记录。记录内容至少含有：培养基名称和表观特性；配制日期和配制人员的标识；培养基/溶液的类型、体积；分装的体积和灭菌后的体积；成分、每个成分物质的含量、制造商、批号；pH（最初值和最终值）；无菌措施，包括实施的方式、设备、时间和温度。

5.4.3.6 测量不确定度的评定

在微生物检测领域，某些情况下，一些检测无法从计量学和统计学角度对测量不确定度进行有效而严格的评估，这时应通过分析方法，考虑它们对于检测结果的重要性，列出主要的不确定度分量，并作出合理的评估。应在重复性和再现性数据的基础上估算不确定度。

5.4.3.7 确保结果的有效性

① 实验室每年应制订质量控制计划，对内部质量控制活动的实施内容、方式、责任人作出明确的规定；对内部质量控制活动，计划中还应给出结果评价依据。质量控制计划尽可能覆盖实验室的所有检测项目和检测人员。实验室根据工作量、人员水平、能力验证结果、外部评审等情况对质量控制定期（频次）做出明确规定。

② 针对微生物定量检测项目，应定期使用有证标准物质/标准样品（如菌落总数标准物质、大肠菌群标准物质等）进行监控，或使用质控样品开展内部质量控制活动。针对微生物定性检测项目，应定期使用标准物质/标准样品、质控样品或用标准菌种人工污染的样品开展内部质量控制。实验室应根据工作量、人员水平、能力验证结果、外部评审等情况对定期（频次）做出明确规定。

③ 在实施人员比对、设备比对和方法比对时，应选取均匀性和稳定性符合要求的样品进行。

④ 内部质量控制监控方式包括：加标回收、有证标样、人员比对、仪器比对、方法比对、室内比对、留样再测等。

⑤ 采用协同试验和室间比对等方式，以及积极参加国内和国际能力验证、测量审核、实验室间比对，或盲样测试等手段，制定实验室外部质量监控方案，监督和考核检验员的检测能力。

⑥ 能力验证要制定详细的能力验证活动实施计划，包括项目名称、项目来源、参试实验室、计划日期、参试人员安排、拟实施方案等，见表 5-23。

表 5-23　参加能力验证的工作计划

参加领域	子领域	项目名称、技术路线或检测方法	参加年度	备注
化妆品	化妆品（微生物）	化妆品中＊＊＊＊的检测能力验证（编号＊＊）		

5.4.3.8 结果报告

如样品的有关信息或附加信息为委托方提供的，应在报告中注明。

5.4.3.9 不符合工作

实验室应有生物安全事故（包括生物危险物质溢洒）的处理程序。

生物安全事故应立即进行处置，并评价是否对人员、环境、设施和客户等造成危害，是否对检测结果和客户造成影响。实验室出现生物安全事故时，为确保减少对人员、环境、设施等造成影响，应制定生物安全事故应急预案。

5.4.4 管理体系要求

5.4.4.1 管理体系文件

实验室应制定生物安全规章制度，确保生物安全。实验室生物安全涉及的绝不仅仅是实验室工作人员的个人健康，一旦发生事故，极有可能会给人群、动物、植物和环境带来不可预计的危害。

实验室生物安全事件或事故的发生是难以完全避免的，重要的是实验室工作人员应事先了解所从事活动的风险及风险控制在可接受的状态下从事相关活动。实验室工作人员应认识但不应过分依赖于实验室设施的安全保障作用，绝大多数生物安全事故的根本原因是缺乏生物安全意识和疏于管理。

由于实验室生物安全的重要性，世界卫生组织于 2004 年出版了第三版《实验室生物安全手册》，我国于 2004 年 11 月 12 日发布了《病原微生物实验室生物安全管理条例》，2008 年 12 月 26 日发布了《实验室　生物安全通用要求》（GB 19489—2008），明确规定实验室的生物安全防护级别应与其从事的实验活动相适应。为了适应我国生物安全实验室建设和管理的需要，实验室应制定生物安全规章制度、规范的警示标志、防止环境污染、做好有毒有害物的防护、消除污染和废弃物处理，做好实验室安全防护，确保生物安全。

5.4.4.2 管理体系文件的控制

适用时，文件控制程序应包括基于生物安全考虑的现场文件的管理。

5.4.4.3 记录控制

① 适用时，记录控制程序应包括基于生物安全考虑的质量/技术记录的管理。

② 微生物实验室应列明可能存在的危险因子的清单，以便在意外事故发生后能将详细信息及时提供给医生。

③ 实验室所用原始记录、仪器设备使用记录和保养等记录均须按有关规定保存。实验室所有记录应用钢笔或圆珠笔填写，内容应如实、正确、清晰。记录中出现的错误不得涂改、擦拭，应进行划改，在旁边填写正确值并签字。

④ 存档的原始记录资料，由专人负责整理、装订、建立统一的管理档案保存。

⑤ 原始记录不得外借，实验室工作人员可调阅，严禁更改、更换原始记录，并及时交还。实验室存档的记录和报告，凡属长期保存的资料，任何人无权销毁。

⑥ 原始记录要包含足够信息。原始记录、质量记录至少保存六年。

⑦ 要带出实验室的手写文件必须保证在实验室内没有受到污染。

5.4.4.4 应对风险和机遇的措施

实验室应在培养基的配制过程采取避免接触性和吸入性危害的措施。

5.4.4.5 内部审核

内部审核应涵盖实验室生物安全的内容。

5.4.4.6 管理评审

管理评审应考虑到生物安全规章制度的执行情况。

思考题

1. 请描述化妆品不同状态供检样品的制备，制成1∶10检液。
2. 简述《化妆品安全技术规范》中铜绿假单胞菌的检测流程和评判方法。
3. 简述《化妆品安全技术规范》中粪大肠菌群的检测流程和评判方法。
4. 简述《化妆品安全技术规范》中金黄色葡萄球菌检测流程和评判方法。

参考文献

[1] 钱晶晶. 影响化妆品行业的重要法规 [J]. 日用化学品科学, 2010, 33 (3)：29-31.

[2] 卢剑. 国内化妆品行业质量监管模式建立研究的初探 [J]. 香料香精化妆品, 2008 (6)：26-30.

[3] 王朝晖, 耿健强, 燕湘. 我国化妆品质量检验面临的现状与对策 [J]. 日用化学品科学, 2009, 32 (6)：38-39.

[4] 魏少敏. 中国化妆品法规的现状与动态 [J]. 日用化学品科学, 2009, 32 (9)：39-41.

[5] 化妆品安全技术规范 (2015 年版) [S]. 国家食品药品监督管理总局, 2015：469-484.

[6] 姬静. 化妆品生产过程中的微生物控制 [J]. 日用化学品科学, 2015, 38 (2)：45-47.

[7] 胡文红, 刘广桢, 徐晓洁, 等. 分析我国现行化妆品微生物检验方法存在的问题和改进建议 [J]. 食品与药品, 2013, 15 (3)：183-185.

[8] Cosmetics - Microbiology - Enumeration and detection of aerobic mesophilic bacteria (ISO 21149：2006) [S]. English version of DIN EN ISO 21149：2009-10.

[9] Cosmetics - Microbiology - Detection of *Escherichia coli* (ISO 21150：2006) [S]. English version of DIN EN ISO 21150：2009-10.

[10] Cosmetics - Microbiology - Detection of *Pseudomonas aeruginosa* (ISO 22717：2006) [S]. English version of DIN EN ISO 22717：2009-10.

[11] Cosmetics - Microbiology - Detection of *Staphylococcus aureus* (ISO 22718：2006) [S]. English version of DIN EN ISO 22718：2009-10.

[12] Cosmetics - Microbiology - Enumeration of yeast and mould (ISO 16212：2008) [S]. German version EN ISO 16212：2011-08.

[13] 刘伟伟, 罗岩. 化妆品微生物的检测分析 [J]. 化工管理, 2018 (11)：101.

[14] 文霞, 杨秀茸, 谢小保. 化妆品微生物检测技术的研究进展 [J]. 日用化学工业, 2015, 45 (2)：110-114.

[15] 刘云国. 食品卫生微生物学标准鉴定图谱 [M]. 北京：科学出版社, 2009.

[16] 化妆品微生物标准检验方法 总则 (GB 7918.1—87) [S]. 北京：中国标准出版社, 1987.

[17] 化妆品微生物标准检验方法 细菌总数测定 (GB 7918.2—87) [S]. 北京：中国标准出版社, 1987.

[18] 化妆品微生物标准检验方法 粪大肠菌群 (GB 7918.3—87) [S]. 北京：中国标准出版社, 1987.

[19] 化妆品微生物标准检验方法 绿脓杆菌 (GB 7918.4—87) [S]. 北京：中国标准出版社, 1987.

[20] 化妆品微生物标准检验方法 金黄色葡萄球菌 (GB 7918.5—87) [S]. 北京：中国标准出版社, 1987.

[21] 化妆品微生物检验方法 第2部分：需氧芽孢杆菌和蜡样芽孢杆菌 (SN/T 2206.2—2009) [S]. 北京：中国标准出版社, 2009.

[22] 进出口口腔清洁类产品中洋葱伯克霍尔德菌检验方法 SN/T 4485—2016 [S]. 北京：中国标准出版社, 2016.

［23］　洁净室施工及验收规范（GB 50591—2010）［S］. 北京：中国标准出版社，2010.

［24］　洁净厂房设计规范（GB 50073—2013）［S］. 北京：中国标准出版社，2013.

［25］　生物安全实验室建筑技术规范（GB 50346—2011）［S］. 北京：中国标准出版社，2011.

［26］　实验室生物安全通用要求（GB 19489—2008）［S］. 北京：中国标准出版社，2008.

［27］　蔡晶. 化妆品质量检验［M］. 北京：中国计量出版社，2010.

［28］　中国国家认证认可监督管理委员. 检验检测机构资质认定能力评价检验检测机构通用要求（RB/T 214—2017）［S］. 北京：中国标准出版社，2017.

［29］　检测和校准实验室能力认可准则 CNAS-CL01：2018［S］. 北京：中国合格评定国家认可委员会，2018.

第6章

化妆品中的防腐剂及防腐体系的建立与评价

6.1 化妆品中的防腐剂选择及其作用机理

化妆品中富含大量水分和营养成分，为微生物的生长提供了良好的环境，因此在化妆品的生产和使用中难免会有微生物入侵，对消费者的健康构成威胁。因此，防腐剂在化妆品中被广泛应用，化妆品中的防腐剂是为了抑制微生物在化妆品中的生长和繁殖，延长化妆品的保质期和使用期。逐渐增多的政府机构法令、越来越严格的化妆品法规、消费者安全意识的提高以及对防腐剂理解的误区使得化妆品生产商在选择防腐剂时面临越来越大的挑战[1]。防腐剂主要是对产品起预防保护作用，预防微生物生长带来的各种危害，消费者有时并不能直观感受或理解防腐剂的重要性，甚至认为可以不添加防腐剂。这一系列问题使化妆品生产商在选择防腐剂时需要考虑多方面的因素。

化妆品中防腐剂的选择必须遵循以下几个原则：

首先是法规的要求。在化妆品中使用的防腐剂必须符合当地的法规要求。为了安全起见，世界上大部分国家均对化妆品用防腐剂作了相关法规规定。

其次是防腐的效果。防腐剂需要和应用配方保持良好的相容性，在生产、储存和使用期间保持产品的防腐效果。化妆品防腐体系效能的大小除了与防腐剂的使用量有关外，与化妆品的剂型、组成、pH、水分活度及预期货架寿命也有关系。目前，通常用微生物挑战试验来评价化妆品的防腐系统的有效性。

最后是安全性。理想防腐剂是在达到防腐效果的条件下表现出最小的皮肤刺激性及致敏性等。需要综合考虑防腐效果和安全性，既要避免因为过度防腐带来的安全隐患，又要避免基于成本和安全性考虑的防腐不足带来的产品腐败问题。

化妆品中可用的防腐剂有很多种，最常见的有醇类（如苯甲醇、苯氧乙醇）、酯类（羟苯酯类，即尼泊金酯类）、酸类（苯甲酸、山梨酸等）、阳离子表面活性剂（季铵盐，我国已禁用)[2]。不同种类的防腐剂作用机理不同，醇类防腐剂主要使微生物蛋白质变性、沉淀或凝固；羟苯酯类和酸类主要与微生物酶系统结合，影响或阻断其新陈代谢过程；阳离子表面活性剂主要作用于细菌的细胞膜或竞争其辅酶，降低表面张力作用，增加菌体胞浆膜的通透性，使细胞破裂、溶解。为了提高防腐剂的杀菌和抑菌能力，有时采用复合防腐剂，利用防腐剂之间的协同作用，扩大杀菌和抑菌谱范围，并使杀菌作用强而迅速。比较典型的就是苯氧乙醇与尼泊金酯类复配。

6.2 化妆品中防腐剂的国内外法规现状

如上一章节所述，目前化妆品的监管体系各国情况不一，针对防腐剂也是如此的。我国2007年颁布了《化妆品卫生规范》，2015年12月23日，对其进行修订和升级，公布了《化妆品安全技术规范》(2015年版)。目前，2015年版《化妆品安全技术规范》中规定，化妆品产品中准用的防腐剂一共有51种。与之前的2007年版《化妆品卫生规范》相比，一共修订了14项，删除5项。其中9种防腐剂修改为"禁用"(表6-1)，准用防腐剂中需要我们主要关注的变化如表6-2所示[3]。

表 6-1   禁用组分需要关注的主要变化

序号	《技术规范》序号	物质名称	主要变化	
			《卫生规范》规定	《技术规范》规定
1	346	羟苯苄酯	/	禁用
2	400	氯乙酰胺	限用防腐剂,0.3%	禁用
3	863	羟苯异丁酯及其盐	限用防腐剂,单一酯0.4%（以酸计），混合酯0.8%(以酸计)	禁用
4	869	羟苯异丙酯及其盐	限用防腐剂,单一酯0.4%（以酸计），混合酯0.8%(以酸计)	禁用
5	915	甲基二溴戊二腈	限用防腐剂,0.1%(仅用于淋洗类产品)	禁用
6	1039	羟苯戊酯	/	禁用
7	1064	羟苯苯酯	限用防腐剂,单一酯0.4%（以酸计），混合酯0.8%(以酸计)	禁用
8	1101	季铵盐-15	限用防腐剂,0.2%	禁用
9	1163	碘酸钠	限用防腐剂,0.1%(仅用于淋洗类产品)	禁用

注："/"表示无相关规定。

表 6-2   准用防腐剂需要关注的主要变化

序号	《技术规范》序号	物质名称	主要变化	
			《卫生规范》规定	《技术规范》规定
1	/	乌洛托品	0.15%	删除
2	30	碘丙炔醇丁基氨甲酸酯	0.05%（不能用于唇部用品）	0.02%（淋洗类产品）；0.01%(驻留类产品,禁用于体霜和体乳)；0.0075%（除臭产品和抑汗产品）；标签上必须标印"三岁以下儿童勿用"

序号	《技术规范》序号	物质名称	主要变化	
			《卫生规范》规定	《技术规范》规定
3	32	甲基氯异噻唑啉酮和甲基异噻唑啉酮	只有限量要求,没有其他限制	淋洗类产品,不能和甲基氯异噻唑啉酮同时使用
4	35	4-羟基苯甲酸及其盐类和酯类	限用防腐剂,单一酯 0.4%(以酸计),混合酯 0.8%(以酸计)	单一酯 0.4%(以酸计),混合酯总量 0.8%(以酸计),且其丙酯及其盐类、丁酯及其盐类之和分别不得超过 0.14%(以酸计)
5	42	水杨酸及其盐类	标签上必须标印"三岁以下儿童勿用"	标签上必须标印"含水杨酸,三岁以下儿童勿用"
6	49	三氯生	只有限量要求,没有其他限制	仅用于洗手皂、浴皂、沐浴液、除臭剂(非喷雾)、化妆粉及遮瑕剂、指甲清洁剂(指甲清洁剂的使用频率不得高于两周一次)

注:"/"表示无相关规定。

欧盟化妆品法规 EC NO.1223/2009[4] 是目前参考和使用国家最多的化妆品法规。我国的《化妆品安全技术规范》(2015 年版)中部分内容参考或引用了欧盟法规。同时,东盟、南方共同市场、俄罗斯、印度、澳洲等地区的法规都是在欧盟化妆品法规的基础上建立的。该法规中第五章(Annex V)中罗列了欧盟化妆品的准用防腐剂及限量。

美国化妆品成分审查委员会(CIR)将所有可用的化妆品原料(包括防腐剂)及限量列于 CIR 法规中。但是因为该法规并没有将原料按功能分类,所以在美国没有专门的准用防腐剂列表。与世界上其他地区相比,CIR 对于防腐剂限量的规定是比较宽松的,经常会有某种防腐剂在其他国家不可用在美国却可用,或在美国用量较高的情况[5]。

6.3 常用防腐剂的使用情况

6.3.1 尼泊金酯类防腐剂

尼泊金酯(化学名为对羟基苯甲酸酯)类防腐剂是早期化妆品中使用频率最高的防腐剂,也是近年来备受争议的防腐剂。它包括尼泊金甲酯(MP)($C_8H_8O_3$)、乙酯(EP)($C_9H_{10}O_3$)、丙酯(PP)($C_{10}H_{12}O_3$)、丁酯(BP)($C_{11}H_{14}O_3$)、异丙酯(IPP)($C_{10}H_{12}O_3$)和异丁酯(IBP)($C_{11}H_{14}O_3$)等。尼泊金酯类防腐剂从 20 世纪 20 年代开始使用,近十几年来一直是使用频率最高的防腐剂。美国 FDA 发表的防腐剂使用频率报告中显示,尼泊金甲酯和丙酯的使用率一直名列前 2 名。尼泊金酯类防腐剂对真菌有良好的杀灭作用,在化妆品配方中一般会与杀细菌剂协同使用从而达到广谱杀菌的效果。它的杀菌机理是破坏微生物的细胞膜,使细胞内蛋白质变性,并抑制细胞的呼吸酶系和电子传递酶系。尼泊金酯类防腐剂水溶性较差,水溶性随着酯链长度的增加而下降。同时,尼泊金酯类防腐剂对配方 pH 有一定要求,它适合应用在 pH 为 3.5～6.5 的酸性配方中。在碱性条件下,它会分解成对羟基苯甲酸和醇,从而失去防腐效果。如今看来,此种防腐剂正面临安全性挑战，在越来越多的新产品中，它的选用频率大幅降低。在尼泊金酯类防腐剂当中，我国《化妆品安全技术规范》（2015 年版）、东盟和欧盟化妆品法规中均有规定：羟基苯甲酸异丙酯、对羟基苯甲酸异丁酯、对羟基苯甲酸苯酯、对羟基苯甲酸苄酯、对羟基苯甲酯戊酯不允许使用；对羟基苯甲酸甲酯、乙酯及其盐类，单一酯类最大允许用量为 0.4%（以酸计）；对羟基苯甲酸丙酯、丁酯及其盐类，单一酯类最大允许用量为 0.14%（以酸计）。

6.3.2　甲醛释放体类防腐剂

甲醛释放体类防腐剂在化妆品中也有几十年的使用历史。目前在化妆品中常用的甲醛释放体有 1,3-二羟甲基-5,5 二甲基海因（DMDMH）（$C_7H_{12}N_2O_4$）、咪唑烷基脲（$C_{11}H_{16}N_8O_8$）、重氮咪唑烷基脲（$C_8H_{14}N_4O_7$）、季铵盐-15（$C_9H_{16}C_{12}N_4$）和羟甲基甘氨酸钠（$C_3H_6NNaO_3$）。甲醛释放体类防腐剂的化学结构包含甲醛供体，随着时间的推移，它以已知的释放速度缓慢释放甲醛。在含甲醛释放体类防腐剂的化妆品配方中，释放出来的甲醛主要以水合甲醛（间甲二醇）的形式存在，和水中极少量的游离甲醛保持平衡，达到平衡时，水合甲醛是游离甲醛的 10000 倍。甲醛释放体类防腐剂主要通过在化妆品体系中缓慢释放少量的游离甲醛从而起到杀灭微生物的作用，而不是在短时间内快速释放甲醛。甲醛释放体类防腐剂对革兰氏阳性菌（如金黄色葡萄球菌）和阴性菌（如铜绿假单胞菌）均有效果，对真菌效果有限，此类防腐剂可以和杀真菌剂合并使用来达到广谱杀菌的作用。甲醛释放体防腐剂效果优秀，但因为它释放甲醛，所以它也引起消费者的担忧，使得化妆品生产商在选择此类防腐剂时表现得非常谨慎。与东盟和欧盟化妆品法规中对这几类物质的规定相同，我国《化妆品安全技术规范》（2015 年版）中规定 1,3-二羟甲基-5,5 二甲基海因、咪唑烷基脲、重氮咪唑烷基脲、羟甲基甘氨酸钠在化妆品中使用时最大允许浓度分别为 0.6%、0.6%、0.5%、0.5%。如果成品中甲醛含量大于 0.05% 时，需要标注"含甲醛"。

6.3.3　苯氧乙醇

由于苯氧乙醇具有低致敏性等特点，在产品中使用的频率大幅上升。苯氧乙醇，成分是2-苯氧乙醇，分子式为 $C_8H_{10}O_2$。作为醇醚家族中的一员，苯氧乙醇是环氧乙烷和苯酚的反应产物，它是无色的、自由流动的液体，本身就带有淡淡的芳香气味。苯氧乙醇从 20 世纪 50 年代开始，就作为化妆品的防腐剂，它有很长的安全使用历史。近年来，由于苯氧乙醇的低致敏性优点，以及全球诸多国家化妆品法规规定其许可被使用，它的使用频率呈扩大趋势。FDA 在 2007 年和 2010 年就曾发表过此类防腐剂的使用频率调查，苯氧乙醇的使用率从 2007 年的 18.48% 上升到 2010 年的 24.12%。2012 年，全球知名市场调研公司 Mintel 也曾对其进行过调研，调研显示 35% 的化妆品新品中，苯氧乙醇被选择作为防腐剂，并且它也是化妆品新品中使用频率最高的防腐剂。苯氧乙醇具有广谱的抑菌作用，对细菌、霉菌和酵母菌均有很好的效果。它对细菌，尤其是对革兰氏阴性菌（如铜绿假单胞菌）等具有明显杀菌效果，与其他的防腐剂或防腐增效剂有良好的配方相容性。苯氧乙醇的杀菌机理是作用于细胞膜，提高细胞膜对钾离子的通透性，抑制细胞生长需要的酶活性（如苹果酸脱氢酶）。在产品生产过程中，苯氧乙醇很少单独被使用，它经常与其他防腐剂或防腐增效剂共同被使用，当化妆品配方的 pH 为 3～10 的时候，它能保持良好的稳定性；当小于 85℃ 时，温度对苯氧乙醇的稳定性没有影响。

苯氧乙醇在化妆品中是典型的化学合成产物，但它在绿茶提取物中存在，目前已经有天然来源的苯氧乙醇用在天然化妆品宣称的产品中。除了防腐剂的功能外，苯氧乙醇还可以用作低水溶性成分的溶剂，例如香精或其他防腐剂。苯氧乙醇可以非常好的分散在配方中，根据增稠剂的机理和用量，有时会带来配方的黏度变化。目前我国 2015 年版《化妆品安全技术规范》中规定，苯氧乙醇在化妆品中最大使用量不得超过 1.0%。苯氧乙醇自使用至今，只在 2012 年收到法国的风险评估申请[5]。到目前为止，欧盟和东盟化妆品法规对苯氧乙醇用量的要求仍然是不得超过 1.0%，可用于任何年龄段及任何种类的化妆品中。

6.3.4 甲基氯异噻唑啉酮和甲基异噻唑啉酮的混合物

甲基氯异噻唑啉酮（C_4H_4ClNOS）和甲基异噻唑啉酮（C_4H_5NOS）的混合物（CMIT/MIT），浓度比例为 3∶1，俗称卡松，目前是洗去型化妆品的重要防腐剂。甲基异噻唑啉酮（MIT）是目前异噻唑啉酮衍生物家族中刺激性最低、安全系数最高的防腐剂活性分子。MIT 对细菌有很好的杀灭效果，此类物质常与其他防腐剂协同使用以扩大抗菌谱，降低防腐剂用量。例如，MIT 和苯氧乙醇配伍使用表现出显著的杀菌协同作用，可以大幅提高防腐剂对细菌和真菌的杀灭效果，这种协同使用的方法能显著降低 MIT 的用量，也可以单独使用保护体系的稳定性。MIT 有很好的 pH 稳定性和温度稳定性，可以在 pH 为 2～10 的配方体系中使用。例如高 pH 的皂基沐浴露，它本身的防腐体系就对细菌有很好的控制作用，但对真菌没有抵抗力，因此，在配方中可以添加 0.05%～0.08% 的 Neolone TM950（～9.5%MIT），这样就能同时对细菌和真菌有优秀的防腐效果。我国的 2015 年版《化妆品安全技术规范》中规定，MIT 在驻留类产品和淋洗类产品中的添加量均不得超过 0.01%。这和澳大利亚的 Poison、加拿大的 Hotlist 2015 中的要求是一致的。在《东盟化妆品指令》和欧盟法规 EC 1223/2009 Annex V 中，驻留类产品中不得添加 MIT，淋洗类产品中添加量不得超过 0.0015%。美国 21CFR 700 中则规定，任何化妆品中都不能使用 MIT。

全球各个国家和地区的法规对卡松在化妆品中的使用有不同的要求。美国 CR 规定卡松在洗去型产品中的最高使用限量为 15mg/kg，而在留存型产品中的最高使用限量为 7mg/kg。日本允许卡松在洗去型产品中使用，最高限量为 15mg/kg，禁止在留存型产品中使用卡松。目前，我国《化妆品安全技术规范》（2015 年版）中规定淋洗类产品中卡松添加量不得超过 0.0015%，且不能和甲基氯异噻唑啉酮同时使用。

6.3.5 碘丙炔醇丁基氨甲酸酯

碘丙炔醇丁基氨甲酸酯（IPBC）是《化妆品安全技术规范》（2015 年版）中可以使用的为数不多的杀真菌剂之一，分子式为 $C_8H_{12}INO_2$，其对霉菌和酵母菌杀菌效果非常优秀，在化妆品配方中，它通常与杀细菌剂配伍使用来达到广谱的防腐效果。此类物质微溶于水，在丙酮和苯甲醇中易溶。IPBC 在酸性条件下稳定，在碱性条件下不稳定。目前我国《化妆品安全技术规范》（2015 年版）和《东盟化妆品指令》以及欧盟法规中均规定碘丙炔醇丁基氨甲酸酯在淋洗类产品、驻留类产品以及除臭产品和抑汗产品中的最大限量值分别为 0.02%、0.01%、0.075%；不得用于三岁以下儿童使用的产品中；不可用于大面积的体霜和体乳；不可用于口腔卫生与唇部护理产品；仅当产品有可能为三岁以下儿童使用时，需标注"三岁以下儿童勿用"。

6.4 防腐挑战实验检测方法及要点

防腐挑战实验的原理是通过向待测样品中加入一定量的特定标准菌悬液/孢子悬液，在指定温度下培养至特定时间点后，利用平板计数法或膜过滤法测定单位样品中的活菌浓度；通过计算单位样品中活菌的对数减少值（$R_x = \lg N_0 - \lg N_x$），来判定样品的防腐性能是否满足要求。

6.4.1 防腐挑战实验的检测方法

一般包括以下四个步骤[6,7]：

（1）菌种选择

根据化妆品的成分、特性、包装方式、使用方式、生产环境和使用环境等具体情况，选择合适的实验菌种，进行实验菌种的培养和菌液制备。

（2）中和试验

化妆品中防腐成分的中和方法一般分为化学中和法和物理中和法。进行杀灭试验前，应采用适当的中和方法对化妆品中的抑菌/杀菌成分进行中和，并对其中和效果进行鉴定，中和效果满意，方可进行后续实验。常用的化学中和剂鉴定方法如下：将 1g 或 1mL 样品加入 9mL 中和剂中，彻底混匀，室温作用(30±15)min，制成中和产物；将 1mL 稀释液（生理盐水）加入 9mL 中和剂中，彻底混匀，室温作用(30±15)min，作为对照组。分别接种 1mL 浓度为 1×10^3 CFU/mL 的菌液至测试管（含 10mL 中和产物）和对照管中，涡旋混匀。同时接种 1mL 菌液至 10mL 稀释液（生理盐水）中，作为阳性对照组。分别对测试组、对照组和阳性对照组进行平板计数，每个稀释度进行双平行实验。对各组进行计数，测试组计数结果记作 Nvf，对照组计数结果记作 Nvn，阳性对照组计数结果记作 Nv。当 Nvn 接近 Nv 并且 $Nvf \geqslant 0.5Nvn$ 时，认为中和剂有效。

（3）杀灭试验

将（1）中制备的菌液定量加标至化妆品样品中，在一定条件下培养至特定时间点后，利用平板计数法或膜过滤法检测加标样品中活菌量。

（4）防腐效果评价

进行数据分析，计算各个时间点的活菌数量对数减少值 R_x，对化妆品的防腐效果进行评价。

6.4.2 防腐挑战实验的检测要点

为了准确高效地对防腐体系有效性进行评估，在防腐挑战实验过程中，需要注意以下五个方面[8-10]：

(1) 菌种的选择

化妆品防腐挑战实验中，常用的标准菌株为大肠埃希菌（*E. coli*）ATCC 8739、铜绿假单胞菌（*P. aeruginosa*）ATCC 9027、金黄色葡萄球菌（*S. aureus*）ATCC 6538、白色假丝酵母菌（*C. albicans*）ATCC 10231、黑曲霉菌（*A. niger*）ATCC 16404。除上述标准菌株外，还可根据化妆品的成分、特性、包装方式、使用方式、生产环境、使用环境等产品具体情况，增加特定的试验菌，该试验菌可以代表产品最可能受到的生物污染。比如，在生产环境或者使用环境中分离得到的优势菌；曾经在产品中检出的污染菌。PCPC 提供了化妆品防腐挑战实验中实验菌株推荐表，详见表 6-3。

表 6-3　化妆品防腐挑战实验菌株推荐表

菌株类型	菌株名称/编号	使用建议
革兰氏阳性球菌	金黄色葡萄球菌 *Staphylococcus aureus* （ATCC 6538）	至少选择一种
	表皮葡萄球菌 *Staphylococcus epidermidis* （ATCC 12228）	
革兰氏阴性杆菌 （发酵菌）	大肠埃希菌 *Escherichia coli* （ATCC 8739）	至少选择一种
	日勾维肠杆菌 *Enterobacter gergoviae* （ATCC 33028）	
	肺炎克雷伯菌 *Klebsiella pneumoniae* （ATCC 10031）	
	阴沟肠杆菌 *Enterobacter cloacae* （ATCC 13047）	
革兰氏阴性杆菌 （非发酵菌）	铜绿假单胞菌 *Pseudomonas aeruginosa* （ATCC 9027）	至少选择一种
	荧光假单胞菌 *Pseudomonas fluorescens* （ATCC 13525）	
	恶臭假单胞菌 *Pseudomonas putida* （ATCC 31483）	
	洋葱伯克霍尔德菌 *Burkholderia cepacia* （ATCC 25416）	
酵母	白色假丝酵母菌 *Candida albicans* （ATCC 10231）	推荐使用
霉菌	黑曲霉 *Aspergillus niger* （ATCC 16404）	至少选择一种
	青霉菌属 *Penicillium* species	

菌株类型	菌株名称/编号	使用建议
芽孢杆菌	枯草芽孢杆菌 *Bacillus subtilis* （ATCC 6051）	可选
其他	产品相关菌株	可选

（2）菌液的制备

为了维持产品性能，加标菌液体积一般为样品体积的 0.5%～1%，使每克或每毫升样品含菌量约为 $1×10^6$ CFU（细菌）或 $1×10^5$ CFU（真菌），因此，配置的标准菌悬液浓度一般为 10^8 CFU/mL（细菌）或 10^7 CFU/mL（真菌）。另外，除黑曲霉外，其余接种所用菌种培养物应为新鲜培养物，最好处于对数生长期且所用菌种传代不超过 5 代。制备好的细菌悬液和白色假丝酵母菌悬液应在 2h 内使用，或在 2～8℃ 保存不超过 24h；制备黑曲霉孢子悬液时，应利用离心法或过滤法去除菌丝；制备好的孢子悬液应当天使用，或在 2～8℃ 保存不超过 2d，使用前混合均匀并在显微镜下观察是否有孢子出芽，若有孢子出芽，则弃之不用。

（3）加菌方法的选择

化妆品防腐挑战实验多采用单菌单次挑战法或者混菌单次挑战法。单菌单次挑战法是将每种实验菌株的防腐挑战实验分别进行。优点是所得数据为单一菌株的防腐挑战结果，便于数据分析；缺点是耗时且工作量大。混菌单次挑战法是将多种实验菌株的混合菌悬液接种同一份样品，进行防腐挑战实验。优点是省时且减少工作量；缺点是难以进行详细全面的数据分析，且不同菌种间可能出现拮抗作用。为了降低菌种拮抗作用，建议将试验菌株按照相关性进行分组接种，例如按照革兰氏阳性菌、革兰氏阴性菌、酵母菌和霉菌进行分组接种。有时为了更加真实地模拟实际情况，会采用混菌多次挑战法。以三次防腐挑战测试方法为例：分别在第 1 天、第 7 天和第 14 天接种，一共接种 3 次，挑战周期为 28 天；根据第 7 天、第 14 天和第 28 天样品中活菌数量的对数减少值判定防腐体系的有效性，根据第 3 天、第 10 天和第 17 天样品中活菌数量的对数减少值判定杀菌速度。

（4）样品的前处理

化妆品的剂型种类繁多，除了水溶性基质外，还有膏霜类、粉类、块状、油状以及膜布类等特殊剂型。针对这些特殊剂型产品，需要采用合适的前处理方法，确保制样的均一性和稳定性，才可以通过防腐挑战实验对其防腐体系性能进行准确判定。

（5）中和实验

最常用的中和方法为化学中和法。常用的化学中和剂：D/E 中和肉汤、Eugon LT 100 液体培养基、SCDLP 液体培养基、改良 LETHEEN 肉汤等[11]。若中和效果不理想，可根据产品中添加的防腐剂类型，参考表 6-4 进行选择。除化学中和剂方法外，还可采用物理中和法进行中和实验。物理中和法主要包括稀释法、过滤冲洗法，具体操作方法可参照《消毒技术规范》（2002 年版）2.1.1.4.3[12]。采用稀释法时，应采取适当措施补偿活菌回收率灵敏度的降低，以避免假阴性结果（例如，可采用膜过滤计数法代替稀释液平板计数法）。

表 6-4　常见中和剂参考表

杀菌剂类型	中和剂	中和剂和洗涤剂（膜过滤法）
酚类化合物：对羟苯甲酸酯，苯氧乙醇，苯基乙醇等；酰替苯胺	卵磷脂，吐温-80,脂肪醇环氧乙烷冷凝液，非离子型表面活性剂	**中和剂**：吐温-80,30g/L＋卵磷脂,3g/L 脂肪醇环氧-乙烷冷凝液,7g/L＋卵磷脂,20g/L＋吐温-80,4g/L D/E 中和肉汤 SDCLP 液体培养基 **洗涤剂**：蒸馏水；胰蛋白胨,1g/L＋NaCl,9g/L；吐温-80,5g/L
季铵盐，阳离子表面活性剂	卵磷脂，皂素，吐温-80,十二烷基磺酸钠(SDS),脂肪醇环氧乙烷冷凝液	**中和剂**：吐温-80, 30g/L＋SDS,4g/L＋卵磷脂,3g/L 吐温-80,30g/L＋皂素,30g/L＋卵磷脂,3g/L D/E 中和肉汤 SDCLP 液体培养基 **洗涤剂**：蒸馏水；胰蛋白胨,1g/L＋NaCl,9g/L；吐温-80,5g/L
醛，甲醛生成剂	甘氨酸，组氨酸	**中和剂**：卵磷脂,3g/L＋吐温-80,30g/L＋L-组氨酸,1g/L 吐温-80,30g/L＋皂素,30g/L＋L-组氨酸,1g/L＋L-半胱氨酸,1g/L D/E 中和肉汤 SDCLP 液体培养基 **洗涤剂**：吐温-80,3g/L＋L-组氨酸,0.5g/L
氧化剂	硫代硫酸钠	**中和剂**：硫代硫酸钠,5g/L **洗涤剂**：硫代硫酸钠,3g/L
异噻唑啉酮，咪唑类	卵磷脂，皂素胺，硫酸盐，硫醇，亚硫酸氢钠，硫代乙酸钠	**中和剂**：吐温-80,30g/L＋皂素,30g/L＋卵磷脂,3g/L **洗涤剂**：胰蛋白胨,1g/L＋NaCl,9g/L；吐温-80,5g/L
双胍类	卵磷脂，皂素，吐温-80	**中和剂**：吐温-80,30g/L＋皂素,30g/L＋卵磷脂,3g/L **洗涤剂**：胰蛋白胨,1g/L＋NaCl,9g/L；吐温-80,5g/L
金属盐(铜，锌，汞)，有机汞	亚硫酸氢钠，L-半胱氨酸，巯基化合物，巯基乙酸	**中和剂**：硫代乙酸钠,0.5g/L 或 5g/L L-半胱氨酸,0.8g/L 或 1.5g/L D/E 中和肉汤 SDCLP 液体培养基 **洗涤剂**：硫代乙酸钠,0.5g/L

6.5　不同防腐挑战实验方法的比较

6.5.1　常用的防腐挑战实验方法

目前，化妆品行业常用的防腐挑战实验方法有以下 4 种方法：①药典方法，包括美国药典 USP 41-51 antimicrobial effectiveness testing、欧洲药典 EUROPEAN PHARMACOPOE IA 9.0 5.1.3 Efficacy of antimicrobial preservation、英国药典 British Pharmacopoeia 2018、日本药典 The Japanese pharmacopoeia 等，比较常用的是美国药典方法和欧洲药典方法；② ISO 11930：2012（E）Cosmetics-Microbiology-Evaluation of the antimicrobial protection of a cosmetic product；③美国化妆品协会化妆品和个人护理用品检测通用方法 PCPC M-3，M-4，M-5，M-6，M-7（原 CTFA 法）；④ AOAC 非眼部水溶性化妆品防腐挑战实验方法 AOAC 998.10 Preservative Challenge Efficacy Test of Non-Eye Area Water Miscible Products。目前，我国针对化妆品防腐挑战实验方法的标准有 T/SHRH 017-2019 化妆品防腐挑战试验，该标准适用于液体类、乳液类、膏霜类等常见化妆品的防腐体系性能测试。

6.5.2　4种不同防腐挑战实验方法的比较

不同标准的防腐挑战实验方法的原理及流程基本一致，但是在以下几个方面仍有区别[13-17]。

（1）菌种选择方面

除 PCPC 方法和 AOAC 方法外，其余标准方法采用的挑战菌株为大肠埃希菌（*E. coli*）ATCC 8739、铜绿假单胞菌（*P. aeruginosa*）ATCC 9027、金黄色葡萄球菌（*S. aureus*）ATCC 6538、白色假丝酵母菌（*C. albicans*）ATCC 10231、黑曲霉菌（*A. niger*）ATCC 16404。而 PCPC 法提供了化妆品防腐挑战实验中实验菌株推荐表（详见表 6-3），挑战实验所用菌株至少包括一株革兰氏阳性球菌、一株革兰氏阴性杆菌（非发酵菌）、一株革兰氏阴性杆菌（发酵菌）以及一株霉菌。此外，还推荐选择一株酵母。芽孢杆菌以及其他产品相关菌株（例如生产环境、使用环境中分离得到的菌株）列为可选项。

（2）加菌方式选择方面

除 PCPC 方法和 AOAC 方法外，其余方法均采用单菌单次挑战法，即将每种实验菌株的防腐挑战实验分别进行，加菌次数为单次。而 PCPC 方法除了规定单菌单次挑战法外，还推荐使用混菌单次挑战法。同时建议为了避免不同类型菌种间的拮抗作用，将试验菌株按照相关性进行分组接种。例如按照革兰氏阳性菌、革兰氏阴性菌、酵母菌和霉菌进行分组接种。AOAC 方法使用混菌单次挑战法，规定分成 4 组制备挑战实验菌悬液：第一组是金黄色葡萄球菌和表皮葡萄球菌，第二组是肺炎克雷伯菌、大肠埃希菌和日沟维肠杆菌，第三组是铜绿假单胞菌、洋葱伯克霍尔德菌和鲍氏不动杆菌，第四组是白色假丝酵母菌和黑曲霉孢子。

（3）检测时间点不同

不同标准规定的防腐挑战实验周期均为 28d，但检测时间点有所不同。以 PCPC 方法为例。PCPC 方法分别制定了不同类型产品的防腐挑战实验方法：M-3 水溶性个人护理用品防腐挑战实验方法（检测时间点为 7d，14d，21d，28d），M-4 眼部化妆品防腐挑战实验方法（检测时间点为 1d，3d，7d，14d，21d，28d），M-5 非纺织基质膜布类个人护理用品防腐挑战实验方法、M-6 特殊剂型个人护理产品防腐挑战实验方法（检测时间点为 2d，7d，14d，28d），M-7 水溶性个人护理用品防腐性能快速检测方法（检测时间点为 1d，2d，3d，7d）。表 6-5 从菌株选择、加菌方式、检测周期及判定标准四个方面对美国药典、欧洲药典、ISO 方法以及 PCPC 方法进行了简要比较。

表 6-5　主要防腐挑战实验标准方法比较

方法名称	菌株选择	加菌方式	检测周期	判定标准
USP41-51	3株细菌(金黄色葡萄球菌、铜绿假单胞菌、大肠埃希菌)、1株酵母菌(白色念珠菌)、1株霉菌(黑曲霉)	单菌单次	28d；检测时间点 7d，14d,28d	细菌：$R_7 \geqslant 1, R_{14} \geqslant 3$, R_{28} NI；真菌：R_7, R_{14}, R_{28} NI
PCPC	标准菌株选择详见表 6-3；House Micro-organism(制造环境中)	单菌单次混菌单次	28d；检测时间点 1d,3d,2d,7d,14d,21d,28d	第 7 天时霉菌降低90%，细菌降低99.9%，且在 28 天内菌数持续下降
EP 9.0 5.1.3	2～3株细菌(金黄色葡萄球菌、铜绿假单胞菌、大肠埃希菌)、1株酵母菌(白色念珠菌)、1株霉菌(黑曲霉)	单菌单次	28d；检测时间点 2d,7d,14d,28d	细菌：$R_2 \geqslant 2, R_7 \geqslant 3$, R_{28} NI；真菌：$R_{14} \geqslant 2, R_{28}$ NI
ISO 11930:2012(E)	3株细菌(金黄色葡萄球菌、铜绿假单胞菌、大肠埃希菌)、1株酵母菌(白色念珠菌)、1株霉菌(黑曲霉)	单菌单次	28d；检测时间点 2d,7d,14d,28d	细菌：$R_7 \geqslant 3, R_{14}, R_{28} \geqslant 3$ 且 NI；白色念珠菌：$R_7 \geqslant 1$, $R_{14}, R_{28} \geqslant 1$ 且 NI；黑曲霉：$R_{14} \geqslant 0, R_{28} \geqslant 1$ 且 NI

注：R_x 表示 x 天后与初始微生物数量相比下降的对数值；

NI 表示 N_x 与前一测试时间点相比未增长。

6.6　化妆品防腐体系的建立与评价

越来越多的政府机构法令的颁布、越来越严格的化妆品法规、消费者安全意识的提高以及对防腐剂理解的误区，都使得化妆品中防腐剂的选择应用面临越来越大的挑战[18]。因此，在化妆品的研发、生产及使用过程中，对化妆品防腐体系的效能进行有效评价变得极为重要。目前，主要通过微生物防腐挑战实验来测试化妆品防腐体系的有效性。不同方法对化妆品防腐体系有效性的判定标准有所差别。表 6-6～表 6-10 分别是美国药典方法（USP）、欧洲药典方法（EP）以及 ISO 方法的防腐效果评价标准。

表 6-6　USP41-51 药品防腐效果评价标准

对数减少值 R_x ($R_x = \lg N_0 - \lg N_x$)

菌种		细菌				黑曲霉/酵母菌			
测试时间		T7	T14	T21	T28	T7	T14	T21	T28
USP（美国标准）	注射类；非肠道制剂；耳/鼻/眼用水类制剂	$\geqslant 1$	$\geqslant 3$	/	NI	NI	NI	/	NI
	局部外用制剂；非无菌性鼻部产品,包括黏膜用产品	/	$\geqslant 2$	/	NI	/	NI	/	NI
	口服水性制剂,不包括抗酸剂	/	$\geqslant 1$	/	NI	/	NI	/	NI
	水性抗酸剂	/	NI	/	NI	/	NI	/	NI

注：1. R_x 的数值大小是测试时间点活菌浓度与初始活菌浓度相比对数减少值。

2. NI 表示 N_x 与前一个测试时间点相比未增长，或 R_x 的数值大小在 ± 0.5 之内。

表 6-7　注射用/眼用/子宫内/乳房内制剂防腐效果评价标准（EP）

对数减少值 R_x（$R_x = \lg N_0 - \lg N_x$）

菌种	细菌					真菌				
测试时间	6h	24h	7d	14d	28d	6h	24h	7d	14d	28d
标准 A	2	3	—	—	NR	—	—	2	—	NI
标准 B	—	1	3	—	NI	—	—	—	1	NI

注：1. NI 表示 N_x 与前一测试时间点相比未增长。

2. NR 表示无活菌生长。

表 6-8　耳用/鼻用/皮肤/吸入制剂防腐效果评价标准（EP）

对数减少值 R_x（$R_x = \lg N_0 - \lg N_x$）

菌种	细菌				真菌			
测试时间	2d	7d	14d	28d	2d	7d	14d	28d
标准 A	2	3	—	NI	—	—	2	NI
标准 B	—	—	3	NI	—	—	1	NI

注：NI 表示 N_x 与前一测试时间点相比未增长。

表 6-9　口服/黏膜/直肠制剂防腐效果评价标准（EP）

对数减少值 R_x（$R_x = \lg N_0 - \lg N_x$）

菌种	细菌		真菌	
测试时间	14d	28d	14d	28d
标准 A	3	NI	1	NI

注：NI 表示 N_x 与前一测试时间点相比未增长。

表 6-10　化妆品防腐效果评价标准（ISO）

对数减少值 R_x（$R_x = \lg N_0 - \lg N_x$）

菌种	细菌			白色假丝酵母菌			黑曲霉	
测试时间	T7	T14	T28	T7	T14	T28	T14	T28
标准 A	≥3	≥3 且 NI	≥3 且 NI	≥1	≥1 且 NI	≥1 且 NI	≥0	≥1 且 NI
标准 B	/	≥3	≥3 且 NI	/	≥1	≥1 且 NI	≥0	≥0 且 NI

注：1. NI 表示 N_x 与前一测试时间点相比未增长。

2. 当 $\lg N_0 = \lg N_x$，且 N_x 与初始浓度 N_0 相比未增长时，$R_x = 0$。

3. 在防腐剂挑战试验中，可接受的偏差范围为 0.5log（以 10 为底的对数值为 0.5）。

欧洲药典规定，表 6-6～表 6-10 中，标准 A 为推荐达到的防腐效果；在合理情况下，比如加强防腐效果会导致不良反应风险加大，允许达不到标准 A，但必须满足标准 B。

化妆品的防腐体系应该包含产品性状、生产条件、包装方式等因素。对化妆品防腐体系的总体评价应该综合考虑产品的微生物风险分析结果和化妆品防腐挑战实验结果。ISO 11930：2012 规定，当化妆品防腐挑战实验结果满足标准 A 时，认为该产品防腐性能符合 ISO 11930 要求；当化妆品防腐挑战实验结果不满足标准 A，但满足标准 B 时，若产品采取了合理的附加控制措施，如使用单剂量/独立包装或者具有单向阀的泵式包装，可以认为该产品防腐性能符合 ISO 11930 要求；当化妆品防腐挑战实验结果既不满足标准 A 又不满足标准 B 时，需要对产品进行微生物风险分析，若风险分析表明产品采取的加强控制措施可以有效降低微生物污染风险，则可以认为该产品防腐性能符合 ISO 11930 要求。若化妆品均不满足上述三种情况，则判定该产品的防腐性能不符合 ISO 11930 要求。

思考题

1. 什么是防腐剂？化妆品中常见的防腐剂有哪些？原理是什么？
2. 论述化妆品、微生物与防腐剂的关系及我们应采取的合理解决方案。
3. 简述防腐挑战实验检测方法及要点。
4. 如何建立化妆品防腐体系？

参考文献

[1] 姬静. 化妆品中防腐剂的应用和发展趋势 [J]. 日用化学品科学，2014，37（12）：47-51.

[2] 王友升，朱昱燕，董银卯. 化妆品用防腐剂的研究现状及发展趋势 [J]. 日用化学品科学，2007（12）：15-18.

[3] 董兵，董晓杰，刘思然，等. 解读《化妆品安全技术规范》（2015 年版）[J]. 环境卫生学杂志，2016（6）：51-56.

[4] Cosmetics Regulation（EC）No 1223/2009 of the European Parliament and of the Council [EB/OL]，http：//ec. europa. eu/growth/tools-databases/cosing/.

[5] 姜丹丹. 化妆品中防腐剂使用及国内外法规现状 [J]. 计量与测试技术，2018（8）：102-103.

[6] 牛振东，江志杰，张光华，等. 用微生物挑战性试验考察化妆品防腐剂效果 [J]. 日用化学品科学，2012，35（3）：36-38.

[7] 林宇华，刘海英，曾耀婵，等. 十种化妆品防腐效力评价与实际效果的关系 [J]. 广州化工，2015，43（24）：101-103.

[8] 范新雨，张太军，程双印，等. 一种新的化妆品微生物挑战实验方法 [J]. 香料香精化妆品，2007（1）：13-16.

[9] 李素玉. 化妆品防腐效能试验方法的选择 [J]. 广州化工，2015，43（15）：148-149.

[10] 王永丽. 几种化妆品的防腐挑战试验 [J]. 广东化工，2015，42（3）：63-64.

[11] 何少璋，杨国标，沈怀亮. 用中和剂清除消毒剂残效的方法学探讨 [J]. 中国感染控制杂志，2004（4）：338-339.

[12] 消毒技术规范（2002 年版）[S]. 中华人民共和国卫生部. 2002：15-43.

[13] USP 34 - NF 29 The United States Pharmacopeia and National Formulary 2011 [M]. Deutscher Apotheker Verlag，2011.

[14] European Pharmacopoeia 9. 0 [M]. Council of Europe，2017.

[15] Cosmetics-Microbiology-Evaluation of the antimicrobial protection of a cosmetic product ISO 11930：2012 [S]. EN ISO 11930：2012.

[16] PCPC MICROBIOLOGY GUIDELINES [M]. SECTION，20，Method 3-7.

[17] 化妆品防腐挑战试验 T/SHRH 017-2019 [S]. 上海：上海日用化学品行业协会，2019.

[18] 陈仪本，欧阳友生，陈娇娣，等. 化妆品防腐体系的效能评价与实际效果的相关性 [J]. 日用化学工业，2001（2）：52-54.

第7章
微生物技术在化妆品中的发展及应用

　　微生物技术作为 21 世纪高新技术的核心，在解决人类面临的诸多重大问题方面发挥着越来越重要的作用。大力发展微生物技术及其产业已成为世界各国经济发展的战略重点。在快速增长的化妆品工业领域中，微生物技术和微生物制剂在化妆品研究开发以及化妆品的安全性、功效性评价等多个环节都得到了广泛的应用，不仅使化妆品品种明显增多，还促进了产品内在质量的提高，推动了化妆品工业以前所未有的速度向前发展。

　　微生物技术是利用微生物生产新型物质的技术和方法。化妆品领域中生物技术主要用于生产高科技化妆品原料和利用新型微生物技术检测化妆品中的微生物污染等。国外微生物技术在化妆品工业中已广为应用，如借助基因重排开发出具有新型功能的菌株；用发酵工程生产透明质酸取代从鸡冠中提取的传统方法；用丝状菌槽式培养提取 γ-亚麻酸，改变了过去从红花和夜来香中提取受到自然条件限制的缺点。越来越多的微生物制剂，如透明质酸（HA）、超氧化物歧化酶（SOD）、表皮生长因子（EGF）等，作为功效添加剂都成功地应用于化妆品。一个经典的例子，Pitera 之父吉井隆发现，即使是酿酒厂步入中年的工人，却也拥有一双犹如婴儿般细嫩白净的双手。这一神奇现象，激发了研发人员想去探求这一现象背后的真正原因。据经验推断，研究人员觉得或许是酿酒时，酵母在发酵过程中产生了某种高浓度的护肤元素。经过对当时存在的 350 多种酵母进行反复筛选比对，终于找到了有润肌奇效的酵母成分 *Galactomyces*。在严格的技术把控下，经这种酵母发酵所产生的无色透明液体，便是我们所熟知的 Pitera 活细胞酵母精华了，是 SK-II 多年来唯一不变的产品成分。因此，微生物技术在化妆品中应用越来越广泛。

　　同时，许多新型的微生物检测技术已经应用于化妆品的检测中，提高了原有方法的准确性和灵敏度，同时速度也更快，满足了目前对于化妆品检测的要求，常用的方法包括 ATP 生物荧光检测法、快速测试片技术、电阻抗技术等。趋向生物化是当今化妆品发展的主要方向之一，应该看到和承认，微生物技术的发展也使得目前市售的化妆品、功效化妆品和生物药品的界限正在逐渐被缩小。微生物技术对化妆品行业整体影响源于生物技术发展对化妆品应用研究积极推动的结果，包括发酵技术、基因工程技术，在化妆品的基础研究、产品开发、功效评价和美容技术等方面都发挥着越来越大的作用。

7.1 发酵技术在化妆品中的应用

　　发酵技术是指利用微生物的特定性状，在生物的反应器中生产有用物质的技术。生物发酵技术是采用现代生物工程技术手段，利用微生物的某些特定功能，为人类生产有用产品或直接把微生物应用于工业生产过程的技术，如运用生物发酵技术生产透明质酸和辅酶 Q10 等。过去透明质酸主要从鸡冠和脐带中提取，其含量较少、成本高。日本资生堂于 1985 年利用生物发酵技术，对链球菌进行突变处理而筛选出透明质酸高产菌株，通过发酵法大规模生产透明质酸，1L 培养液中可得 5~6g 高纯度的透明质酸，使得透明质酸在化妆品行业得到了广泛应用。除多糖类物质外，其他通过发酵生成的活性物质还包括功能多肽、酶类、维生素类、酵素、脂质、氨基酸以及其他一些生物活性物质都可以作为添加剂，应用于化妆品中。

7.1.1 多糖类

　　多糖是重要的生物活性大分子，是人体皮肤真皮层的重要组成成分，许多多糖在皮肤新陈代谢过程中均具有重要的调节作用。基于多糖的多功能独特性质，可作为增稠剂、悬浮剂、护发调理剂、保湿剂、乳化剂、润肤剂，甚至伤口愈合剂。

7.1.1.1 透明质酸

　　透明质酸（hyaluronic acid，HA）又名玻璃酸、玻尿酸，是一种由 N-乙酰葡萄糖胺与 D-葡萄糖醛酸组成的酸性黏多糖，化学式为 $(C_{14}H_{21}NO_{11})_n$，由美国科学家 Meyer 等 1934 年首先从牛眼玻璃体中分离得到[1]。HA 以其独特的分子结构和理化性质在体内显示出多种重要的生理功能。作为一种多功能基质，HA 广泛分布于人体各部位，皮肤中也含有大量 HA。HA 的黏性很强，是可填充于细胞间的黏网状物质，可结成凝胶将细胞紧密地黏合在一起，并使皮肤具有一定的坚韧性、弹性，还能润滑纤维素。它还可以改善皮肤营养物质代谢，使皮肤柔软、光滑、祛皱、增加弹性、防止衰老，在保护的同时又是良好的透皮吸收促进剂，与其他营养成分配合使用，可以起到促进营养吸收的效果。尤为重要的是，HA 具有特殊的保水作用，是目前发现的自然界中保湿性最好的物质，被称为理想的天然保湿因子（natural moisturizing factor，NMF）。

　　过去，HA 主要从动物组织中提取制备，虽广泛存在于人和动物的结缔组织中，但不同部位的含量差异很大。公鸡冠因其中 HA 的浓度达到 7500mg/L，常作为提取原料。从动物组织中提取所得 HA 的分子量一般都大于 60 万，黏度高、保湿性能好，但是也因为含有较多的蛋白质而导致其纯度不高，提取过程中的一些操作还会导致 HA 的分子量下降。1937 年 Kendall 等发现用溶血性链球菌（*Streptococcus hemolytic*）可以生产 HA[2]。此后，细菌发酵法凭借其生产工艺简单、产品得率高、纯度大等优点逐渐取代生物提取法成为生产 HA 的主要方法。HA 作为链球菌荚膜的主要成分，主要由链球菌的 A、C 组生产，如 A 组的酿脓链球菌（*S. pyogenes*），C 组的兽疫链球菌（*S. zooepidemicus*）、马疫链球菌（*S. equi*）、乳链球菌（*S. uberis*）、类马链球菌（*S equisimilis*）等[3]。目前工业上使用的是致病性较弱的 C 组链球菌发酵生产 HA。除链球菌外，多杀性巴氏杆菌（*Pasteurella multocida*）也可产 HA[4]。

由于发酵法工艺的突破和完善，工业化生产成本下降，产率提升，全球透明质酸原料市场规模稳步提升，总体销量从 2014 年的 220 吨提升到 2018 年的 500 吨，年复合增速达 22.8%，其中化妆品级年复合增速 18.0%。我国的透明质酸微生物发酵技术已经达到国际水平，2018 年我国透明质酸原料销量达到 430 吨，原料市场规模达到 30.7 亿，全球 86.0% 的透明质酸原产于中国。截止到 2018 年，全球透明质酸销量排名前五的企业均来自中国，包括华熙生物、焦点生物、阜丰生物、东辰生物和安华生物，但目前我国多数企业还是以生产附加值较低的化妆品级和食品级透明质酸为主，产值较低。因此，提高透明质酸的品质是目前相关研究的热点，而发酵生产所用菌种以及发酵的工艺等都会对 HA 的产量和品质产生影响。诱变育种和基因工程育种是目前常用的菌种改造方法，这些改造方式主要围绕调控 HA 分子、提高 HA 产量和增强 HA 生产安全性三个方面进行。此外，发酵工艺如搅拌速度、初糖浓度和发酵 pH 等都会影响到生产的 HA 分子量和产率。

7.1.1.2 壳聚糖及其衍生物

壳聚糖（chitosan），学名聚脱乙酰氨基葡萄糖，是一种高分子多糖，俗称甲壳素或几丁质。甲壳素多糖衍生物是一种高度安全无刺激的皮肤调理剂。

添加了壳聚糖的化妆品，可在皮肤表面形成一层具有良好通透性的天然膜，既能充分保持化妆品中有效成分的活性，也可以作为阻断或减弱紫外线和病菌等对皮肤侵害的屏障。此外，化妆品中的壳聚糖还可以抑制并杀死皮肤表面的霉菌和细菌等有害微生物；抑制酪氨酸酶的活性；填充于表皮的干裂缝中，并和表皮脂膜层中的神经酰胺相互作用；加快表皮细胞的再生速度等。水溶性的壳聚糖衍生物除了有优良的保湿性能外，还具有乳化稳定、增稠、抗静电的作用，适用于膏、乳、霜、露等化妆品中，且与化妆品配方中的各种成分相容性极好，有着广阔的应用前景。

传统的壳聚糖生产多采用化学降解法，该方法简单易行，效率高，但对环境污染严重。20 世纪 80 年代，国外学者发现毛霉菌属的菌丝体中甲壳素和壳聚糖的含量丰富，而且易于分离提取。随着微生物发酵技术的发展，国外有关从真菌中提取甲壳素和壳聚糖的研究逐渐增多，黑曲霉（*Aspergillus niger*）、蓝色犁头霉（*Absidia coerulea*）、雅致放射毛霉（*Accimonucor elegams*）、鲁氏毛霉（*Mucor rouxianus*）等是用来发酵生产壳聚糖的主要菌株[5]。发酵法制备壳聚糖不受地理位置、季节等因素的影响，同时也可以解决降解法原料收集困难等问题，正在逐渐替代化学降解法成为生产壳聚糖的主要方法。

7.1.1.3 海藻糖

海藻糖（trehalose）又名酵母糖，是一种自然界中广泛存在的非还原性双糖，不仅以游离糖的形式存在，还是各种糖脂的组成成分。海藻糖分子量小，易于被皮肤吸收，进入细胞后可发挥其独特的水替代应激因子作用和保护细胞膜的功能，提高细胞的抗干燥和抗冷冻能力，以提高皮肤适应寒冷干燥环境的能力。海藻糖具有防止油脂分解的作用，对于含有脂肪酸及酯类的产品，添加海藻糖可有效防止产品的氧化酸败；可以防止蛋白质变形，保持蛋白质及多肽类成分的活性；具有优异的保水性、吸湿性，与透明质酸联合使用，互补增效，兼具生物保鲜和智能保湿的作用。

化妆品中应用的主要是海藻糖的衍生物。在日本，由于本身所具有的保湿性，海藻糖已被确认为新的化妆品原料，用于化妆品及口腔用品中。由于较好的配伍性、相容性和稳定性，海藻糖几乎可以添加到任何化妆品中。无水海藻糖用于护肤霜中，可作为磷脂及酶的脱水剂，又因为其具有防晒、防紫外线的效果，还可应用于防晒产品中。此外，海藻糖及其硫酸衍生物可以作为化妆品的保湿剂、稳定剂和品质改良剂，脂肪酸衍生物还是优良的表面活性剂。

最初的海藻糖是从酵母中提取的。1950 年 Laura 首次从酵母中制备海藻糖[6]，Lillie 等也报道用三氯乙酸法提取海藻糖[7]，但三氯乙酸是一种强的蛋白质变性剂，不适用于工业化大生产。微生物发酵生产海藻糖周期短，菌种和原料广泛，是目前普遍使用的生产方法，其中能利用基质发酵生产海藻糖的微生物包括节杆菌属（*Arthrobacter conn*）、棒状杆菌属（*Corynebacterium*）、短杆菌属（*Brevibacterium*）、诺卡菌属（*Nocardia*）、丝核菌属（*Rhizoctonia*）以及微球菌属（*Micrococcus*）[8]。该方法的缺点是转化率低，发酵液成分复杂，海藻糖的提取、精制困难，因而研究运用先进的生化分离技术，提高产品转化率和纯度，是目前研究的热点。

7.1.2 多肽类

多肽一般定义为短序列的氨基酸，拥有 2～30 个氨基酸残基。在过去 50 年里，天然和合成多肽在医药领域的研究应用已经取得了巨大的进展。而最近，多肽在个人护理及化妆品应用中的潜力也逐渐显现。生物活性肽在人体内含量极少，但生物活性极高，具有多种重要的生物学特性和生理功能。多种活性肽与皮肤细胞的生长、分裂、分化、增殖和迁移有关，它们能够为皮肤提供养分，延缓皮肤衰老，促进皮肤创面修复。实际研究及临床应用均表明，将生物活性肽添加到美容化妆品中，可以有效地与皮肤细胞发生作用，发挥其突出的美容护肤功效。

多肽的生产方式主要有提取法、酶解法、人工合成法和发酵法。从天然生物体中直接提取，或者蛋白酶水解获得的多肽具有稳定性差、半衰期短、体外稳定性差、纯度不易提升等缺点，无法满足化妆品精密开发制造要求。在近几年发展进程中，随着相关研究人员对小分子多肽在化妆品研究进程中的不断推进，化学合成及生物发酵制备小分子多肽方式在不断完善。与酶解法相比，发酵法的优势是能将微生物产酶和酶水解两步合一，省去酶的分离和提纯步骤，减少生产工艺，降低成本。用于化妆品生产的发酵法制备的生物活性肽功能多样[9]，主要包括抗菌、抗氧化、美白和抗衰老。

抗菌肽（Antimicrobial peptide，AMP）自然存在于人体内，是免疫系统的重要组成部分。它们作为天然防御分子和免疫调节剂，对微生物病原体具有多种多样的活性，因此外用 AMPs 是治疗皮肤病的一种常见手段。AMPs 遏制病原体，促进皮肤健康的作用使得其在功能化妆品和医美类化妆品如软膏、乳液、洗发水、面霜或敷料的开发生产中得以广泛应用。AMP 种类繁多，且天然存在于多种微生物中，如从 *Paenibacillus ehimensis* B7 中分离的两种活性 AMP（PE$_1$ 和 PE$_2$），从真菌 *Bacillus licheniformis* 中分离的 A12-C 都具有很好的抗菌活性[10,11]。

具有抗氧化性质的活性多肽类物质称为抗氧化肽。抗氧化肽能有效地清除体内过剩的活性氧自由基，保护细胞和线粒体的正常结构和功能，防止脂质过氧化的发生。研究表明，抗氧化肽能使皮肤的透明质酸生成能力活性化，促进皮肤恢复弹性及凝聚力，可快速淡化细纹和皱纹，平滑肌肤除去皱纹和雀斑，减少表皮水分流失，减少细纹和提高皮肤弹性。目前，抗氧化肽的来源主要有三种：第一种来源于天然植物体中，通过提取获得的天然活性肽。第二种来源于动物体中，通过消化产生或水解蛋白质而产生的活性肽。第三种来源于微生物发酵或重组 DNA 中，通过微生物技术获得的活性肽。微生物发酵制备抗氧化肽原理是将抗氧化活性肽高产菌株与原料混合，置于最适条件下发酵，菌株中的蛋白酶和肽酶会将原料中的蛋白质分解，从而产生抗氧化肽。谷胱甘肽是常用于化妆品中的抗氧化肽，普遍通过微生物发酵制得。发酵生产谷胱甘肽所用菌种中最为常见的是酵母菌，但酵母细胞中谷胱甘肽含量较低，生产过程中存在酵母用量大、收率低等缺点，因此选育高产谷胱甘肽的菌株对生产至关重要。除了提高产量外，研发新的抗氧化肽也是目前研究的热点。一些学者以藻类、谷物和动物蛋白为原料发酵制备出了高抗氧化活性的抗氧化肽，但是这些抗氧化肽的研究多数还处于实验室阶段，真正应用于生产仍需要更多的研究和努力。

具有美白和抗衰老功能的多肽在化妆品的应用更广泛。一些多肽分子具有良好的酪氨酸酶抑制活性，能够有效地抑制黑色素的生成，从而达到皮肤美白的效果。酵母提取物在日化领域的应用十分广泛，近年来陆续有研究报道酵母提取物具有显著的酪氨酸酶抑制和黑色素合成抑制活性，Santhanam 研究指出，这种活性可能与其中六肽（Phe-Val-Ala-Pro-Phe-Pro）的存在有关[12]。具有抗衰老功能的活性肽很多，如棕榈酰三肽-5、乙酰基六肽-3 和肌肽等。其中肌肽能通过抗氧化、抑制端粒缩短、抑制线粒体损伤、抗糖基化多种途径来抑制衰老。发酵法制备肌肽所用的微生物主要为单胞菌属（*Alteromonas*）。

7.1.3　酶类

酶在化妆品和个人护理产品中的使用已经有很长的历史了，在个人护理品领域，酶作为一种清洁剂，应用有所增长，但在皮肤、头发、口腔和其他个人护理方面的应用仍有所局限。近几年，蛋白酶在皮肤护理上的应用较多，蛋白酶的作用是水解蛋白质，附着于皮肤死细胞上，去除死皮，使皮肤更加年轻。此外，一些可以清除自由基的酶类因其抗氧化、抗衰老的功能，在化妆品种的应用也越来越广泛，例如超氧化物歧化酶、辅酶 Q10 等。

7.1.3.1　超氧化物歧化酶

超氧化物歧化酶（superoxide dismutase，SOD）的主要作用是清除氧自由基和体内垃圾，临床应用十分广泛。氧自由基是人类衰老的元凶，是机体在代谢时产生的人体垃圾，能引起细胞生物膜上的脂质氧化，破坏细胞膜的结构和功能，还会导致机体的免疫能力、神经反射能力、运动能力等系统活力降低，同时还能破坏核酸结构，导致整个机体代谢异常等。而 SOD 可以催化超氧阴离子自由基（$O_2^- \cdot$）发生歧化反应，从而清除 $O_2^- \cdot$。

SOD 的分布相当广泛，凡是需氧的原核生物和真核生物体内都含有 SOD，现有研究表明多种厌氧细菌也含有 SOD。从对各种微生物 SOD 含量的综合研究来看，真核微生物的SOD 含量一般高于原核微生物，好氧微生物显著高于厌氧微生物。国外实践表明，发酵法生产 SOD 是一条经济、可行的途径。但目前，国内关于 SOD 的研究主要偏重于从动植物细胞提取、纯化和检测方法的改良，有关微生物生产 SOD 的研究不多。由微生物制备 SOD 的关键是筛选合适的菌种和寻找有效的微生物菌体的破壁方法。

7.1.3.2 辅酶 Q10

辅酶 Q10 是一种醌环类化合物，其化学名称为 2,3-二甲氧基-5-甲基-6（十）聚-［2-甲基丁烯（2）基］-苯醌，分子式为 $C_{58}H_{90}O_4$。辅酶 Q10 是呼吸链中 NADH 脱氢酶、琥珀酸脱氢酶和细胞色素 bc 复合物之间的脂溶性电子载体，是细胞能量生成的要素，天然的抗氧化剂，能抑制线粒体的过氧化作用，保护生物膜结果的完整性；也是一种生理代谢激活剂，能够激活细胞呼吸，加速呼吸链的产能过程。

辅酶 Q10 除了具有较强的保健功效和护肤功效还能够有效地深入皮肤，激发细胞活性，改善肤质，细腻肌肤；促进皮肤新陈代谢，加速血液循环，帮助修复皮肤皱纹，减少色素沉着，恢复皮肤弹性；具有抗衰老、抗皱、美白滋润的功效，且对人体安全、无刺激，能广泛应用于乳液和膏霜等化妆品中。其具有的抗衰老功效受到许多化妆品厂家的重视，有的厂家将辅酶 Q10 加入眼周抗皱修复霜中，称其对呵护眼周娇嫩肌肤有特殊功效，还有厂家将其加入面霜中以使皮肤紧致保持弹性。

辅酶 Q10 的生产方法一般分为直接提取法、化学合成法、微生物发酵法等。直接提取法主要从大豆、烟叶或动物内脏中进行分离和提取。提取法制备工艺较简单，但提取成本高，且受原料及季节等的限制，不适合于现代化工业大生产。化学合成法主要分为不以茄尼醇为原料的全化学合成法，以茄尼醇为原料的半化学合成法。化学合成法合成过程反应复杂、步骤多、转化效率低、往往还存在许多副产物，这些因素都影响了其产业化发展。微生物发酵法是目前生产辅酶 Q10 的最主要方法。该方法由于原料廉价丰富，产物分离过程相对简单，产物为天然品，不存在化合物手性问题，生物活性好，易被人体吸收，且可以通过发酵罐实现规模化工业化生产，因此成为最有发展潜力的辅酶 Q10 生产方法。

辅酶 Q10 产生菌大多为细菌[1]，主要包括荚膜红细菌、类球红细菌、浑球红细菌、沼泽红假单胞菌、深红红螺菌和根癌农杆菌等。通常微生物发酵产生辅酶 Q10 的产量在 30～130mg/L，据估计要实现商业化生产，辅酶 Q10 的产量应该高于 500mg/L。在国际上，日本是最早开发辅酶 Q10 的国家，报道的球红假单胞菌菌种生产水平达到 770mg/L，收率达到 70％以上。近几年来，韩国在辅酶 Q10 领域的研究也较为深入，其中根癌农杆菌 KCCM 10413 的发酵水平达到 626mg/L。国内 20 世纪 90 年代开始发酵法辅酶 Q10 的研究，表 7-1 列出国内研究单位辅酶 Q10 主要菌株，目前我国多家企业参与开发和发酵生产，其中厦门金达威集团、神舟生物公司已经投入工业化生产，所生产的辅酶 Q10 产品已经占据市场相当大的份额。

表 7-1　国内开发辅酶 Q10 的主要菌株[13]

单位	发酵水平/(mg/L)	菌株	备注
江南大学	52.4	放射型根瘤菌 WSH2601	7L 发酵罐
中国药科大学	156.2	酵母菌 HY-05	5L 发酵罐流加补糖
南京理工大学	10.8	热带假丝酵母 C-1	摇瓶培养
浙江工业大学	11.2	季也蒙假丝酵母	摇瓶培养
	96.88	鞘氨醇菌 ZUTE03	摇瓶培养
第三军医大学	20.365	光合细菌 MT1131	摇瓶培养
厦门金达威集团	2000	类球红细菌	工业化生产
神州生物有限公司	800	类球红细菌 shenzhou6	工业化生产
沈阳农业大学	48.44	葡萄汁酵母	摇瓶培养

7.1.4 酵素

酵素是近年来热门的一种产品，有些人将酵素等同于酶，实际这里讲得酵素不是酶。酵素成分包含来自植物原料和微生物所提供的各种营养素和天然植物中的植物类功能性化学成分，以及发酵生成的一些生理活性物质，包括维生素、氨基酸、多糖、肽类、多酚类、黄酮类、矿物元素和有机酸，GABA、SOD、过氧化氢酶等抗氧化成分，各种益生菌，醇类、酯类、酶类以及外添加的低聚糖，酶、牛磺酸等功能性成分。工业和信息化部颁布的标准《酵素产品分类导则》（QB/T 5324—2018）第 2.2 条中将酵素定义为：以动物、植物、菌类等为原料，经微生物发酵制得的含有特定生物活性的产品。此外，该标准还规定，日化酵素是以植物为主要原料，添加或不添加辅料，经微生物发酵制得用于个人护理、洗涤用品等的酵素产品。尽管酵素一词存在争议，但实际微生物发酵的产品已在化妆品产品中广泛使用，典型的就是 SK-Ⅱ 的 Pitera 和小黑瓶/小棕瓶的 Bifida ferment lysate。研究表明，不同的酵素具有不同功效：有些酵素有助于皮肤深层细胞生长；有些可以抵御紫外线对皮肤的伤害；还有一些可以使老化的皮肤细胞脱落，增进皮肤内胶原质与弹力素的形成。酵素既可清洁皮肤也能彻底改善肌肤状况，使其紧实、细致、有光泽，甚至能够加快皮肤细胞的新陈代谢，为皮肤细胞带来活力。酵素的这些功能使其成为一类新兴的化妆品功效添加剂。

酵素通常是以酵素粉或酵素浓缩液的形式加入化妆品中，工艺与常规化妆品膏、霜、乳、精华素、洗面奶等的制作方法基本一致。酵素产品中通常含有一些植物活性成分，例如维生素、氨基酸、矿物质、多糖、黄酮、多酚等，这些成分通常具有良好的保湿、美白、舒敏及延缓衰老等功效。近几年微生物发酵技术的引入使得酵素原料的生产成本大大降低，进一步促进了酵素化妆品产业的发展。

大量研究结果显示，优质的植物资源采取适当的发酵方式，可以有效富集功效成分，对解决化妆品植物原料开发过程中功效不足的问题具有重要的意义。比如，采用 HPLC 法定量检测对比红景天提取物和红景天发酵液中红景天苷的含量，发现与提取液相比，微生物发酵液中红景天苷的含量增加了约 48.45%；在发酵豆乳中的游离型异黄酮要比未发酵豆乳中的糖苷型异黄酮具有更强的生物活性，发酵豆乳的生物利用率较之未发酵豆乳高很多；发酵红参的糖醛酸、多酚和黄酮含量以及抗氧化性能都比红参原料更高，其人参皂苷的代谢产物含量增加，使得发酵红参的抗皱功效和美白功效更高。

目前，国际上一些大公司，如名列 1994 年世界家庭、个人日用品以及工业和公共事业润洁用品销售额厂家第一的 Unilever PLC，第十的 Kanebo 及其他欧美和日本的大公司已经开发出能控制人体表皮胶原质生长的酵素，并申报了专利。这表明含酵素的护肤品已大致完成了实验室内的开发工作。据初步研究结果表明，与果酸等活性物相比，酵素具有活性高、用量少、刺激小、能全方位保养皮肤等特点。

7.1.5 维生素

维生素（vitamin）是维持人体生命活动必需的一类有机物质，也是保持人体健康的重要活性物质。维生素在人体内的含量很少，但在人体生长、代谢、发育过程中发挥着重要的作用。此外，维生素还是皮肤保持正常营养和完整功能所需的物质。化妆品中添加维生素可以有效阻止皮肤衰老，增加皮肤的保湿性，减少皮肤干燥、肤色不均等问题。维生素种类繁多，其中大部分在皮肤的生理过程和新陈代谢中起到关键作用。维生素的化学结构各不相同，决定着它们生产方式的多样性。在工业生产上，大多数维生素是通过化学合成法获得的，从生物材料中直接提取的并不多，而近年来发展起来的微生物发酵法代表了维生素今后生产的发展方向。目前完全采用微生物发酵或微生物转化制备中间体的有维生素 B_2、B_{12}，维生素 C 和生物素。

7.1.5.1　B族维生素

B 族维生素是一类水溶性维生素，是多种辅酶的组成成分。

维生素 B_2 又名核黄素，是 1879 年由英国化学家布鲁斯首次从乳清中发现，1933 年由美国化学家哥尔贝格从牛奶中提取，1935 年由德国化学家柯恩合成的。人体缺乏维生素 B_2 易患口角炎、皮炎、微血管增生症等，因此维生素 B_2 在皮肤保护中起着重要的作用，化妆品中添加维生素 B_2 可以防止肌肤暗黄、粗糙，此外也有药妆品牌通过添加维生素 B_2 来辅助治疗皮肤炎症。工业发酵生产维生素 B_2 常用菌种包括：棉囊阿舒氏酵母 (*Ashbya gossipii*)、解脂假丝酵母 (*Candida famata*)、阿舒氏假囊酵母 (*Eremotheecium ashbyii*)、酿酒酵母 (*Saccharomyces cerevisiae*)、枯草芽孢杆菌 (*Bacillus subtilis*)、产氨棒状杆菌 (*Corynebactia aminogensis*)。

维生素 B_{12} 又称钴胺素 (cobalamin)，是一类含有钴的咕啉类化合物的总称，最初由 Minot 和 Murphy 于 1926 年用肝浸膏治疗恶性贫血时发现。维生素 B_{12} 以辅酶的形式参与各种代谢活动，促进甲基的形成和转移，参与一些化合物的异构化、维持—SH 基团的还原状态，促进 DNA 和蛋白质的合成，促进细胞的合成，维持神经系统的正常功能。维生素 B_{12} 可作为保湿剂、皮肤调理剂应用于化妆品中，强化皮肤的毛细血管并减轻皮肤炎症，改善因炎症导致的皮肤早衰。由于维生素 B_{12} 的结构极为复杂，其化学合成高度繁琐昂贵，从肝脏等动物组织中提取的效率和效益也十分低下，所以只能通过微生物发酵来实现商业生产。早期的时候，维生素 B_{12} 主要从链霉素的发酵废液中提取，20 世纪 70 年代才被专门发酵取代。用于发酵生产维生素 B_{12} 的菌种有多种，其中费氏丙酸菌 (*Propionibacterium freudennreichii*) 和脱氮假单胞菌 (*Pseudomonas denitrificans*) 是工业生产使用的主要菌株[14]。

7.1.5.2　维生素 C 及其衍生物

维生素 C 也称抗坏血酸，是最不稳定的一种维生素，极易被氧化，是天然的抗氧化剂。在化妆品中，维生素 C 通过与铜离子在酪氨酸酶活性部位相互作用以减少多巴醌等多部黑色素合成过程来干扰黑色素的生成，具有很好的美白祛斑的效果。同时维生素 C 也有消炎的作用。维生素 C 活性很高，但是极不稳定，容易受到光、热、氧的破坏而降低其活性。而由于角质层的疏水性特征，也导致了该成分在皮肤中的渗透性不好。所以，化妆品中添加的维生素 C 多为其衍生物，如抗坏血酸钠、3-O-乙基抗坏血酸和抗坏血酸磷酸酯镁。这些维生素 C 的衍生物具有良好的稳定性，在促进皮肤再生、加快新陈代谢、美白和抗衰老方面效果突出。目前工业生产维生素 C 主要通过巨大芽孢杆菌 (*Bacillus megaterium*) 发酵葡萄糖和山梨醇制得。

7.2 皮肤微生物及其与化妆品的关系

皮肤是人体表面积最大的器官，是隔离人体内环境与外环境的第一道屏障。皮肤表面寄居着数量庞大的微生物，研究表明，每平方厘米的皮肤上生活着约 10 亿的微生物且由表皮向真皮扩散，这些长期生活于皮肤表面的微生物被称为共生微生物。它们在抵御病原体入侵、维持免疫系统稳定以及调节上皮细胞分化等方面都发挥着重要的作用。共生微生物受多重因素制约在皮肤表面保持相对稳定性，当微生物的稳态被打破时，会引起皮肤病变甚至全身疾病。皮肤依据生理环境可以分为皮脂区、湿润区及干燥区等不同的区域。不同皮肤区域的微生物在群落组成及结构上各不相同，研究微生物群落结构及其动态变化，对于研究皮肤病的发病机制以及微生物对其的影响等有着十分重要的意义。

7.2.1 皮肤微生物组成及作用

传统的皮肤微生物研究，主要依靠培养的方法。基于纯培养的方法在分析皮肤表面微生物时，往往只能分离鉴定出适合在实验室条件下生长的微生物如葡萄球菌属，且常常低估群落的总体多样性。一些更容易在皮肤表面生长的厌氧菌如丙酸杆菌，在基于培养法的研究结果中经常被低估[15]。随着 Woese 等开始对皮肤表面微生物 16S rRNA 基因进行测序以识别细菌，基因测序技术逐渐应用于皮肤表面微生物的研究[16]。通过 16S rRNA 测序分析发现，皮肤表面共生的细菌 99% 都归于放线菌门、厚壁菌门、拟杆菌门和变形菌门这 4 个门类。而基于 ITS1 基因的测序结果则表明，与细菌相比，真菌的相对丰度较低。马拉色菌属是主要的真菌菌属，在头皮和前额等油脂区域丰度较高。

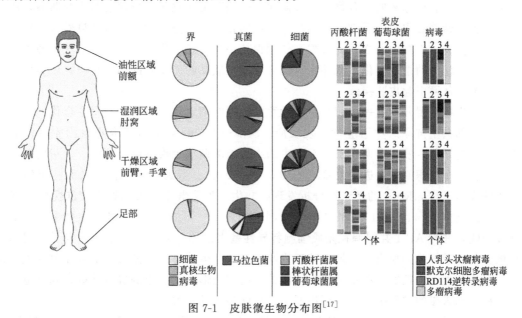

图 7-1 皮肤微生物分布图[17]

人皮肤的微环境并不适合微生物的生长繁殖，皮肤表面碳水化合物匮乏，油脂、盐、尿素等的含量较高，pH 偏低，这种环境对于微生物的生长来说十分不利，因此不同生理位点的共生菌群也进化出了针对该生理环境的生存策略。这使得微生物在皮肤表面的分布有着明显的区域差异，如图 7-1 所示。皮肤皮脂腺部位油脂含量高，该区域以亲脂性的丙酸杆菌属为优势菌属，丙酸杆菌可以利用皮脂腺分泌的油脂，将其降解为丙酸和蜡酸，降低皮肤表面的 pH，在维持自身生长繁殖的同时，也抑制了其他细菌的生长。葡萄球菌属和棒状杆菌属是皮肤湿润区域的优势菌属，该区域高含量的盐分以及尿素对细菌的生长十分不利，为了适应这一环境，葡萄球菌属和棒状杆菌属的细菌进化出了耐盐性以及利用汗液中的尿素作为氮源的生存能力。为了促进自身在皮肤表面的定殖，各种葡萄球菌还能分泌利于在皮肤表面附着的黏附物和从角质层释放营养物质的蛋白酶。皮肤干燥区域的环境相对"温和"，菌群的丰度较高结构也较为复杂，没有优势菌属。

稳定的皮肤微生物群落可以帮助皮肤抵御外来致病菌的入侵，保护皮肤的健康。而微生物群落结构的稳定性则与群落丰度成反相关，皮肤油脂区域细菌组成简单，该区域的菌群稳定性高于皮肤湿润区域和干燥区域。性别、年龄、气候等多种因素都会对皮肤微生物产生影响。个人卫生习惯，如使用清洗剂会导致皮肤表面抗菌肽的减少，进而对皮肤微生物产生一定的影响，除此之外，皮肤菌群还与所在城市的主要环境和社会经济状况有一定的相关性，大城市居民皮肤共生菌群相互之间的网络更加脆弱，这也导致了城市环境中皮肤病的发病率更高[18]。但是，相较于外部环境的变化，皮肤表面微环境的改变对共生微生物的影响要更为直接，尽管皮肤处于不断变化的外环境中，但是皮肤微生物依然可以维持群落的稳定性至少 2 年之久。皮肤微生物群落结构的改变往往与皮肤疾病密切相关。

7.2.2　微生物和皮肤健康的关系

皮肤微生物在维持皮肤健康方面有着重要的作用，常驻微生物能够通过占位作用形成生物屏障，产生抑制病原菌的化合物，使致病菌及过路菌无法立足；分解皮脂为脂肪酸，形成乳化皮脂膜、营养表皮角质层细胞的同时，又可防止皮肤水分蒸发；促进免疫器官发育，增强机体免疫皮肤。常驻菌群之间通过相互作用保持一个动态的平衡，而一旦这种平衡被来自内在（皮肤分泌物的组成变化）或外在（抗生素或护肤品的使用）的因素打破，就会导致皮肤屏障受损，从而引起皮肤疾病。

皮肤微生物在婴儿期这一组织和免疫发育的关键时期定殖于皮肤，与宿主合作，促进机体对环境中的共生抗原产生适应性免疫反应。Scharschmidt 等通过研究小鼠出生后调节 T 细胞向体外的迁移，发现早期定殖于毛囊中的细菌能够调节毛囊分泌趋化因子，帮助调节 T 细胞在角质层中的积累，促进免疫系统的建立[19]。Meisel 等通过对无菌以及无特定病原体小鼠皮肤样本进行 mRNA 的转录组分析发现，共生微生物群不仅参与调节皮肤免疫应答通路，还会影响 KLF-4、AP-1 和 SP-1 等转录因子的表达[20]。转录因子 SP-1 主要参与调节表皮屏障功能，并与 AP-1 共同调控角质细胞特异性基因的体外表达，三个转录因子共同调节表皮的分化以及屏障的形成。早期定殖于皮肤表面的共生菌可以帮助人体形成完整的免疫系统，而共生菌群在生长的过程中逐渐在皮肤的不同部位形成了稳定的群落结构，同时也形成了防止病原菌入侵的定殖抗性，阻碍病原菌在皮肤表面的生长。

当皮肤表面的菌群结构发生紊乱时，定殖抗性消失，病原菌入侵导致感染进而引起疾病。皮肤微环境的改变和共生菌群稳态的消失也会使共生菌中的一些机会致病菌表现出毒性向病原菌转变。银屑病、寻常痤疮和特应性皮炎等常见的皮肤疾病都与菌群结构的紊乱相关。

寻常痤疮是一种慢性炎症性皮肤疾病，其发病与毛囊内痤疮丙酸杆菌的存在及其生物膜的形成有很大关系。痤疮丙酸杆菌存在多种株型，研究发现 1A1 型与痤疮相关性最大。由于影响细菌黏附和宿主免疫反应的假定毒性因子的存在，1A1 型的痤疮丙酸杆菌更易引发皮肤的炎症反应。特应性皮炎（Atopic Dermatitis，AD）多在儿童中发病，目前研究普遍认为 AD 的病发与金黄色葡萄球菌的定殖感染相关，AD 患者的病灶区皮肤屏障受损，病灶与非病灶区域的共生微生物群落结构均发生改变多样性降低，表现为棒状杆菌、链球菌和丙酸杆菌等原优势菌属丰度降低，多种葡萄球菌的丰度提高。真菌中的马拉色菌属的整体丰度降低，个别菌种（*M. sympodialis*，*M. dermatitis*）富集。以金黄色葡萄球菌为主的外源致病菌的定殖，会影响皮肤微环境并促进炎症反应，其丰度也与疾病的严重程度正相关，而降低金黄色葡萄球菌的丰度，恢复群落多样性，可以有效缓解 AD 的症状。

银屑病的发病也伴随着微生物多样性的降低以及链球菌属的异常增殖，但是作为潜在因素的链球菌在银屑病发病中发挥怎样的作用，目前还没明确的研究结果提供依据。针对银屑病与皮肤微生物关系的研究有很多，但由于缺乏既定的试验标准以及统一的样本背景，研究得出的结果也多不相同。这些结果都证实了皮肤微生物群落结构的紊乱与皮肤病之间的联系，但是微生物在皮肤病发病过程中所发挥的作用仍然有待进一步的研究确定。明确微生物在皮肤病中发挥的作用可以提高我们对疾病发病机制的认识，提供新的预防和治疗皮肤病的方向。

皮肤微生物的紊乱会导致皮肤疾病，反之，通过修复皮肤病灶处的微生物结构是不是也有治疗皮肤病的效果呢？这也为皮肤病的治疗提供了新的思路。在传统的皮肤病治疗方案中，使用抗生素和激素是常用的治疗手段。然而外用抗生素的使用在导致致病菌产生耐药性的同时，还会使皮肤正常菌群失调，这样不仅会提高病原菌重新定殖的可能性，还为潜在病原体的增殖提供了条件。如何在减少致病菌数量的同时又可以恢复共生菌群的丰度成了首要解决的问题，Niccoli 等曾在研究中尝试使用微生物制剂来治疗 AD，在给中度和重度 AD 患儿服用益生菌 *Lactobacillus salivarius* LS01 4 周后，患者的 SCORAD 指数降低，并伴有瘙痒强度的显著降低。这一研究的结果证实了益生菌可以在改善中、重度儿童 AD 症状的过程中发挥作用，而本身即为人体肠道微生物的益生菌不仅能够直接或间接地抑制致病菌的生长还不会对原有菌群的结构造成破坏[21]。目前，应用微生物来治疗皮肤病的研究越来越多，如何利用皮肤共生菌群之间的相互作用来杀死致病菌一直是研究的热点。

健康皮肤的共生菌群还可以通过分泌细菌素等物质，直接抑制外源致病菌生长的同时，还能增强免疫系统的功能从而提高菌群的稳定性。路邓葡萄球菌 *Staphylococcus lugdunensis* 可以通过产生抗生素 lugdunin 来抑制金黄色葡萄球菌的生长。并且，多代培养之后，金黄色葡萄球菌依旧对 lugdunin 保持高度敏感性，表明其可能很难产生对 lugdunin 的抗性，因此 lugdunin 或许可以作为一种新型抗生素用于治疗由金黄色葡萄球菌定殖感染引起的 AD 等皮肤疾病。Nakatsuji 等在动物和人体的试验中发现，局部使用凝固酶阴性的葡萄球菌（CoNS）可以降低皮肤表面金黄色葡萄球菌的丰度。这种方法的治疗效果优于使用抗生素，因为它不会破坏皮肤的菌群平衡[22]。普通药物抗生素的非特异性抗菌作用可以杀死皮肤表面 CoNS 的保护性菌株，因此也增加了金黄色葡萄球菌重新定殖的可能性。而来自正常菌群的抗菌剂的选择性活性将避免这种非特异性作用，在选择性杀死金黄色葡萄球菌的同时不会对正常菌株的生长造成影响。在重复应用活性 CoNS 治疗 1 周后，小鼠皮肤表面的金黄色葡萄球菌被完全消除。但是长期或多次施用活菌制剂对 AD 患者皮肤的益处仍有待进一步确定。

7.2.3　化妆品与皮肤微生物

影响皮肤微生态的外源性因素有很多，由于频繁与化妆品接触，使得化妆品成为影响皮肤微生态的重要因素之一。化妆品中成分可以直接影响皮肤微生物或与微生物相互作用进而影响皮肤微生态。按照国家标准生产的化妆品，本身微生物的数量是极低的，然而化妆品不必完全无菌，所以其中可能会含有一些非致病性微生物。

7.2.3.1　化妆品的使用对皮肤微生物的影响

化妆品影响皮肤微生态主要通过两种途径：一是产品本身所携带的非致病性微生物可能通过发酵或其他方式来修饰改变化妆品中的一些化学成分，进而对皮肤常驻菌或皮肤微环境产生不利影响，对皮肤造成损害；二是化妆品中的化学成分被皮肤常驻菌利用，从而影响皮肤健康。

研究证实化妆品的使用可影响皮肤微生物的组成。Staudinger 等采用 16Sr RNA 测序技术发现，使用化妆品的女性（22～29 岁）前额皮肤微生物多样性要显著高于男性（$P<0.01$），且在个别使用化妆品的女性中检出特有菌属：月形单胞菌属（*Selenomonas*）、柯克斯体属（*Coxiella*）、气球菌属（*Aerococcus*）等，相反在不使用化妆品的女性前额则未检出，且皮肤微生物多样性与男性无显著差异（$P=0.26$）[23]。该研究结果表明这些特殊存在于使用化妆品人群中的微生物可能与化妆品中的一些化学成分有关，但化妆品成分纷繁复杂，其对皮肤微生态产生的影响还需要借助相关数据及软件模型结合已有的皮肤细胞和分子机制加以预测，从而更好地协助预测化妆品配方物质对皮肤微生态的影响。

化妆品中的成分还可以通过改变皮肤微环境的方式间接影响皮肤微生物的定殖。化妆品中成分复杂，包含了许多化学物质，如防腐剂、香精香料、功效成分、保湿剂和除臭剂等，这些物质可能改变皮肤的微环境，如 pH、湿度和油脂含量等。当皮肤微环境发生改变，皮肤微生物也势必会受到影响。例如，化妆品中的保湿剂可以为皮肤微生物的生长提供合适的湿度，有利于一些皮肤微生物的定殖。而一些含除臭剂或抗菌剂的化妆品则会减少微生物的定殖，化妆品中的防腐剂是其中典型代表。化妆品中添加防腐剂的目的是抑制微生物的生长，防腐剂虽然没有抗生素那样的强力杀菌作用，但在某种程度上也可以称为化妆品中的"抗生素"。以肠道微生物为例，研究发现抗生素治疗后肠道内氧气增加，使多数厌氧的有益菌数量减少同时又增加了一些好氧有害菌的生长，致使肠道菌群失衡。同样，化妆品中的防腐剂如果无选择地抑制皮肤微生物，包括有益的常驻菌和致病的暂驻菌，也可能会扰乱皮肤的微生态平衡。

7.2.3.2　化妆品防腐剂对皮肤微生物的影响

化学防腐剂因生产方便及防腐性能优效在化妆品中应用较为广泛，按其化学结构可分为四类：醇类、甲醛供体和醛类衍生物、苯甲酸及其衍生物、其他有机化合物。由于这些防腐剂的抑菌机制不同，不同的防腐剂对不同的皮肤微生物也表现出不同的抑制效果。陈冠武等通过试验发现，添加在膏状或液状化妆品中的杰马 BP 在通常添加量（0.1%～0.75%）且接触时间较短（8h 以内）时不会对痤疮丙酸杆菌和表皮葡萄球菌产生抑杀作用，但当时间达到 24h 时则产生明显抑制[24]。蔡颖等也采用相同测定方法发现，添加到膏状化妆品中的尼泊金甲酯当作用时间达到 8h 以后，会对痤疮丙酸杆菌和表皮葡萄球菌产生明显抑制[25]。这提示当化妆品中的防腐剂在合理的添加范围，且与皮肤接触时间较短的情况下，不会对皮肤常驻菌产生抑制。但从化妆品的长期使用性及良好抑菌性角度出发，研究者在研发防腐剂时一定要考虑防腐剂对皮肤常驻菌的影响。从产品质量安全角度出发，防腐剂必不可少，但从皮肤微生态平衡的角度，合理选择对皮肤微生态平衡扰动较小的防腐剂则对维护皮肤健康有重要意义。

首先可以筛选一些微生态友好防腐剂。即在已公布的化妆品目录中采用常规方法，如短期防腐挑战试验，筛选对常见致病菌抑制而对皮肤常驻菌影响较小的防腐剂，以维持皮肤微生态平衡。有人在用纸片法研究薰衣草精油和芦荟水提物对痤疮患者面部主要细菌的抑制作用效果时发现，薰衣草精油对痤疮丙酸杆菌有明显的抑制作用，对表皮葡萄球菌无抑制作用；木立芦荟水提物对痤疮丙酸杆菌无抑制作用，对表皮葡萄球菌则有促进作用。众所周知，痤疮皮肤中痤疮丙酸杆菌比例显著升高，这提示薰衣草精油和木立芦荟水提物可作为良好的功效原料用于痤疮产品的研发中。所以筛选皮肤微生态友好防腐剂，不仅能够保证化妆品品质还能够不破坏皮肤本底平衡，可谓一举两得。其次，开发新型的化妆品包装，如一次包装，可以实现化妆品的"无防腐"，减少化妆品的污染。总之，合理选择化妆品防腐剂的种类，严格控制防腐剂的添加量，研发新型绿色防腐剂，都可以作为化妆品防腐剂研发的重要方向。

7.2.3.3　化妆品功效成分对皮肤微生物的影响

化妆品在配伍时常常会加入具有特定功效的活性成分。如一些针对痤疮皮肤所研发的化妆品中会添加辅助治疗或调节痤疮皮肤的功能性物质，从而达到减轻痤疮的目的。痤疮皮肤表面常伴有特定微生物繁殖增加、皮脂分泌旺盛、角质增厚和毛囊堵塞等问题，因而现有的痤疮系列化妆品通常会针对这些问题添加杀菌剂、皮脂抑制剂和角质溶解剥离剂等原料。从抗痤疮角度出发，该类产品可能会解决某些痤疮皮肤问题，但从皮肤微生态平衡角度看，痤疮皮肤本身微生态就处于一个失衡的状态，长期使用这类产品有可能会造成恶性循环。消费者在使用痤疮系列化妆品过程中并没有监测皮肤微生物的变化，故难以预料长期使用该类化妆品对皮肤微生态的具体影响，比如常驻菌抗药性的产生，可能是长期受到该类产品的刺激使得细菌抗性基因文库增加，这些抗性基因散落在皮肤微生物群落当中，会使微生物种类发生转移，如表皮葡萄球菌向金黄色葡萄球菌的转移，导致皮肤菌群种类及其丰度发生变化。因此，对于痤疮皮肤功效成分的研发不仅要考虑到维持微生态的平衡，更应考虑到功效成分如何最大化持续显效。此外，化妆品可能含有一些未鉴定出的具有潜在抗菌活性的成分，这也可能会对皮肤常驻菌造成影响。所以，从皮肤微生态角度出发，对常驻菌的影响也应作为化妆品功效原料的筛选依据之一。

7.2.3.4　益生菌类成分对皮肤微生物的影响

肠道益生菌的应用已经十分广泛，但皮肤益生菌及其发酵产物在化妆品中的研究及使用还较少。一些研究发现表皮葡萄球菌、透明颤菌、复膜孢酵母菌及双歧杆菌具有一定的护肤功效。

（1）表皮葡萄球菌

Nodake 等从受试者自体皮肤分离表皮葡萄球菌，培养后添加到化妆品基础配方中，涂抹于受试者面部皮肤，每周 2 次，连续使用 4 周后测定受试者皮肤保湿性能的变化[26]。结果表明，配方中添加自体分离的表皮葡萄球菌后，显著增加了皮肤的保湿性。

（2）透明颤菌

研究表明，透明颤菌裂解液可以刺激 β-防御素的产生及经 Toll 受体影响人先天免疫反应，对抗肌肤干燥和敏感，恢复皮肤屏障和皮肤表面微生物的多样性[27,28]。我国学者李利等发现在化妆品面霜中添加 1% 的线状透明颤菌裂解液可以缓解干燥敏感肌肤症状，增加皮肤油脂及水分含量[29]。理肤泉温泉水喷雾中也宣称添加了透明颤菌裂解液，可以帮助对抗干燥敏感肌肤。

（3）复膜孢酵母

SK-Ⅱ护肤精华露宣称添加了复膜孢酵母发酵滤液（Saccharomycopsis ferment filtrate，SFF），具有消炎、抗氧化和延缓皮肤衰老的作用。将 SFF 与巨噬细胞 RAW 264.7 体外共同作用后，发现 SFF 可显著下调 LPS 诱导的巨噬细胞 NO 的释放及诱导型一氧化氮合酶（inducible nitric oxide synthase，iNOS）蛋白的表达，从而发挥抗炎和损伤修复的作用。

（4）双歧杆菌

除上述的 SK-Ⅱ以外，雅诗兰黛（Estee Lauder）特润修护精华液也添加了双歧杆菌发酵液，该发酵产物能加速老旧角质的剥离，促进新生细胞的生长。

目前，皮肤益生菌外用产品报道较少，虽然直接应用皮肤常驻菌活菌制剂有护肤的功效，但由于无完备的安全性评价体系，加之无肠道益生菌那样安全应用的历史，所以还需要进一步探究。Ouwehand 等建立了体外筛选皮肤益生菌的方法，提出了皮肤益生菌应具有的益生特性：具有很好的抗菌特性；能很好地在体外黏附于人体角蛋白；能对皮肤致病菌黏附于人体角蛋白产生抑制。但安全性没有列入讨论范畴。虽然皮肤益生菌的应用受限，但相信随着评价体系的建立，未来应用也不无可能[30]。

7.2.4 皮肤微生物研究的发展趋势

皮肤作为人体表面积最大的器官，承载着多种生理功能，而皮肤上的微生物自我们出生之日起就在皮肤表面定殖，与皮肤共同作用维持机体的健康。目前，针对皮肤微生物组的研究主要集中在证实微生物与疾病的关系方面。微生物组的研究在帮助治疗皮肤疾病以及预测治疗效果等方面都有着无限的潜力。随着研究的不断深入，皮肤微生物与皮肤健康的关系不断被证实，皮肤微生物的重要作用逐渐凸显。共生菌群不仅可以帮助皮肤构建完整的免疫系统，其相对稳定的群落结构也是防止致病菌入侵的一道防线。然而皮肤菌群稳定性的影响因素也有很多，伴随着抗生素滥用，环境污染，以及气候变化等的影响，皮肤菌群的稳定性变得更易被破坏，皮肤病患者的数量也在逐年增多，我们也需要更加有效且副作用更小的手段来治疗皮肤疾病。未来的研究应该着眼于皮肤微生物群落与疾病发展的内在联系，及其维持皮肤健康的机制。全面、细致地了解皮肤微生物与健康和疾病的关系可以加深我们对皮肤生理学的理解，有助于我们确定新的治疗策略和方案。皮肤微生物组研究面临的主要挑战是确定其可调节的程度。这种调节除了包括使用抗生素（局部或全身）进行调节外，还包括直接的个体内（甚至个体间）皮肤微生物组移植，或者是通过与胃肠道微生物组（如益生菌）的交叉交流进行的间接调节。

7.3 基因工程在化妆品中的应用

7.3.1 基因工程育种

基因工程（genetic engineering）是指对遗传信息的分子施工，即把分离到的或合成的基因经过改造，插入载体中，然后导入宿主细胞内，使其扩增和表达，从而获得大量基因产物或改变生物性状。基因工程的核心技术是重组 DNA 技术（recombinant DNA technology）。

基因工程自 20 世纪 70 年代问世以来便受到了全世界的广泛关注，并得到了飞速发展，特别是在微生物分子育种方面取得了巨大成功，重组人胰岛素的上市就是第一个例证。随后又陆续应用基因工程技术对各种微生物的性状进行了改造，使目标代谢产物的产量得到大幅提高，并实现了工业化生产，如酶、维生素、氨基酸、激素、促红细胞生长素等。随着生物化学、遗传学、分子生物学以及各种生物技术的发展，基因工程育种必将取代传统育种，使微生物各种代谢产物快速产业化，以满足人类日益增长的需求。伴随着基因工程等分子生物学研究的快速发展，美容化妆品行业迎来了全新的发展机遇，化妆品已经从传统的化学美容、植物美容向生物美容与基因美容发展。科研人员开始把目光聚焦到利用基因工程技术制备透明质酸、类人胶原蛋白、表皮生长因子等生物制品，推动了化妆品领域的快速发展。

7.3.2 基因工程在化妆品领域的应用进展

7.3.2.1 透明质酸的基因工程育种

透明质酸（HA）是由葡萄糖醛酸和 N-乙酰葡萄糖胺组成的双糖单位聚合而成的直链酸性黏多糖，在化妆品等领域拥有庞大的市场。传统研究通过优化发酵参数改善透明质酸的生产虽然取得了显著成效，但也趋于上限，加之天然生产菌株固有的发酵培养基成本高、具有一定致病性等劣势也日益显著。随着分子生物学技术的迅速发展以及对透明质酸合成相关基因研究的不断深入，研究重点逐渐转向利用基因工程技术构建高产、安全、具有特定分子量的透明质酸工程菌株。

HA 的多种生物活性具有分子量依赖性，低分子量 HA 的某些生物活性，高分子量 HA 不具有甚至具有相反的作用。因此，利用代谢工程手段生产可调控分子量的 HA 很有必要。Sheng 等[31] 将兽疫链球菌 HAS 基因 *szhasA* 和 UGD 基因 *szhasB* 置于两个不同的诱导启动子调控下，并将其导入乳酸乳球菌（*Lactococcus lactis*）中，首次在活细胞体内验证了Jing 和 DeAngelis[32] 提出的生物合成 HA 分子量的大小受底物浓度与 HAS 浓度之间比率影响的假设，并得到微生物合成 HA 的分子量与该比率量正相关的结论。Chen 等[33] 的研究发现，在兽疫链球菌中，当两种底物达到平衡时，合成 HA 的分子量最大，超表达与UDP-GlcA 合成有关的基因会降低 HA 分子量，超表达与 UDP-GlcNAc 合成有关的基因可增大 HA 分子量,且超表达磷酸葡萄异构酶基因(*pgi*)可以增大 HA 分子量。Yu 和 Stephanopoulos[34] 证实在重组大肠杆菌中高分子量 HA 的合成过程中 *pgi* 起了重要作用。Marcellin 等[35] 的研究发现,兽疫链球菌中上调 1-磷酸葡萄糖胺乙酰转移酶/UDP-N-乙酰葡萄糖胺焦糖酸化酶(GlmU)的表达水平,下调 UDP-N-乙酰葡萄糖胺-1-羧基乙烯转移酶(MurA)的表达水平可以使 HA 分子量增加。

随着 HA 应用的增加,HA 市场份额多年来持续增长,提高 HA 产量成为提高经济效益的重要手段。大量的传统研究通过优化发酵参数提高 HA 的产量取得显著成效,但也趋于上限,而利用基因工程的方法正在提供新的研究思路。Chien 等[36] 将兽疫链球菌 *szhasA* 基因整合到枯草芽孢杆菌的基因组中,同时分别共表达兽疫链球菌中 UGDH 基因(*szhasB*)、枯草芽孢杆菌中 UGDH 基因(*tuaD*),结果表明与 *szhasA* 共表达 *szhasB* 或 *tauD* 可以增加 HA 产量至少 2 倍,并且 *tauD* 的共表达比 *szhasB* 更有效地增加 HA 产量。Prasad 等[37] 在引入兽疫链球菌中 HA 合成相关基因的乳酸乳球菌中发现,导入 *szhasA*、*szhasB*、*szhasC* 的重组菌的 HA 产量比只导入 *szhasA*、*szhasB* 的重组菌提高了 119%。Jin 等[38] 在构建共表达兽疫链球菌 HA 合酶和枯草芽孢杆菌前体基因的枯草芽孢杆菌工程菌的基础上,引入水蛭来源的透明质酸酶编码基因 *LHyal* 整合至枯草芽孢杆菌,在 3L 发酵罐水平下,HA 的产量从 5.96g/L 显著增加到 19.38g/L,是目前微生物发酵法生产 HA 的最高产量。

7.3.2.2 表皮生长因子的基因工程育种

生长因子(growth factor,GF)是体内存在并对机体不同细胞具有调节(促进或抑制)生长发育作用的细胞因子,也称多肽生产因子,属肽类激素。表皮生长因子(epidermal growth factor,EGF)是一类重要的生长因子。

根据 EGF 所具有的良好的生理特性,特别是对皮肤表皮基底层细胞的激活作用,近年来被尝试运用在美容化妆品上。EGF 能够依据人体皮肤的生理结构,在分子水平上对细胞进行修复和调整,改善或更新其组成和代谢等功能,逐步改善许多皮肤问题,如松弛衰老、皱纹、暗沉等,从而达到保护皮肤的目的[39]。胡耀华等[40] 证明负压封闭引流联合表皮生长因子治疗皮肤软组织缺损有较好的效果,值得临床应用。陈敏等[41] 利用黄金微针射频结合透明质酸及表皮生长因子为面部年轻化治疗提供了安全有效的治疗方案。

人表皮生长因子基因既可从天然来源提取,也可用固相亚磷酰胺二酰法分 8 个片段合成[42]。随着基因重组技术的发展,人们开始进行重组人表皮生长因子大规模生产的尝试。迄今为止,人表皮生长因子基因已得到克隆并在多种系统中得到表达。Sivakesava 等[43] 将携带能够编码人表皮生长因子基因质粒的大肠埃希菌 JM101 用于发酵以优化 hEGF 分泌水平。Lee 等[44] 将一个编码成熟 EGF 的 cDNA 克隆到 pQE30 载体中,在大肠埃希菌中表达并提出了一种从包涵体中高效复性 EGF 的方法。戴薇等[45] 将人工合成的 *hEGF* 基因转入聚球藻和鱼腥藻。经放射免疫分析证明,*EGF* 基因在两种转基因藻中均得到了表达,表达的蛋白具有与 EGF 抗体结合的抗原性,而且,聚球藻表达的外源 EGF 大多被分泌到上清中,而鱼腥藻表达的 EGF 蛋白主要定位于藻细胞裂解的粗提液中。Wirth 等[46] 将经过精心设计的 EGF 表达框转入烟草中,使该蛋白的表达较以前提高了 100 倍。Tong 等[47] 用携带编码 hEGF 的质粒 lacUV5*omp*08hEGF 的重组大肠埃希菌 HB-101 进行发酵以提高 hEGF 水平。结果表明,在分批发酵条件下,hEGF 浓度达到

242mg/L，异种蛋白含量比优化前降低了 62％，纯化后的 hEGF 纯度大于 94％，总收率大于 36％。

7.3.2.3 胶原蛋白的基因工程育种

胶原属于细胞外基质的结构蛋白，其复杂的结构对其分子大小、形状、化学反应性以及独特的生物功能等起决定性作用。胶原的性质特殊，资源丰富，近 20 年来在很多领域展现了很大的应用优势，例如，在生物医学材料和临床应用、美容和保健、食品、工业和饲料等方面都有很多应用，尤其是胶原蛋白的美容功效。它具有保湿作用、修复皮肤、美白和润泽头发等作用，使胶原蛋白的这些美容作用，已经广泛应用于化妆品中[48]。

为了能充分利用胶原蛋白的优良性能，避免动物来源的病毒高风险，诸多学者利用基因工程技术，选用各种宿主细胞，如昆虫、转基因烟草、大肠埃希菌和酵母等生产重组人胶原蛋白，其胶原蛋白产品具有安全性好、重现性好和质量稳定等优点，解决了传统提取方法存在的如疯牛病病毒隐患等缺点，同时也改善了胶原蛋白的亲水性、免疫排异性等性能。因此，对胶原蛋白进行改性就显得非常关键，其中，利用基因工程技术生产类人胶原蛋白是近几年来该方面的研究热点[48]。

西北大学的范代娣等[49] 采用 PCR 扩增得到数段人胶原蛋白基因段，接着进行拼接重复，并通过高密度发酵培养生产人源性胶原蛋白，所得重组胶原蛋白表达量高达 29.4％。Stein 等[50] 在番茄中将 I 型人胶原蛋白基因、人源 P4H 和 LH 进行共表达，产量为 20g/L，且经脯氨酸和经赖氨酸的含量分别为 7.55％和 0.74％，和天然 I 型人胶原蛋白非常接近，该技术已被 Collplant 公司用来商业化生产重组 I 型人胶原蛋白。张卉[51] 在大肠埃希菌中高效表达了重组类人胶原蛋白，平均得率达到 500mg/L；经纯化鉴定，得到了稳定的重组类人胶原蛋白，并筛选出了烷基糖苷作为其最优的保护剂；重组类人胶原蛋白对实验动物没有急性经皮毒性、皮肤刺激性极小、未发现变态反应；并通过工艺优选，研究开发了一款稳定的重组类人胶原蛋白精华液并应用于市场。重组类胶原蛋白在化妆品领域具有广阔的应用前景。

7.4 新型微生物检测技术在化妆品中的应用

在当今经济全球化的情况下，化妆品作为一种生活必需品已进入快速流通状态。功能性、安全性、稳定性是化妆品必须具备的条件。可是，化妆品成分复杂，含有的营养物质是微生物生长的良好培养基，容易导致病原微生物滋生，造成化妆品微生物污染[52]。

目前化妆品中微生物的检测，主要依赖于传统的细菌学培养方法，包括对样品前增菌、选择性增菌、生化试验等过程，一般需要 4～7 天才能报告结果。检测方法繁琐，费时耗力，难以满足当今经济全球化情况下化妆品快速流通的现状。随着科学技术的发展和人们对化妆品安全意识的增强，对各种检测方法的简便快速性、灵敏度和特异性等方面提出了更高的要求[53]。传统的微生物检测方法已不能满足化妆品的市场需求，各种快速现代生物技术已成为研究的热点[54]，例如 ATP 生物荧光检测法、快速测试片技术、RT-qPCR 技术、电阻抗技术及荧光光电法等。

7.4.1　ATP 生物荧光检测法

20 世纪 80 年代，英国人首先研制出 ATP 检测系统，随后发展到欧洲、美国和日本。应用范围涉及食品加工、超市和饮食行业，检测内容包括生物和食品残渣[55]。除此之外，该技术还可广泛用于检测样品中的微生物量。目前，ATP 生物发光法已成功应用于检测食品生产线及厨房、冰箱、食品操纵台、铁路站车食品器具等处的清洁度[56]。国外已将这种方法广泛用于 HACCP 系统。国内对生物发光的研究在 20 世纪 90 年代达到高峰，主要工作是检测无机物和无机离子。近年来，它作为一种非特异性生物量监控系统已经成功用于各类食品、化妆品和医药品行业。

三磷酸腺苷（ATP）生物发光技术的原理是荧光素酶（firefly luciferase）以 D-荧光素（D-luciferin）、ATP 和氧气为底物，在 Mg^{2+} 存在时，将化学能转化为光能，发出光量子。利用发光强度与 ATP 在一定的浓度范围呈线性关系，测出 ATP 含量，即可推算出样品中的含菌量，整个过程仅需要十几分钟。

Nielsen 等[57] 用生物发光技术对化妆品原材料中的微生物进行检测，表明该方法可有效减少实验室分析的时间和库存量。随后，Anonymous[58] 也提出了 ATP 生物发光技术可作为化妆品微生物快速检测的新方法。路福平等用 ATP 生物发光技术检测化妆品中的微生物，结果表明该方法不仅可以检测到样品中存活下来的微生物，而且可以检测到样品中受抑制的微生物。但是该方法受环境因素尤其是培养基制备过程及样品中固有 ATP 的影响较明显，该方法不仅仅要求无菌，而且对 ATP 含量也有严格的要求。

7.4.2　快速测试片技术

1955 年，德国学者 F. J. Forg 发明了一种简单快速的大肠菌群快速检测法——纸片法，使原来的检测周期由 72h 缩短到 15h，材料成本降低了 3/4，同时大大简化了操作程序。从此，这种集化学、高分子学和微生物学于一体的检测方法开始发展起来。近年来发展起来的快速测试卡，是一种简便、快捷、准确的快速微生物检测方法，以滤纸为载体和以 3M 公司 Petrifilm 为载体的测试卡已被众多检测部门认可和应用[59,60]。

微生物快速测试卡的原理：快速测试片法以纸片、纸膜、胶片等作为培养基载体，将特定的培养基和显色物质附着在纸片（或胶片）载体上，通过微生物在纸片（或胶片）上的生长、显色来实现对食品中微生物测定。显色培养基是根据微生物细胞内酶的种类及反应特征对微生物进行快速检测的一类分离培养基。其原理是将检测菌种特异性酶的人工合成底物加入分离培养基中，该底物组成是微生物可代谢物质和产色基团，无色，但发色基团在特异性酶作用下游离出来而显色，从菌落颜色可以鉴定细菌。显色酶的底物一般是苯酚的衍生物，如羟基吲哚、N-甲基吲哚、p-硝基苯酚、$o(p)$-硝基酚等的化合物。微生物和这些化学物质之间相互作用的反应物质进入培养基中并形成特定的颜色，将底物加入这些选择性培养基中，由于省略了菌株的分离纯化步骤和接下来的一些生化反应，从而节约了原材料、时间和资金的投入。

杨兰花等对 GB 标准和 3M Petrifilm 法检测化妆品中细菌总数进行比较，结果表明：用

3M Petrifilm 细菌总数检测纸片法与 GB 标准（GB 7918.2-87）检测结果无显著性差异，说明 3M Petrifilm 细菌总数检测纸片法不但可以用于食品中的细菌总数测定，也同样可以用于化妆品细菌总数检测中。因 3M Petrifilm 检测纸片法不容易被污染，与 GB 标准法相比，3M Petrifilm 检测纸片法不需配制培养基和平皿灭菌而显出快速简便的优势，又因培养后细菌显示颜色而方便计数。主要缺点是成本相对较高。由于细菌在 3M Petrifilm 检测纸片中经培养后显红色，根据试验结果也表明，该检测纸片不适合做如腮红、眼线液等颜色对比不明显的样品[61]。

快速测试片法有以下几个明显的优点：第一，快速测试片可以检测少量的样品，不用配制专门的试剂也用不到很多玻璃器皿，操作简便、快速；易于消毒保存，便于携带，而且不存在热琼脂法的受损细菌恢复受阻问题，所以除了实验室还可以在生产现场中使用；价格低廉，没有废液排放问题而大大减少对环境的污染。第二，快速测试片法能够在取样的同时进行接种，因而不会出现接种时间延长致使细菌繁殖增多的现象，这样检测出来的结果更能反映样品的真实细菌数。第三，传统方法要用到专门的仪器设备，检测周期较长，致使很多基层单位和企业没条件进行或者检测不及时；而测试片法由于减少了很多操作程序从而使得检测时间较大程度地缩短了。近年来，快速测试片检测虽然有了一定的发展，但仍存在许多的问题。比如用滤纸作载体，滤孔过大，导致滤纸双面都有菌落生长而无法计数；Petrifilm 测试片面积较小，当菌量大于 250CFU 时，准确计数较困难等。

总之，微生物检测工作将向着最快速、最简易、最可靠的方向发展，而测试片法因其自身具有的轻便、快速、简易的优势，将成为未来化妆品微生物检测中较有前景的重要手段之一。

7.4.3　PCR 技术

聚合酶链式反应（polymerase chain reaction，简称 PCR）经过近 30 年的发展，技术已相当标准和成熟，已成为分子生物学领域中最基础、常见的分析手段之一。其基本原理是：PCR 技术是模拟 DNA 的天然复制过程，利用耐热 DNA 聚合酶，加入适量的寡聚核苷酸引物，以 4 种脱氧核苷酸为材料，在实验室条件下实现特异性扩增 DNA（或 RNA）片段的一种新技术。其特异性依赖于两个人工合成的引物序列。当待扩增 DNA 模板加热变性后，两引物分别与两条 DNA 的两端序列特异复性。在合适条件下，由 DNA 聚合酶催化引物引导 DNA 合成，即引物的延伸。整个过程由温度控制。这种热变性-复性-延伸的过程就是一个 PCR 循环。延伸的产物再经变性后，作为新模板与引物复性，进而延伸。延伸的模板由第一循环的 4 条增为 8 条（包括原始模板在内），依此类推，以后每一循环后的模板均比前一循环增加 1 倍。从理论上讲，扩增 DNA 产量是呈指数上升的，即 n 个循环后，产量为 2^n 拷贝，如 30 个循环后，扩增量为 2^{30} 拷贝，约 10^9 个拷贝。

实时荧光定量 PCR（real-time quantitative polymerase chain reaction，RT-qPCR）是在 PCR 定性技术基础上发展起来的核酸定量技术。实时荧光定量 PCR 技术于 1996 年由美国 Applied Biosystems 公司推出。它是一种在 PCR 反应体系中加入荧光基团，利用荧光信号积累实时监测整个 PCR 进程，最后通过标准曲线对未知模板进行定量分析的方法。该技术不仅实现了对 DNA 模板的定量，而且具有灵敏度高、特异性和可靠性更强、能实现多重反应、自动化程度高、无污染性、实时性和准确性等特点，目前已广泛应用于分子生物学研究和医学研究等领域。

PCR技术检测微生物的原理是利用某一特定微生物特有的基因序列，设计特异性引物进行PCR扩增。若有条带，则说明检测样品中含有目的菌，且目的菌的含量与条带的亮度呈正相关；若无条带，则说明检测样品中无目的菌。张昕悦等以铜绿假单胞菌特异性基因ETA片段为靶序列，设计特异性强、敏感性高的引物，建立了一种快速检测化妆品中铜绿假单胞菌的PCR技术。与常规方法相比较，应用PCR方法快速检测化妆品中的铜绿假单胞菌具有较高的特异性和敏感性[62]。牛玉倩等[54]根据大肠埃希菌的ITS保守序列设计特异性引物，采用PCR技术建立了一种快速检测化妆品中大肠埃希菌的方法。通过比较，确定采用煮沸法来提取大肠埃希菌DNA；并通过模拟染菌的化妆品样品对所建立的特异检测大肠埃希菌的PCR方法进行了验证，证明此方法是可行的，且灵敏度可达 $8\times100CFU/mL$。但增菌步骤是必须的，因为这不仅可以使菌量增长至原菌量的 $10^6 \sim 10^8$ 倍从而大大提高检测灵敏度，而且可以排除失活菌的干扰。与常规方法相比，采用PCR检测化妆品中大肠埃希菌，具有检测时间短、检测灵敏度高的优点。PCR技术特异性强、灵敏度高、检测速度快、简便、高效，但是化妆品中某些物质会干扰Taq聚合酶（一种耐热的DNA聚合酶）的作用，而且只能检测微生物的存在，微生物产生的毒素则不能检测出来，还会出现假阳性或假阴性的结果[22]。

苏建晖等[63]建立快速检测化妆品中铜绿假单胞菌的实时荧光PCR方法。选取铜绿假单胞菌 opr I 基因中相对保守且高度特异的核苷酸片段作为荧光PCR扩增的靶序列，设计引物和TaqMan探针，并研究了DNA提取方法，优化扩增反应体系和仪器条件。与国标方法进行比对，检测结果一致，但检测时间均只有国标方法的1/10；方法的检测灵敏度为2CFU/荧光PCR反应体系，染菌样品经6h增菌培养后，检测低限均达到2CFU/g，证明该方法高度敏感；通过对36株标准/参考菌株和51株非目的菌的检测，证实该方法高度特异；批内CP值的变异系数小于2%，说明该方法具有良好的可重复性。刘艳艳等[64]使用优化的chelex－100结合玻璃奶法提取膏状、液态和固态化妆品中的动物源性DNA；根据驴、马和牛线粒体16S rRNA基因序列设计通用引物和特异性探针，建立了一次性检测化妆品中驴、马和牛3种动物源性成分的多重实时荧光PCR体系，检出限均为0.001ng。并对市售的面霜、洗面奶和面膜进行盲样检测，验证了体系的可靠性和准确性。

7.4.4　电阻抗技术

在交流电电路中，介质阻碍电流通过的能力称为电阻抗（electrical impedance spectroscopy，EIS），电阻抗主要包括电阻和容抗两个部分。1898年，英国科学家Stewart[65]首先利用细菌在生长过程中引起培养基电阻抗值的变化监测微生物的生长，提出"阻抗微生物学"，随后阻抗微生物学得到了迅速发展。1974年，随着美国Bactomatic公司的Cady成功地研制出首台通过检测阻抗变化来检测微生物代谢生长的设备——Bactometer32，阻抗法作为一种快速、简便的微生物检测方法逐渐被广泛应用于各领域中[66]。阻抗法基于阻抗微生物学原理，已成为一种高效、可实现动态监测微生物的快速检测方法。

阻抗法检测微生物的原理是通过测量微生物在生长代谢过程中导致培养基电导特性的变

化，间接快速地检测样品中微生物含量。在培养过程中，微生物通过新陈代谢作用将培养基中电惰性的大分子营养物质，如蛋白质、脂肪、碳水化合物等转化分解为微电活性的小分子物质，如氨基酸、乳酸盐等吸收利用。随着微生物的生长繁殖，培养基中的电活性物质逐渐累积，从而导致培养基的电特性发生变化——导电性增加，电阻抗降低。从接种微生物结束时到可检测出培养基阻抗值变化所需时间称为检出时间（DT），研究发现，DT 值与培养基中微生物的初始浓度的对数值（$\lg N_0$）存在着一定相关性，即微生物的初始浓度越大，DT 值越小，反之则越大。在正式检测前，需建立 $\lg N_0$ 与 DT 值之间的标准曲线。检测时，将样品按比例进行稀释，接种培养，根据被检测到的微生物的 DT 值直接得到微生物的初始浓度。据此实现微生物数目的快速检测。目前，免疫学原理已初步应用到阻抗检测法中。基于阻抗法对电极表面的阻抗变化高度敏感的优势，阻抗免疫传感器使用特定的固定化技术将目标微生物的抗体固定在电极表面，通过抗原抗体免疫反应捕获待测微生物，不同浓度的被测微生物阻抗响应值不同，据此实现致病菌的定性、定量分析。该法目前已用于细菌总数、霉菌、酵母菌、大肠埃希菌、沙门氏菌和金黄色葡萄球菌等的检测。

Kahn 等[67] 报道了采用电阻抗技术可检测化妆品中的腐败微生物。Kaiserman 等[68] 采用以电阻抗技术为基础的微生物分析检测系统对不同种类化妆品进行微生物检测后，发现该系统可快速并准确地检出化妆品中的微生物含量。但是该技术容易受到化妆品成分的干扰，影响检测的准确性，而且成本较高。

阻抗法作为一种高效的微生物快速检测方法可进行动态监测。使用阻抗法进行检测的关键是建立准确的标准曲线，应选取微生物浓度范围较广，处于 4～5 个对数周期的数据点，从而保证标准曲线的代表性，同时应定期进行校准和更新，确保实验结果的可靠性。由于将阻抗法仪器化、建立相应图谱极为耗时，阻抗法在我国尚未得到普及。目前，我国阻抗法的研究也多停留在常规微生物数目检测方面，如细菌总数、大肠菌群、霉菌和酵母菌。因此，加快研发高灵敏度的阻抗仪、建立高质量的标准曲线将成为我国微生物快速检测的一大发展趋势。随着将免疫学的原理、分子生物学原理不断应用到阻抗法中，阻抗法逐渐趋于微型化，有助于解决某些致病菌快速检测的难题，从而最大化地提高应用潜能，确保化妆品安全。

7.4.5　荧光光电法

采用荧光光电法检测微生物中具有代表性的是美国 BioLumix 实时快速微生物荧光光电检测系统，该系统将最新的荧光光电技术、染色技术、CO_2 传感技术和特异性的培养技术结合在一起检测生物体的代谢过程，使之能够同步检测颜色和光子的变化，目标微生物在特定培养基中的生长和代谢可通过感光试剂（色彩和荧光染色）检测。当代谢过程发生时，试剂的光谱模式会发生改变，光传感器检测到这些变化后以预先设定好的时间间隔进行监控并报告检测结果，菌量越高检测时间越短。

荧光光电检测方法可快速检测化妆品中的致病菌，具有较高的特异性和敏感性，可以直接用于化妆品中大肠埃希菌、铜绿假单胞菌、金黄色葡萄球菌的相对定量和定性检测，是一种快速、简便、灵敏的检测方法。

谢永强等[69] 将用于化妆品中 BioLumix 微生物荧光光电检测系统与《化妆品安全技术规范》（2015 年版）微生物检测法进行了比较。结果显示两种方法结果基本一致，对于《化妆品安全技术规范》（2015 年版）微生物检测法检测化妆品，出具可靠的检测报告需要 5d，而 BioLumix 系统快速检测化妆品细菌项目和霉菌、酵母项目可在 16h 和 35h 内分别发出预警，并可控制在 48h 内完整地输出检测报告。BioLumix 微生物荧光光电检测系统具有检测时间短、检测效率高、操作简单等优点。李萌等[70] 建立了一种利用荧光光电技术快速检测化妆品中致病菌的方法。分别对化妆品中的大肠埃希菌、铜绿假单胞菌和金黄色葡萄球菌进行检测。结果显示此方法检测大肠埃希菌、铜绿假单胞菌和金黄色葡萄球菌的特异性良好，检测菌液和人工污染爽肤水及乳液样品的灵敏度均达到 100CFU/mL，总检测时间可控制在 14h 以内。

思考题

1. 发酵法制备的生物活性肽的功能都有哪些？请举例说明。
2. 什么是酵素？它和酶是一个意思吗？
3. 简述皮肤微生物的组成。
4. 论述皮肤微生物与化妆品的关系。
5. 简述目前都有哪些新型的化妆品微生物检测技术。

参考文献

[1] Meyer K, Palmer J W. On the Nature of the Ocular Fluids [J]. American Journal of Ophthalmology, 1936, 19 (10): 859-865.

[2] Heidelberger M, Kendall FE. Studies on the Precipitin Reaction: Precipitiating Haptens: Species Differences in Antibodies [J]. Journal of Experimental Medicine, 1933, 57 (3): 373-379.

[3] 朱广华, 方煜平. 透明质酸制备方法及应用研究的进展 [J]. 中国医药工业杂志, 1996, 27 (8): 382-384.

[4] 郜娇娇, 杨树林. 微生物发酵法生产高分子量透明质酸的研究进展 [J]. 中国生物工程杂志, 2017, 37 (5): 118-125.

[5] 谢德明, 张志. 真菌发酵制备生物材料壳聚糖 [J]. 生物医学工程学杂志, 1999, 16 (S1): 90-91.

[6] Stewart Laura C, Richtmyer Nelson K, Hudson C S. The Preparation of Trehalose from Yeast [J]. Journal of the American Chemical Society, 1950, 72 (5): 2059-2061.

[7] Lillie S, Pringle J. Reserve carbohydrate metabolism in Saccharomyces cerevisiae [J]. Journal of bacteriology, 1980, 143 (3): 1384-1394.

[8] 穆晓玲, 崔亚放, 王宇建. 生物发酵法生产海藻糖工艺条件的研究 [J]. 安徽医药, 2007, 11 (9): 777-779.

[9] Bedford A, Huynh E, Fu M, et al. Growth performance of early-weaned pigs is enhanced by feeding epidermal growth factor-expressing Lactococcus lactis fermentation product [J]. Journal of Biotechnology, 2014, 173: 47-52.

[10] Huang Z, Hu Y, Shou L, et al. Isolation and partial characterization of cyclic lipopeptide antibiotics produced by Paenibacillus ehimensis B7 [J]. BMC Microbiology, 2013, 13 (1): 87.

[11] Gálvez Antonio, Maqueda M, MartíneZ-Bueno Manuel, et al. Isolation and physico-chemical characterization of an antifungal and antibacterial peptide produced by Bacillus licheniformis A12 [J]. Applied Microbiology & Biotechnology, 1993, 39 (4-5): 438-442.

[12] Santhanam U, Kyrou C D, Mazich D, et al. Cosmetic uses of modified stressed yeast extracts and related compositions [P]. US8575106B2, 2013.11.05.

[13] 郑毅, 王娅, 朱志春, 等. 发酵法生产辅酶 Q10 研究进展 [J]. 海峡科学, 2012 (8): 128-130.

[14] 宋晓伟, 黄勋. 维生素 B_{12} 的发酵生产及应用 [J]. 产业与科技论坛, 2015 (3): 50-52.

[15] Evans C A, Smith W M, Johnston E A, et al. Bacterial flora of the normal human skin1 [J]. Journal of Investiga-

tive Dermatology，1950，15（4）：305-324.

［16］ Woese C R，Fox G E，Zablen L，et al. Conservation of primary structure in 16S ribosomal RNA［J］. Nature，1975，254（5495）：83-86.

［17］ Byrd A L，Belkaid Y，Segre J A. The human skin microbiome［J］. Nature Reviews Microbiology，2018，16（3）：143.

［18］ Meisel J S，Hannigan G D，Tyldsley A S，et al. Skin microbiome surveys are strongly influenced by experimental design［J］. Journal of Investigative Dermatology，2016：947-956.

［19］ Scharschmidt T C，Vasquez K S，Pauli M L，et al. Commensal microbes and hair follicle morphogenesis cordinately drive tregmigration into neonatal skin［J］. Cell Host & Microbe，2017，21（4）：467-477.

［20］ Meisel J S，Sfyroera G，Bartow-Mckenney C，et al. Commensal microbiota modulate gene expression in the skin［J］. Microbiome，2018，6（1）：20.

［21］ Niccoli A A，Artesi A L，Candio F，et al. Preliminary results on clinical effects of probiotic *Lactobacillus salivarius* LS01 in children affected by atopic dermatitis［J］. Journal of Clinical Gastroenterology，2014，48：S34.

［22］ Teruaki，Nakatsuji，Tiffany H，et al. Antimicrobials from human skin commensal bacteria protect against *Staphylococcus aureus* and are deficient in atopic dermatitis.［J］. Science translational medicine，2017，9（378）：4680.

［23］ Staudinger T，Pipal A，Redl B. Molecular analysis of the prevalent microbiota of human male and female forehead skin compared to forearm skin and the influence of make-up［J］. Journal of Applied Microbiology，2011，110（6）：1381-1389.

［24］ 陈冠武，蔡颖，唐波，等. 杰马 BP 对皮肤表层常驻菌抑制作用的研究［J］. 环境与健康杂志，2012，（7）：615-616.

［25］ 蔡颖，唐波，陈双鹏，等. 尼泊金甲酯对皮肤常驻菌的抑制作用［J］. 现代预防医学，2013（9）：132-133＋137.

［26］ Nodake Y，Matsumoto S，Miura R，et al. Pilot study on novel skin care method by augmentation with *Staphylococcus epidermidis*，an autologous skin microbe-A blinded randomized clinical trial［J］. Journal of Dermatological Science，2015，79（2）：119-126.

［27］ Mahe Y F，Perez M J，Tacheau C，et al. A new *Vitreoscilla filiformis* extract grown on spawater-enriched medium activates endogenous cutaneous antioxidant and antimicrobial defenses through a potential Toll-like receptor 2/protein kinase C，zeta transduction pathway［J］. Clinical Cosmetic and Investigational Dermatology，2013，6：191-196.

［28］ Gueniche A，Knaudt B，Schuck E，et al. Effects of nonpathogenic gram-negative bacterium *Vitreoscilla filiformis* lysate on atopic dermatitis：a prospective，randomized，double-blind，placebo-controlled clinical study［J］. British Journal of Dermatology，2010，159（6）：1357-1363.

［29］ 李利，黄俊，张大为，等. 1％线状透明颤菌面霜在中国女性敏感性皮肤的功效与耐受性评价［J］. 中华医学美学美容杂志，2006，12（4）：195-197.

［30］ Ouwehand A C，Batsman A，Salminen S. Probiotics for the skin：a new area of potential application?［J］. Letters in applied microbiology. 2003，36（5）：327-331.

［31］ Sheng J Z，Ling P X，Zhu X Q，et al. Use of induction promoters to regulate hyaluronan synthase and UDP-glucose-6-dehydrogenase of *Streptococcus zooepidemicus* expression in *Lactococcus lactis*：a case study of the regulation mechanism of hyaluronic acid polymer［J］. Journal of Applied Microbiology，2009，107（1）：136-144.

［32］ Jing W，DeAngelis P L. Synchronized chemoenzymatic synthesis of monodisperse hyaluronan polymers［J］. Journal of Biological Chemistry，279（40）：42345-42349.

［33］ Chen W Y，Marcellin E，Hung J，et al. Hyaluronan molecular weight is controlled by UDP-N-acetylglucosamine concentration in *Streptococcus zooepidemicus*［J］. Journal of Biological Chemistry，284（27）：18007-18014.

［34］ Yu H，Stephanopoulos G. Metabolic engineering of *Escherichia coli* for biosynthesis of hyaluronic acid［J］. Metabolic Engineering，2008，10（1）：24-32.

［35］ Marcellin E，Chen W Y，Nielsen L K. Understanding plasmid effect on hyaluronic acid molecular weight produced by *Streptococcus equi* subsp. *zooepidemicus*［J］. Metabolic Engineering，2010，12（1）：62-69.

［36］ Chien L J，Lee C K. Enhanced hyaluronic acid production in *Bacillus subtilis* by coexpressing bacterial hemoglobin［J］. Biotechnology Progress，2008，23（5）：1017-1022.

[37] Prasad S B, Jayaraman G, Ramachandran K B. Hyaluronic acid production is enhanced by the additional co-expression of UDP-glucose pyrophosphorylase in *Lactococcus lactis* [J]. Applied Microbiology and biotechnology, 2010, 86 (1): 273-283.

[38] Jin P, Kang Z, Yuan P, et al. Production of specific-molecular-weight hyaluronan by metabolically engineered *Bacillus subtilis* 168 [J]. Metabolic Engineering, 2016, 35: 21-30.

[39] 刘薇, 陈庆生, 龚盛昭, 等. 表皮生长因子及其在化妆品中的应用研究进展 [J]. 日用化学品科学, 2014, 37 (1): 36-39.

[40] 胡耀华, 张超, 王红梅, 等. VSD 联合表皮生长因子治疗皮肤软组织缺损的效果研究 [J]. 中国美容医学, 2019, 28 (3): 4-7.

[41] 陈敏, 徐进前. 黄金微针联合外用透明质酸及表皮生长因子在面部皮肤年轻化中的应用 [J]. 中国美容医学, 2019, 28 (5): 101-103.

[42] 袁汉英, 闵永洁, 石松, 等. 人表皮生长因子基因的化学合成和克隆及其在酵母中的表达 [J]. 生物工程学报, 1991, 7 (4): 300-306.

[43] Sivakesava S, Xu Z N, Chen Y H, et al. Production of excreted human epidermal growth factor (hEGF) by an efficient recombinant *Escherichia coli* system [J]. Process Biochemistry, 1999, 34 (9): 893-900.

[44] Lee J Y, Yoon C S, Chung I Y, et al. Scale-up process for expression and renaturation of recombinant human epidermal growth factor from *Escherichia coli* inclusion bodies. [J]. Biotechnology and Applied Biochemistry, 2011, 31 (3): 245-248.

[45] 戴薇, 施定基, 张卉, 等. 人表皮生长因子 (hEGF) 基因在蓝藻中的表达 [J]. 植物学报 (英文版), 2001, 43 (12): 1260-1264.

[46] Wirth S, Calamante G, Mentaberry A, et al. Expression of active human epidermal growth factor (hEGF) in tobacco plants by integrative and non-integrative systems [J]. Molecular Breeding, 2004, 13 (1): 23-25.

[47] Tong W Y, Yao S J, Zhu Z Q, et al. An improved procedure for production of human epidermal growth factor from recombinant *E. coli* [J]. Applied Microbiology and Biotechnology, 2001, 57 (5-6): 674-679.

[48] 吴铭, 徐珍珍, 孙旸, 等. 胶原蛋白在化妆品中的应用及研究进展 [J]. 日用化学品科学, 2011, 34 (2): 25-29.

[49] 骆艳娥. 重组大肠杆菌高密度发酵生产类人胶原蛋白的过程优化研究 [D]. 西安: 西北大学, 2005.

[50] Stein H, Wilensky M, Tsafrir Y, et al. Production of bioactive, post-translationally modified, heterotrimeric, human recombinant type-I collagen in transgenic tobacco [J]. Biomacromolecules, 2009, 10 (9): 2640-2645.

[51] 张卉. 重组类人胶原蛋白的表达纯化及在化妆品中的应用 [D]. 广州: 暨南大学, 2017.

[52] 李青彬, 赵晓军, 王香, 等. 化妆品微生物污染状况及其分析 [J]. 中国卫生检验杂志, 2006, 16 (2): 245-247.

[53] 乔文涛, 王金良. 耐甲氧西林金黄色葡萄球菌: 耐药特点和快速检测 [J]. 国际检验医学杂志, 2001, 22 (2): 91-92.

[54] 牛玉倩, 高路, 宋丽雅, 等. 聚合酶链式反应技术快速检测化妆品中大肠杆菌的研究 [J]. 日用化学工业, 2011, 41 (5): 352-355+380.

[55] Selan L, Berlutti F, Passariello C, et al. Reliability of a bioluminescence ATP assay for detection of bacteria [J]. Journal of Clinical Microbiology, 1992, 30 (7): 1739-1742.

[56] Chen F C, Godwin S L. Comparison of a rapid ATP bioluminescence assay and standard plate count methods for assessing microbial contamination of consumers'refrigerators [J]. Journal of Food Protection, 2006, 69 (10): 2534-2538.

[57] Nielsen P, Van D E. Rapid bacteriological screening of cosmetic raw materials by using bioluminescence [J]. Journal-Association of Official Analytical Chemists, 1989, 72 (5): 708-711.

[58] Anonymou S. Using bioluminescence for end-product release in the cosmetics industry [J]. Microbiology Europe, 1996, 12 (4): 22-25.

[59] 李文勇, 刁伯民. 国标法和纸片法对餐具大肠菌群检测比较 [J]. 中国国境卫生检疫杂志, 1994, 6: 360-361.

[60] 李洪, 龚涛, 达永淑, 等. 探讨影响大肠菌群快速纸片法的因素 [J]. 职业卫生与病伤, 2002, 17 (3): 198-199.

[61] 杨兰花, 王旭强, 卢力, 等. GB 标准和 3M Petrifilm 法检测化妆品中细菌总数的比较 [J]. 中国卫生检验杂志, 2008, 18 (11): 2297-2298.

［62］ 张昕悦，张秀军，何聪芬，等．聚合酶链式反应技术检测化妆品中的铜绿假单胞菌 ［J］. 日用化学工业，2012，42（4）：267-270.

［63］ 苏建晖，蔡颖，许如苏，等．以 oprI 为靶基因实时荧光 PCR 法检测化妆品中绿脓杆菌 ［J］. 检验检疫学刊，2014，4：45-50.

［64］ 刘艳艳，霍胜楠，梁水美，等．化妆品中动物源性成分多重实时荧光 PCR 检测方法的研究 ［J］. 日用化学工业，2016，46（8）479-484.

［65］ Stewart G N. The changes produced by the growth of bacteria in the molecular concentration and electrical conductivity of culture media ［J］. J Experimental Medicine，1898，4（2）：235-243.

［66］ 王洪志，庞小峰，王爱华．电阻抗法细菌药物敏感快速检测装置的研制 ［J］. 中国医疗器械杂志，2010，34（5）：326-329.

［67］ Kahn P，Firstenberg-Eden R. A new cosmetic sterility test ［J］. Soap Cosmetics Chemical Specialties，1984，60：46-48.

［68］ Kaiserman J M，Moral J，Wolf B A. A rapid impedimetric procedure to determine bacterial content in cosmetic formulations ［J］. Journal of the Society of Cosmetic Chemists，1989，40（1）：21-31.

［69］ 谢永强，江汉钰，高倩铭，等．BioLumix 微生物荧光光电检测系统在化妆品中的应用评估 ［J］. 工业微生物，47（3）：66-69 .

［70］ 李萌，高路，张昕悦，等．荧光光电法检测化妆品中致病菌的研究 ［J］. 日用化学工业，2013，43（4）：321-324.

附录 1

微生物学名与中文对照

Absidia coerulea	蓝色犁头霉
Accimonucor elegams	雅致放射毛霉
Aerococcus	气球菌属
Alteromonas	单胞菌属
Arthrobacter	节杆菌属
Ashbya gossipii	棉囊阿舒氏酵母
Aspergillus niger	黑曲霉
Bacillus	芽孢杆菌属
Bacillus megaterium	巨大芽孢杆菌
Bacillus subtilis	枯草芽孢杆菌
Bdellovibrio	蛭弧菌
Bifidobacterium	双歧杆菌属
Brevibacterium	短杆菌属
Burkholderiacepacia	洋葱伯克霍尔德菌
Candida albicans	白色念珠菌
Candida famata	解朊假丝酵母
Candida utilis	产朊假丝酵母
Clostridium	梭菌属
Clostridium acetobutylicum	丙酮丁醇羧菌
Clostridium botulinum	肉毒梭菌
Clostridium perfringens	产气荚膜梭菌
Clostridium tetani	破伤风梭菌
Corynebacterium	棒状杆菌属
Corynebacterium pekinense	北京棒杆菌
Corynebactia aminogensis	产氨棒状杆菌
Coxiella	柯克斯体属
Enterobacter	肠杆菌属

Enterobacter cloacae	阴沟肠杆菌
Enterobacter gergoviae	日勾维肠杆菌
Eremotheecium ashbyii	阿舒氏假囊酵母
Escherichia coli	大肠埃希菌
Fusobacterium	梭杆菌属
Geobacillus stearothermophilus	嗜热脂肪芽孢杆菌
Geotrichum candidum	白地霉
Helicobacter	螺杆菌属
Klebsiella	克雷伯氏菌属
Klebsiella pneumonia	肺炎克雷伯氏菌
Lactococcus lactis	乳酸乳球菌
Methanogen	产甲烷菌
Micrococcus tetragenus	四联微球菌
Micrococcus ureae	尿素微球菌
Micrococcus	微球菌属
Mucor rouxianus	鲁氏毛霉
Neisseria gonorrhoeae	淋病奈氏球菌
Nocardia	诺卡氏菌属
Pasteurella multocida	多杀性巴氏杆菌
Penicillium	青霉菌属
Penicillium chrysogenum	产黄青霉
Pichia pastoris	巴斯德毕赤酵母
Pneumococcus	肺炎双球菌
Polaromonas vacuolata	液泡极地单胞菌
Propionibacterium freudennreichii	费氏丙酸菌
Pseudomonas	假单胞菌属
Pseudomonas aeruginosa	铜绿假单胞菌
Pseudomonas denitrificans	脱氮假单胞菌
Pseudomonas fluorescens	荧光假单胞菌
Pseudomonas putida	恶臭假单胞菌
Pyrolobus fumarii	烟孔火叶菌
Rhizoctonia	丝核菌属
Saccharomyces cerevisiae	酿酒酵母
Saccharomyces mellis	蜂蜜酵母
Saccharomyces rouxii	鲁氏酵母
Salmonella	沙门氏菌属
Salmonella paratyphi	副伤寒沙门氏菌
Sarcina ureae	尿素八叠球菌
Schizosaccharomyces octosporus	八孢裂殖酵母
Selenomonas	月形单胞菌属

Serratia	沙雷氏菌属
Serratia marcescens	黏质沙雷菌
Staphylococcus aureus	金黄色葡萄球菌
Staphylococcus epidermidis	表皮葡萄球菌
Staphylococcus lugdunensis	路邓葡萄球菌
Streptococcus equi	马疫链球菌
Streptococcus equisimilis	类马链球菌
Streptococcus haemolyticus	溶血性链球菌
Streptococcus lactic	乳链球菌
Streptococcus lactis	乳酸链球菌
Streptococcus pneumoniae	肺炎链球菌
Streptococcus pyogenes	酿脓链球菌
Streptococcus salivarius	唾液链球菌
Streptococcus thermophilus	嗜热链球菌
Streptococcus zooepidemicus	兽疫链球菌
Streptomyces	链霉菌属
Streptomyces griseus	灰色链霉菌
Thermococcus celer	速生热球菌
Thiomargarita namibiensis	纳米比亚嗜硫珠菌
Vibrio cholerae	霍乱弧菌

附录2

缩写符号与说明

AMP	antimicrobial peptide	抗菌肽
AOAC	the Association of Official Analytical Chemists	美国分析化学家协会
APC	aerobic plate count	好氧平板计数法
ATCC	American type culture collection	美国模式培养物集存库
ATP	adenosine triphosphate	腺嘌呤核苷三磷酸
α_w	water activity	水活度值
BA	butyl acetate	丁酯
BP	British Pharmacopoeia	英国药典
BSL-2	biosafety shelter laboratory-2	二级生物安全实验室
CFU	colony-forming unit	菌落形成单位
CIR	Cosmetic Ingredients Review	美国化妆品成分审查委员会
CMCC	China Microbiological Culture Collection	中国微生物菌种保藏管理中心
CMIT	5-chloro-2-methyl-4-isothiazolin-3-One	甲基氯异噻唑啉酮
COLIPA	European Cosmetic Toiletry and Perfumery Association	欧盟化妆品、盥洗用品、香精工业联合会
CTFA	Cosmetic，Toiletry and Fragrance Association	美国化妆品协会
DIC	disseminated intravascular coagulation	弥散性血管内出血
DMDMH	dimethylol dimethyl hydantion	1,3-二羟甲基-5,5 二甲基海因
DMSO	dimethyl sulfoxide	二甲基亚砜
DNA	deoxyribo nucleic acid	脱氧核糖核酸
DPA	pyridine-2,6-dicarboxylic acid	2，6-吡啶二羧酸
EAEC	*enteroaggregative Escherichia coli*	肠集聚性大肠埃希菌
ED	entner-doudoroff	2-酮-3-脱氧-6-磷酸葡萄糖酸途径
EGF	epidermal growth factor	表皮生长因子
EHEC	*enterohemorrhagic Escherichia coli*	肠出血性大肠埃希菌
EIEC	*enteroinvasive Escherichia coli*	肠道侵袭性大肠埃希菌
EIS	electrical impedance spectroscopy	电阻抗
EMP	glycolytic pathway	糖酵解途径

EF	ethyl formate	乙酯
EP	European Pharmacopeia	欧洲药典
EPEC	*enteropathogenic Escherichia coli*	肠致病性大肠埃希菌
ETEC	*enterotoxigenic Escherichia coli*	肠产毒性大肠埃希菌
FAD	flavin adenine dinucleotide	黄素腺嘌呤二核苷酸
FDA	Food and Drug Administration	食品药品监督管理局
G⁻	Gram-negative	革兰氏阴性
G⁺	Gram-positive	革兰氏阳性
GF	growth factor	生长因子
GMP	good manufacturing practices	生产质量管理规范
HA	hyaluronic acid	透明质酸
HACCP	hazard analysis critical control point	危害分析关键控制点
HMP	pentose phosphate pathway	戊糖磷酸途径
IBP	isobutyl acetate	异丁酯
iNOS	inducible nitric oxide synthase	诱导型一氧化氮合酶
IPBC	iodopropynyl butylcarbamate	碘丙炔醇丁基氨甲酸酯
IPP	isopropyl acetate	异丙酯
ISO	International Organization for Standardization	国际标准化组织
KDPG	2-keto-3-deoxy-6-phospho-gluconate	2-酮-3-脱氧-6-磷酸葡萄糖酸途径
m-DAP	meso-2,6-diaminopimelic acid	内消旋二氨基庚二酸
MIC	minimal inhibition concentration	最小抑菌浓度
MIT	2-methyl-4-isothiazolin-3-one	甲基异噻唑啉酮
MP	methyl-4-hydroxybenzoate	尼泊金甲酯
NADH	nicotinamide adenine dinucleotide	烟酰胺腺嘌呤二核苷酸
NADPH	nicotinamide adenine dinucleotide phosphate	还原型烟酰胺腺嘌呤二核苷酸磷酸
NAG	*N*-acetylglucosamine	*N*-乙酰氨基葡萄糖胺
NAM	*N*-acetylmuramic acid	*N*-乙酰胞壁酸
NMF	natural moisturizing factor	天然保湿因子
PCPC	Personal Care Producted Council	美国个人护理产品协会
PCR	polymerase chain reaction	聚合酶链式反应
PP	propyl acetate	丙酯
ppm	parts per million	百万分比浓度
PTS	phosphotransferase system	磷酸转移酶系统
RH	relative humidity	相对湿度
RNA	ribonucleic acid	核糖核酸
rRNA	ribosomal RNA	核糖体核糖核酸
RT-qPCR	real-time quantitative polymerase chain reaction	实时定量聚合酶链式反应
SCDLP	soya casein digest lecithin polysorbate broth	大豆酪蛋白消化卵磷脂聚山梨酸肉汤
SFF	saccharomycopsis ferment filtrate	复膜孢酵母发酵滤液
SOD	superoxide dismutase	超氧化物歧化酶

SSOP	sanitation standard operating procedure	卫生标准操作程序
TCA	tricarboxylic acid cycle	三羧酸循环
TMV	tobacco mosaic virus	烟草花叶病毒
TSS	toxic shock syndrome	中毒性休克综合征
USP	United States Pharmacopeia	美国药典
UV	ultraviolet	紫外线
WHO	World Health Organization	世界卫生组织

附录 3

化妆品相关标准一览表

一、基础标准与安全卫生标准（8 项）

序号	执行标准	标准名称
1	GB 5296.3—2008	消费品使用说明　化妆品通用标签
2	GB 7916—87	化妆品卫生标准
3	GB 7919—87	化妆品安全性评价程序和方法
4	GB/T 18670—2017	化妆品分类
5	GB/T 27578—2011	化妆品名词术语
6	QB/T 1684—2015	化妆品检验规则
7	QB/T 1685—2006	化妆品产品包装外观要求
8	QB/T 4256—2011	化妆品保湿功效评价指南

二、方法标准（144 项）

序号	执行标准	标准名称
1	GB/T 13531.1—2008	化妆品通用检验方法　pH 值的测定
2	GB/T 13531.3—1995	化妆品通用检验方法　浊度的测定
3	GB/T 13531.4—2013	化妆品通用检验方法　相对密度的测定
4	GB/T 22728—2008	化妆品中丁基羟基茴香醚（BHA）和二丁基羟基甲苯（BHT）的测定　高效液相色谱法
5	GB/T 24404—2009	化妆品中需氧嗜温性细菌的检测和计数法
6	GB/T 24800.1—2009	化妆品中九种四环素类抗生素的测定　高效液相色谱法
7	GB/T 24800.2—2009	化妆品中四十一种糖皮质激素的测定　液相色谱/串联质谱法和薄层层析法

序号	执行标准	标准名称
8	GB/T 24800.3—2009	化妆品中螺内酯、过氧苯甲酰和维甲酸的测定　高效液相色谱法
9	GB/T 24800.4—2009	化妆品中氯噻酮和吩噻嗪的测定　高效液相色谱法
10	GB/T 24800.5—2009	化妆品中呋喃妥因和呋喃唑酮的测定　高效液相色谱法
11	GB/T 24800.6—2009	化妆品中二十一种磺胺的测定　高效液相色谱法
12	GB/T 24800.7—2009	化妆品中马钱子碱和士的宁的测定　高效液相色谱法
13	GB/T 24800.8—2009	化妆品中甲氨嘌呤的测定　高效液相色谱法
14	GB/T 24800.9—2009	化妆品中柠檬醛、肉桂醇、茴香醇、肉桂醛和香豆素的测定　气相色谱法
15	GB/T 24800.10—2009	化妆品中十九种香料的测定　气相色谱-质谱法
16	GB/T 24800.11—2009	化妆品中防腐剂苯甲醇的测定　气相色谱法
17	GB/T 24800.12—2009	化妆品中对苯二胺、邻苯二胺和间苯二胺的测定
18	GB/T 24800.13—2009	化妆品中亚硝酸盐的测定　离子色谱法
19	GB/T 26517—2011	化妆品中二十四种防腐剂的测定　高效液相色谱法
20	GB/T 27577—2011	化妆品中维生素 B_5（泛酸）及维生素原 B_5（D-泛醇）的测定　高效液相色谱紫外检测法和高效液相色谱串联质谱法
21	GB/T 28599—2020	化妆品中邻苯二甲酸酯类物质的测定
22	GB/T 29659—2013	化妆品中丙烯酰胺的测定
23	GB/T 29660—2013	化妆品中总铬含量的测定
24	GB/T 29661—2013	化妆品中尿素含量的测定　酶催化法
25	GB/T 29662—2013	化妆品中曲酸、曲酸二棕榈酸酯的测定　高效液相色谱法
26	GB/T 29663—2013	化妆品中苏丹红Ⅰ、Ⅱ、Ⅲ、Ⅳ的测定　高效液相色谱法
27	GB/T 29664—2013	化妆品中维生素 B_3（烟酸、烟酰胺）的测定　高效液相色谱法和高效液相色谱串联质谱法
28	GB/T 29669—2013	化妆品中 N-亚硝基二甲基胺等 10 种挥发性亚硝胺的测定　气相色谱-质谱/质谱法
29	GB/T 29670—2013	化妆品中萘、苯并[a]蒽等 9 种多环芳烃的测定　气相色谱-质谱法
30	GB/T 29671—2013	化妆品中苯酚磺酸锌的测定　高效液相色谱法
31	GB/T 29672—2013	化妆品中丙烯腈的测定　气相色谱-质谱法
32	GB/T 29673—2013	化妆品中六氯酚的测定　高效液相色谱法
33	GB/T 29674—2013	化妆品中氯胺 T 的测定　高效液相色谱法
34	GB/T 29675—2013	化妆品中壬基苯酚的测定　液相色谱-质谱/质谱法
35	GB/T 29676—2013	化妆品中三氯叔丁醇的测定　气相色谱-质谱法
36	GB/T 29677—2013	化妆品中硝甲烷的测定　气相色谱-质谱法
37	GB/T 30087—2013	化妆品中保松泰含量的测定方法　高效液相色谱法
38	GB/T 30088—2013	化妆品中甲基丁香酚的测定　气相色谱/质谱法
39	GB/T 30089—2013	化妆品中氯磺丙脲、氯磺丁脲、甲苯磺丁脲的测定　液相色谱/串联质谱法
40	GB/T 30926—2014	化妆品中 7 种维生素 C 衍生物的测定　高效液相色谱-串联质谱法

序号	执行标准	标准名称
41	GB/T 30927—2014	化妆品中罗丹明 B 等 4 种禁用着色剂的测定　高效液相色谱法
42	GB/T 30929—2014	化妆品中禁用物质 2,4,6-三氯苯酚、五氯苯酚和硫氯酚的测定　高效液相色谱法
43	GB/T 30930—2014	化妆品中联苯胺等 9 种禁用芳香胺的测定　高效液相色谱-串联质谱法
44	GB/T 30931—2014	化妆品中苯扎氯铵含量的测定　高效液相色谱法
45	GB/T 30932—2014	化妆品中禁用物质二噁烷残留量的测定　顶空气相色谱-质谱法
46	GB/T 30933—2014	化妆品中防晒剂二乙氨基羟苯甲酰基苯甲酸己酯的测定　高效液相色谱法
47	GB/T 30934—2014	化妆品中脱氢醋酸及其盐类的测定　高效液相色谱法
48	GB/T 30935—2014	化妆品中 8-甲氧基补骨脂素等 8 种禁用呋喃香豆素的测定　高效液相色谱法
49	GB/T 30936—2014	化妆品中氯磺丙脲、甲苯磺丁脲和氨磺丁脲 3 种禁用磺脲类物质的测定方法
50	GB/T 30937—2014	化妆品中禁用物质甲硝唑的测定　高效液相色谱-串联质谱法
51	GB/T 30938—2014	化妆品中食品橙 8 号的测定　高效液相色谱法
52	GB/T 30939—2014	化妆品中污染物双酚 A 的测定　高效液相色谱-串联质谱法
53	GB/T 30940—2014	化妆品中维甲酸、异维甲酸的测定　高效液相色谱法
54	GB/T 30942—2014	化妆品中乙二醇甲醚、乙二醇乙醚及二乙二醇甲醚的测定　气相色谱法
55	GB/T 31407—2015	化妆品中碘丙炔醇丁基氨甲酸酯的测定　气相色谱法
56	GB/T 31408—2015	染发剂中非那西丁的测定　液相色谱法
57	QB/T 1864—93	电位溶出法测定　化妆品中铅
58	QB/T 2186—1995	氨气敏电极法测定　水解蛋白液含氮量
59	QB/T 2333—1997	防晒化妆品中紫外线吸收剂定量测定　高效液相色谱法
60	QB/T 2334—1997	化妆品中紫外线吸收剂定性测定　紫外分光光度计法
61	QB/T 2408—1998	化妆品中维生素 E 的测定
62	QB/T 2409—1998	化妆品中氨基酸含量的测定
63	QB/T 2470—2000	化妆品通用试验方法　滴定分析(容量分析)用标准溶液的制备
64	QB/T 2789—2006	化妆品通用试验方法　色泽三刺激值和色差 ΔE^* 的测定(原标准号 GB/T 13531.2—92)
65	QB/T 4078—2010	发用产品中吡硫翁锌(ZPT)的测定　自动滴定仪法
66	QB/T 4127—2010	化妆品中吡罗克酮乙醇胺盐(OCT)的测定　高效液相色谱法
67	QB/T 4128—2010	化妆品中氯咪巴唑(甘宝素)的测定　高效液相色谱法
68	QB/T 4617—2013	化妆品中黄芩苷的测定　高效液相色谱法
69	GB/T 31858—2015	眼部护肤化妆品中禁用水溶性着色剂酸性黄 1 和酸性橙 7 的测定　高效液相色谱法
70	GB/T 32093—2015	化妆品中碘酸钠的测定　离子色谱法
71	GB/T 32986—2016	化妆品中多西拉敏等 9 种抗过敏药物的测定　液相色谱-串联质谱法

序号	执行标准	标准名称
72	GB/T 33307—2016	化妆品中镍、锑、砷含量的测定 电感耦合等离子体发射光谱法
73	GB/T 33308—2016	化妆品中游离甲醇的测定 气相色谱法
74	GB/T 33309—2016	化妆品中维生素 B₆（吡哆素、盐酸吡哆素、吡哆素脂肪酸酯及吡哆醛 5-磷酸酯）的测定 高效液相色谱法
75	SN/T 1032—2018	进出口化妆品中紫外线吸收剂的测定 液相色谱法
76	SN/T 1475—2004	化妆品中熊果苷的检测方法 液相色谱法
77	SN/T 1500—2004	化妆品中甘草酸二钾的检测方法 液相色谱法
78	SN/T 1780—2006	进出口化妆品中氯丁醇的测定 气相色谱法
79	SN/T 1781—2006	进出口化妆品中咖啡因的测定 液相色谱法
80	SN/T 1782—2006	进出口化妆品中尿囊素的测定 液相色谱法
81	SN/T 1783—2006	进出口化妆品中黄樟素和6-甲基香豆素的测定 气相色谱法
82	SN/T 1785—2006	进出口化妆品中没食子酸丙酯的测定 液相色谱法
83	SN/T 1786—2006	进出口化妆品中三氯生和三氯卡班的测定 液相色谱法
84	SN/T 1949—2016	进出口食品、化妆品检验规程标准编写的基本规则
85	SN/T 2098—2008	食品和化妆品中的菌落计数检测方法 螺旋平板法
86	SN/T 2105—2008	化妆品中柠檬黄和橘黄等水溶性色素的测定方法
87	SN/T 2106—2008	进出口化妆品中甲基异噻唑酮及其氯代物的测定 液相色谱法
88	SN/T 2107—2008	进出口化妆品中一乙醇胺三乙醇胺的测定方法
89	SN/T 2108—2008	进出口化妆品中巴比妥类的测定方法
90	SN/T 2111—2008	化妆品中 8-羟基喹啉及其硫酸盐的测定方法
91	SN/T 2206.1—2016	化妆品中微生物检验方法 第1部分:沙门氏菌
92	SN/T 2206.2—2009	化妆品中微生物检验方法 第2部分:需氧芽孢杆菌和蜡样芽孢杆菌
93	SN/T 2206.3—2009	化妆品中微生物检验方法 第3部分:肺炎克雷伯氏菌
94	SN/T 2206.4—2009	化妆品中微生物检验方法 第4部分:链球菌
95	SN/T 2206.5—2009	化妆品中微生物检验方法 第5部分:肠球菌
96	SN/T 2206.6—2009	化妆品中微生物检验方法 第6部分:破伤风梭菌
97	SN/T 2206.7—2010	化妆品中微生物检验方法 第7部分:蛋白免疫印迹法检测疯牛病病原
98	SN/T 2288—2009	进出口化妆品中铍、镉、铊、铬、砷、碲、钕、铅的检测方法 电感耦合等离子体质谱法
99	SN/T 2289—2009	进出口化妆品中氯霉素、甲砜霉素、氟甲砜霉素的测定 液相色谱-质谱/质谱法
100	SN/T 2290—2009	进出口化妆品中乙酰水杨酸的检测方法
101	SN/T 2291—2009	进出口化妆品中氢溴酸右美沙芬的测定 液相色谱法
102	SN/T 2328—2009	化妆品急性毒性的角质细胞试验

序号	执行标准	标准名称
103	SN/T 2329—2009	化妆品眼刺激性/腐蚀性的鸡胚绒毛尿囊试验
104	SN/T 2330—2009	化妆品胚胎和发育毒性的小鼠胚胎干细胞试验
105	SN/T 2393—2009	进出口洗涤用品和化妆品中全氟辛烷磺酸的测定　液相色谱-质谱/质谱法
106	SN/T 2533—2010	进出口化妆品中糖皮质激素类与孕激素类检测方法
107	SN/T 4485—2016	进出口口腔清洁类产品中洋葱伯克霍尔德菌检验方法
108	GB/T 34918—2017	化妆品中七种性激素的测定　超高效液相色谱-串联质谱法
109	GB/T 34806—2017	化妆品中 13 种禁用着色剂的测定　高效液相色谱法
110	GB/T 34822—2017	化妆品中甲醛含量的测定　高效液相色谱法
111	GB/T 35771—2017	化妆品中硫酸二甲酯和硫酸二乙酯的测定　气相色谱-质谱法
112	GB/T 36942—2018	化妆品中 10 种生物碱的测定　液相色谱串联质谱法
113	QB/T 5291—2018	化妆品中六价铬含量的测定
114	QB/T 5295—2018	美白化妆品中鞣花酸的测定　高效液相色谱法
115	QB/T 5293—2018	化妆品中禁用物质磷酸三丁酯、磷酸三(2-氯乙)酯和磷酸三甲酚酯的测定　气相色谱-质谱法
116	QB/T 5294—2018	化妆品中溴代和氯代水杨酰苯胺的测定　高效液相色谱法
117	QB/T 5292—2018	化妆品中禁用物质维生素 K_1 的测定　高效液相色谱法
118	GB/T 13531.7—2018	化妆品通用检验方法　折光指数的测定
119	GB/T 13531.6—2018	化妆品通用检验方法　颗粒度(细度)的测定
120	GB/T 35828—2018	化妆品中铬、砷、镉、锑、铅的测定　电感耦合等离子体质谱法
121	GB/T 35827—2018	化妆品通用检验方法　乳化类型(w/o 或 o/w)的鉴别
122	GB/T 35916—2018	化妆品中 16 种准用防晒剂和其他 8 种紫外线吸收物质的测定　高效液相色谱法
123	GB/T 35954—2018	化妆品中 10 种美白祛斑剂的测定　高效液相色谱法
124	GB/T 35893—2018	化妆品中抑汗活性成分氯化羟锆铝配合物、氯化羟锆铝甘氨酸配合物和氯化羟铝的测定
125	GB/T 35951—2018	化妆品中螺旋霉素等 8 种大环内酯类抗生素的测定　液相色谱-串联质谱法
126	GB/T 35800—2018	化妆品中防腐剂己脒定和氯己定及其盐类的测定　高效液相色谱法
127	GB/T 35824—2018	染发类化妆品中 20 种禁限用染料成分的测定　高效液相色谱法
128	GB/T 35948—2018	化妆品中 7 种 4-羟基苯甲酸酯的测定　高效液相色谱法
129	GB/T 35799—2018	化妆品中吡咯烷酮羧酸钠的测定　高效液相色谱法
130	GB/T 35798—2018	化妆品中香豆素及其衍生物的测定　高效液相色谱法
131	GB/T 35956—2018	化妆品中 N-亚硝基二乙醇胺(NDELA)的测定　高效液相色谱-串联质谱法
132	GB/T 35829—2018	化妆品中 4 种萘二酚的测定　高效液相色谱法
133	GB/T 35950—2018	化妆品中限用物质无机亚硫酸盐类和亚硫酸氢盐类的测定

序号	执行标准	标准名称
134	GB/T 35953—2018	化妆品中限用物质二氯甲烷和1,1,1-三氯乙烷的测定 顶空气相色谱法
135	GB/T 35826—2018	护肤化妆品中禁用物质乐杀螨和克螨特的测定
136	GB/T 35894—2018	化妆品中10种禁用二元醇醚及其酯类化合物的测定 气相色谱-质谱法
137	GB/T 35946—2018	眼部化妆品中硫柳汞含量的测定 高效液相色谱法
138	GB/T 35803—2018	化妆品中禁用物质尿刊酸及其乙酯的测定 高效液相色谱法
139	GB/T 35801—2018	化妆品中禁用物质克霉丹的测定 高效液相色谱法
140	GB/T 35837—2018	化妆品中禁用物质米诺地尔的测定 高效液相色谱法
141	GB/T 35949—2018	化妆品中禁用物质马兜铃酸A的测定 高效液相色谱法
142	GB/T 35952—2018	化妆品中十一烯酸及其锌盐的测定 气相色谱法
143	GB/T 35797—2018	化妆品中帕地马酯的测定 高效液相色谱法
144	GB/T 35957—2018	化妆品中禁用物质铯-137、铯-134的测定 γ能谱法

三、卫生检验方法标准（16项）

序号	执行标准	标准名称
1	GB 7917.1—87	化妆品卫生化学标准检验方法 汞
2	GB 7917.2—87	化妆品卫生化学标准检验方法 砷
3	GB 7917.3—87	化妆品卫生化学标准检验方法 铅
4	GB 7917.4—87	化妆品卫生化学标准检验方法 甲醇
5	GB 7918.1—87	化妆品微生物标准检验方法 总则
6	GB 7918.2—87	化妆品微生物标准检验方法 细菌总数测定
7	GB 7918.3—87	化妆品微生物标准检验方法 粪大肠菌群
8	GB 7918.4—87	化妆品微生物标准检验方法 绿脓杆菌
9	GB 7918.5—87	化妆品微生物标准检验方法 金黄色葡萄球菌
10	GB 17149.1—1997	化妆品皮肤病诊断标准及处理原则 总则
11	GB 17149.2—1997	化妆品接触性皮炎诊断标准及处理原则
12	GB 17149.3—1997	化妆品痤疮诊断标准及处理原则
13	GB 17149.4—1997	化妆品毛发损害诊断标准及处理原则
14	GB 17149.5—1997	化妆品甲损害 诊断标准及处理原则
15	GB 17149.6—1997	化妆品光感性皮炎诊断标准及处理原则
16	GB 17149.7—1997	化妆品皮肤色素异常诊断标准及处理原则

四、产品质量标准（58项）

序号	执行标准	标准名称
1	GB/T 26513—2011	润唇膏
2	GB/T 26516—2011	按摩精油
3	GB/T 27574—2011	睫毛膏
4	GB/T 27575—2011	化妆笔、化妆笔芯
5	GB/T 27576—2011	唇彩、唇油
6	GB/T 29666—2013	化妆品用防腐剂 甲基氯异噻唑啉酮和甲基异噻唑啉酮与氯化镁及硝酸镁的混合物
7	GB/T 29667—2013	化妆品用防腐剂 咪唑烷基脲
8	GB/T 29668—2013	化妆品用防腐剂 双(羟甲基)咪唑烷基脲
9	GB/T 29990—2013	润肤油
10	GB/T 29680—2013	洗面奶、洗面膏
11	GB/T 29991—2013	香粉(蜜粉)
12	GB/T 29679—2013	洗发液、洗发膏
13	GB/T 29678—2013	烫发剂
14	GB/T 29665—2013	护肤乳液
15	GB/T 30928—2014	去角质啫喱
16	GB/T 30941—2014	剃须膏、剃须凝胶
17	QB 1644—1998	定型发胶
18	QB/T 1858—2004	香水、古龙水
19	QB/T 1862—2011	发油
20	QB/T 1976—2004	化妆粉块
21	QB/T 1977—2004	唇膏
22	QB/T 1978—2016	染发剂
23	QB/T 2284—2011	发乳
24	QB/T 2287—2011	指甲油
25	QB/T 2660—2004	化妆水
26	QB/T 1858.1—2006	花露水
27	QB/T 2488—2006	化妆品用芦荟汁、粉

序号	执行标准	标准名称
28	QB/T 2872—2017	面膜
29	QB/T 2873—2007	发用啫喱(水)
30	QB/T 2873—2007	《发用啫喱(水)》第1号修改单
31	QB/T 2874—2007	护肤啫喱
32	QB/T 2874—2007	《护肤啫喱》第1号修改单
33	QB/T 4076—2010	发蜡
34	QB/T 4077—2010	焗油膏(发膜)
35	QB/T 4079—2010	按摩基础油、按摩油
36	QB/T 4126—2010	发用漂浅剂
37	QB/T 4364—2012	洗甲液
38	QB/T 4416—2012	化妆品用原料 透明质酸钠
39	QB/T 1857—2013	润肤膏霜
40	QB/T 1859—2013	爽身粉、祛痱粉
41	QB/T 1975—2013	护发素
42	QB/T 4947—2016	化妆品用原料 三氯生
43	QB/T 4948—2016	化妆品用原料 月桂醇磷酸酯
44	QB/T 4949—2016	化妆品用原料 脂肪酰二乙醇胺
45	QB/T 4950—2016	化妆品用原料 PCA钠
46	QB/T 4951—2016	化妆品用原料 光果甘草(Glycyrrhiza glabra)根提取物
47	QB/T 4952—2016	化妆品用原料 抗坏血酸磷酸酯镁
48	QB/T 4953—2016	化妆品用原料 熊果苷(β-熊果苷)
49	GB/T 33306—2016	化妆品用原料 D-泛醇
50	QB/T 5105—2017	化妆品用原料 碘丙炔醇丁基氨甲酸酯
51	QB/T 5106—2017	化妆品用原料 苄索氯铵
52	QB/T 5107—2017	化妆品用原料 尿囊素
53	QB/T 5108—2017	脱毛霜(乳)
54	GB/T 34820—2017	化妆品用原料 乙二醇二硬脂酸酯
55	GB/T 34819—2017	化妆品用原料 甲基异噻唑啉酮
56	QB/T 5290—2018	化妆品用原料 苯氧乙醇
57	GB/T 35915—2018	化妆品用原料 珍珠提取物
58	QB 1643—1998	发用摩丝

五、包转储运及其相关标准（10项）

序号	执行标准	标准名称
1	GB/T 191—2008	包装储运图示标志
2	GB/T 6388—1986	运输包装收发货标志
3	GB/T 6682—2008	分析实验室用水规格和试验方法
4	GB/T 13173—2008	表面活性剂　洗涤剂试验方法
5	JJF 1070—2005	定量包装商品净含量计量检验规则
6	BB/T 0005—2010	气雾剂产品的标示、分类及术语
7	GB 19778—2005	包装玻璃容器　铅、镉、砷、锑溶出允许限量
8	QB/T 4147—2019	驱蚊花露水
9	GB 27599—2011	化妆品用二氧化钛
10	HG/T 4309—2012	聚丙二醇

注：GB 19778—2005 部分有效，于 2017-4-19 被 GB 4806.5—2016 代替。